Dieter Eikhoff

100 legendäre Bahnstrecken

Die Albulastrecke (siehe S. 140) der Rhätischen Bahn ist seit 2008 Weltkulturerbe der UNESCO: Der Glacier-Express überquert auf der Fahrt nach Chur den spektakulären Landwasserviadukt bei Filisur. *Foto: © RhB / A. Badrutt*

Dieter Eikhoff

100 legendäre Bahnstrecken

trans press

Einbandgestaltung: Dos Luis Santos

Foto: M. Dahlbeck

Bildnachweis:
Die zur Illustration dieses Buches verwendeten Aufnahmen stammen – wenn nichts anderes vermerkt ist – vom Verfasser.

ISBN 978-3-613-71376-5

1. Auflage 2010

Sie finden uns im Internet unter www.transpress.de

Lektor: Hartmut Lange
Innengestaltung: Jürgen Knopf
Repro: Medien und Printprodukte, 74321 Bietigheim-Bissingen
Druck und Bindung: L.E.G.O. S.p.A., 36100 Vicenza
Printed in Italy

Vorwort

Weltkulturerbe Berninabahn: Der Bernina-Express durchfährt den legendären Kreisviadukt bei Brusio. *Foto: © RhB / P. Donatsch*

Eine Fahrt mit der Eisenbahn bietet immer neue reizvolle Ein- und Ausblicke auf die vorbeiziehenden Landschaften rechts und links der Strecke. Wobei der Begriff Landschaft in diesem Zusammenhang nicht nur die Schönheiten der Natur meint, sondern auch die abwechslungsreichen Stadt- und Industrielandschaften, die im verlauf der letzten 200 Jahre entstanden. Bahnlinien, die entlang des Schienenstrangs ein außergewöhnliches Panorama bieten, gelten schnell als legendär. Dabei ist es natürlich nicht nur die Landschaft, die darüber entscheidet, ob eine Strecke diesen Status erhält. Vielmehr verdankt die Eisenbahn ihren Siegeszug dem Bau von immer aufwendiger trassierten Strecken. Dabei überwanden die Ingenieure immer größere Hindernisse mit immer eindrucksvolleren Bauwerken, ob nun im norddeutschen Flachland oder in den Alpen. Mit der Zeit wurden einige dieser außergewöhnlichen Ingenieurs- und Bauleistungen zur Legende. Dazu zählen beispielsweise Bauwerke wie die Rendsburger Hochbrücke über den Nord-Ostsee-Kanal (S. 10), der Hindenburgdamm, der die Insel Sylt mit dem Festland verbindet (S. 11) oder der Simplontunnel (S. 143).

Aber nicht nur mächtige Brücken und lange Tunnel machen Bahnlinien zu etwas Außergewöhnlichem, häufig ist es auch die landschaftliche Schönheit entlang der Strecke oder eine Besonderheit des Betriebs. Dazu zählt z.B. der Dampfbetrieb auf den Strecken der Harzer Schmalspurbahnen (S. 31 ff), beim Molli (S. 15), dem Rasenden Roland (S. 13) oder den Schmalspurbahnen in Sachsen (S. 58 ff). Auch interessante Kombinationen aus Standseilbahn und elektrischer Nebenbahn, wie sie die Oberweißbacher Bergbahn (S. 65 f.) bietet, geben einer Bahnlinie – oder in diesem Fall zwei kombinierten Bahnlinien – ein besonderes Erlebnis.

Die berühmte Albula-Strecke der Rhätischen Bahn von Thusis nach St. Moritz (S. 140) und die spektakuläre Berninabahn St. Moritz–Tirano (S. 141) erfüllen sogar gleich mehrere Kriterien: Brücken, Tunnel, die eindrucksvolle Berglandschaft des Kantons Graubünden und eine Spurweite von nur einem Meter. Kein Wunder, dass diese beiden Bahnlinien seit 2008 von der UNESCO als Weltkulturerbe anerkannt werden.

Dagegen ist es ganz einfach, eine Hochgeschwindigkeitsstrecke wie die Relation Köln–Frankfurt (S. 70) einzuordnen: Sie fand über das Kriterium Geschwindigkeit Eingang in dieses Zusammenstellung, die Strecken aus Deutschland, Österreich und der Schweiz vorstellt.

Die Mehrzahl der Texte verfasste Ulrich Lieb (Ulm) für dieses Buch. Weitere Streckenbeschreibungen stammen aus der Feder von Marc Dahlbeck. Beiden Autoren sei für ihre Mühe an dieser Stelle herzlich gedankt.

Ein großer Dank gilt auch den Fotografen Sven Bürgel, Christof Schröfl, Uwe Miethe, Thomas Estler, Malte Werning sowie Marc Dahlbeck, die Bilder aus ihren Archiven zur Verfügung stellten.

Wir wünschen Ihnen viele Freude bei der Reise über 100 legendäre Bahnstrecken!

Inhalt

Zwischen Wattenmeer
und Boddenstrand

Von der Stadt-
zur Waldbahn

Zwischen Sauerland
und Eifel

Zwischen Oberlausitz
und Rennsteig

Vom Rhein
an den Main

Zwischen Neckar-
strand und Bodensee

Vom Allgäu
bis nach Norditalien

Zwischen Wattenmeer und Boddenstrand

Foto: M. Werning

Jütlandlinie

Bei Rendsburg überquert die Jütlandlinie auf einer stählernen Hochbrücke den Nord-Ostsee-Kanal. *Foto: M. Dahlbeck*

Dänemark engagiert sich bereits früh für den Eisenbahnbau, seit 1835 gibt es eine Königliche Eisenbahnkommission. 1840 vereinigen sich Interessengemeinschaften in Altona und Kiel und vereinbaren die Strecke Altona–Kiel vermessen zu lassen. Da ein Abzweig nach Glückstadt (Keimzelle der späteren Marschbahn Hamburg–Niebüll–Westerland/Sylt) geplant wird, einigt man sich auf die Linienführung über Elmshorn statt über Barmstedt.

Die 1843 begonnene und am 18.9.1844 eröffnete König-Christian VIII.-Ostseebahn (das ist die Strecke Altona–Kiel) zeigt Dänemarks Zielsetzung (Dänemark herrscht bis 1864 über die Herzogtümer Holstein und Schleswig), Landverbindungen zwischen Nord- und Ostsee zur Erschließung des ländlichen Raums zu schaffen.

Am 18.9.1845 folgt dann die in Neumünster abzweigende Strecke Neumünster–Rendsburg der Rendsburg-Neumünster Eisenbahn-Gesellschaft (RNE). Dann geht es in Flensburg weiter: Die Bahn Flensburg–Husum–Tönnig der Flensburg-Husum-Tönninger Eisenbahngesellschaft (FHTE) wird am 1.4.1854 eröffnet (der in der Stadt liegende erste Kopfbahnhof wird erst am 25.10.1854 seiner Bestimmung übergeben).

Von Flensburg ausgehend baut dann die Schleswigsche Eisenbahn AG (SEAG) die Strecke nach Rendsburg. Am 25.10.1854 wird der Abschnitt Rendsburg–Oster Ohrstedt der FHTE als Zweigstrecke der Strecke Flensburg–Husum–Tönning eröffnet (diese Strecke entsteht für den Viehtransport nach England). Gleichzeitig entsteht auch die Hafenbahn Flensburg. Schleswig wird (von Klosterkrug aus) mit einer Stichstrecke am 2.6.1858 angebunden.

Am 17.2.1862 geht dann die RNE in der SEAG auf, die FHTE folgt am 24.10.1865. Nachdem Dänemark die Herzogtümer 1864 abgetreten hat, strukturiert Preußen die verschiedenen Streckenteile um und bildet die später so genannte Jütlandlinie.

Am 2.5.1866 geht die (heute zu Dänemark gehörende) Verlängerung Flensburg–Padborg–Haderslev in Betrieb.

Als letzte Veränderung erfolgt 1869 unter Ägide der Altona-Kieler Eisenbahn eine Streckenverkürzung zwischen Owschlag, Schleswig und Jübek nach Eggebek. Die SEAG wird am 5.11.1884 verstaatlicht.

In der Folgezeit entstehen noch einige Feinverästelungen der Strecken und Ergänzungen (z. B. Hafenbahn Rendsburg am 26.3.1898 eröffnet), Schleswig-Holstein ist damit aber im Wesentlichen eisenbahntechnisch erschlossen. Die Kunstbauten der Rendsburger Hochbrücke mit der anschließenden Rendsburger Schleife werden am 1.12.1913 in Betrieb genommen.

Die Bahnstrecke entwickelt sich zur Hauptverbindung für den Güterverkehr zwischen Deutschland und Dänemark bzw. Skandinavien.

Im Fernverkehr spielt die Bahn heute durch die ICE-Verbindung Arhus–Berlin eine bedeutende Rolle. Im Regionalverkehr wird die Relation Neumünster–Flensburg mit RB- und RE-Zügen bedient.

Streckenname	Jütlandlinie
Alternative Bezeichnung	-
Relation	Neumünster–Padborg (Schleswig-Holstein, Dänemark)
Länge	106,1 km
Funktion	Personen- und Güterverkehr
Daten zum Bau	Baubeginn: 1843 Bauzeit (inkl. Planung, bis zur Fertigstellung): 23 Jahre (mit Unterbrechungen) Eröffnung: 18.9.1845 Durchgängig befahrbar ab: 2.5.1866
Spurweite	Vollbahn (1435 mm)
Wichtigste Bauwerke	Rendsburger Hochbrücke (317 m), Rendsburger Schleife
Wichtigste Bahnhöfe	Neumünster, Flensburg, Padborg
Wichtigste Anschlusspunkte	Neumünster: nach Bad Oldesloe, Hamburg–Altona–Kaltenkirchen–Neumünster, nach Heide, Hamburg–Altona–Kiel Jübek: nach Husum Flensburg: nach Kiel, nach Padborg und Fredericia (Dänemark)
Besonderheiten	Weitgehend zweigleisige, elektrifizierte Hauptbahn

Marschbahn

Nicht weit von Klanxbüll rollt ein Güterzug über den Hindenburgdamm. *Foto: M. Werning*

Zwischen Elmshorn und Glückstadt wird am 20.7.1845 eine Bahnlinie der Glückstadt-Elmshorner Eisenbahn-Gesellschaft (seit 1888 Schleswig-Holsteinische Marschbahn-Gesellschaft) eröffnet (Baubeginn war 1844). Ziel ist es, die Herzogtümer Holstein und schließlich Schleswig mit einer Bahn zu erschließen. Sie zweigt von der Strecke Hamburg–Altona–Kiel (eröffnet 18.9.1844) bei Elmshorn ab. Von Glückstadt wird die Bahn bis 15.10.1857 nach Itzehoe verlängert, am 1.11.1878 erreicht die Bahn schon Heide in Holstein (die Stadt hat am 22.8.1877 Bahnanschluss durch die Strecke Neumünster–Heide–Karolinenkoog erhalten).

Erst 1886 wird die Strecke weitergebaut und erreicht, da keine Kunstbauten notwendig sind, rasch am 15.11.1887 Niebüll. Sie erschließt damit schrittweise das Land in Richtung Marsch (da die Bahn durch die Marschlandschaft verläuft, erhält sich schon damals den Namen Marschbahn) bis zur ehemaligen dänischen Grenze bei Ribe (deutsch: Ripen), jenseits des heute dänischen Tondern. Die Marschbahn wird weiter bis ins dänische Bramming geführt, wo sie Anschluss an die dänische Hauptbahn Esbjerg–Fredericia (eröffnet 1869) erhält.

Die Bahn ist besonders bei Sylt-Urlaubern beliebt, bis 1914 nimmt der Verkehr nach Tondern und von dort per Postschiff nach Sylt stark zu. Nach dem Ersten Weltkrieg wird Tondern dänisch, der Weg nach Sylt umständlich, da er über dänisches Territorium führt. Erst mit Einweihung des Hindenburgdamms am 1.6.1927 kann man von Niebüll aus per Bahn nach Westerland auf Sylt reisen. Damit hat die Marschbahn ihr heutiges Streckenbild erhalten.

Nach dem Zweiten Weltkrieg kommen Schnellzüge der Relationen Köln–Westerland und West-Berlin–Westerland über die Marschbahn (Zuglokomotiven bisweilen BR 01.10). Die Stammstrecke der Marschbahn (in Richtung Tondern) verliert in den folgenden Jahren ihre Bedeutung und wird 1973 für den Personenverkehr stillgelegt. Seit 1978 ist die Marschbahn in den IC-Taktfahrplan eingebunden.

Noch heute besitzt die Marschbahn große Bedeutung im Zubringerverkehr nach Hamburg, den Nordseebädern und natürlich den Nordfriesischen Inseln. Der Güterverkehr besitzt vor allem in der Nähe zum Ballungsraum Hamburg noch erhebliche Bedeutung, wohingegen er auf den nördlichen Abschnitten nahezu verschwunden ist.

Zwischen Niebüll und Tondern gibt es seit 2.7.2000 wieder Personenverkehr, welcher seit April 2003 von der Nord-Ostsee-Bahn (NOB, Kiel; Teil der Veolia, Berlin) angeboten wird. Diese betreibt seit 11.12.2005 den Regionalverkehr auf der Marschbahn. Der DB AG obliegt nur noch der Personenverkehr zwischen Hamburg–Altona und Itzehoe, der Fernverkehr mit IC sowie der Betrieb der Autozüge Niebüll–Westerland (diese wiederum betrieben von der Konzerntochter DB AutoZug). Seit 2009 wird die Marschbahn im Abschnitt Itzehoe–Westerland (Hamburg–Itzehoe seit Juli 1998 unter Fahrdraht) elektrifiziert, die Arbeiten sollen 2012 abgeschlossen sein.

Streckenname	Marschbahn
Alternative Bezeichnung	-
Relation	Hamburg–Westerland (Hamburg, Schleswig-Holstein)
Länge	237,7 km
Funktion	Personen- und Güterverkehr
Daten zum Bau	Baubeginn: 1844 Bauzeit (inkl. Planung, bis zur Fertigstellung): 83 Jahre (mit langjährigen Unterbrechungen) Eröffnung: 20.7.1845 Durchgängig befahrbar ab: 1.6.1927
Spurweite	Vollbahn (1435 mm)
Wichtigste Bauwerke	Klappbrücke über Stör, Hochbrücke Hochdonn (2218 m), Eiderbrücke (417 m), Flussbrücken über Arlau, Lecker Au, Hindenburg-Damm (11300 m)
Wichtigste Bahnhöfe	Hamburg, Westerland (Sylt)
Wichtigste Anschlusspunkte	Hamburg: nach Lübeck, nach Berlin, nach Stade, nach Hannover, Hamburg-Altonaer-Verbindungsbahn, zahlreiche S-Bahn-Strecken und Nahverkehr Heide (Holst.): nach Büsum, nach Neumünster Husum: nach Flensburg, nach Kiel, nach St. Peter Ording Niebüll: Kleinbahn nach Dagebüll, Autoverladestelle Sylt-Shuttle
Besonderheiten	Zweigleisige Hauptstrecke, Elektrifizierung im Bau, Hindenburg-Damm

Vogelfluglinie

Bei Großenbrode ziehen am 15. September 2002 zwei Loks der Baureihe 218 den IC 202 durch die typische Landschaft Ostholsteins. *Foto: M. Werning*

Der Flug der Vögel weist die kürzeste Verbindung zwischen dem mitteleuropäischen Kontinent und Skandinavien aus. Und der kürzeste Weg von Hamburg nach Kopenhagen verläuft über Lübeck und die Insel Fehmarn mit dem Fährbahnhof Puttgarden.

Nachdem die Bahnverbindung Hamburg–Lübeck am 1.8.1965 in Betrieb gegangen ist, schlägt, ein Jahr nach dem deutsch-dänischen Krieg, ein deutscher Ingenieur den Bau von Eisenbahnen auf den dänischen Inseln Seeland, Falster und Lolland, einen Damm zur Überquerung des Fehmarnsunds sowie eine Anschlussbahn nach Lübeck vor. Ausgeführt wird der Plan nicht, aber bis 1909 entstehen zwei deutsch-dänische Fährverbindungen (Warnemünde–Gedser und Saßnitz–Trelleborg).

Den Bau der Vogelfluglinie fördert dann die private Kreis Oldenburger Eisenbahn (KOE). Sie eröffnet die Strecke Neustadt–Oldenburg/Holstein am 30.9.1881, die bis Heiligenhafen verlängert wird am (17.1.1898); der Sprung über den Fehmarnsund erfolgt am 23.10.1903. Am 2.9.1905 geht auf Fehmarn die Strecke Fährhafen Fehmarnsund–Orth in Betrieb. Trotz mehrfacher Anstöße zum Weiterbau der Strecke nach Kopenhagen – lediglich das Stück Lübeck–Neustadt entsteht (1.6.1928) – dauert es bis 1941, ehe das Projekt von neuem vorangetrieben, aber schon 1943 wieder eingestellt wird.

Das Kriegsende schafft eine neue Situation: Die von der DDR ausgehenden Verbindungen verlieren an Bedeutung, neue Verkehrsströme drängen auf den Weiterbau. Der Bau des Fährhafens Großenbrode-Kai beginnt am 23.4.1951, am 13.6.1958 schließen die Bundesrepublik und Dänemark ein Abkommen über die Wiederaufnahme der 1943 unterbrochenen Bauarbeiten, 1959 starten die Bauarbeiten für den 1350 m langen Brückenschlag (Brückenbau 963 m lang) über den Fehmarnsund.

Zwischen Großenbrode und Puttgarden entsteht eine zweigleiseige Neubaustrecke, in Puttgarden ein neuer Fährhafen. Die Brücke wird am 30.4.1963 in Betrieb genommen. Am 14.5.1963 erfolgt die Einweihung des bis dahin größten Bauvorhabens der DB seit Kriegsende. Mit der Inbetriebnahme der Vogelfluglinie setzt allerdings der Niedergang der KOE-Anlagen ein, deren Abriss bis 1984 erfolgt.

Bis heute ist der Abschnitt Lübeck–Puttgarden nicht elektrifiziert. Geplant ist der Bau einer festen Fehmarnbelt-Querung (deutsch-dänischer Staatsvertrag, 3.9.2008), die die Fähren überflüssig machen soll.

Streckenname	Vogelfluglinie
Alternative Bezeichnung	-
Relation	Hamburg–Lübeck–Puttgarden(–Kopenhagen) (Hamburg, Schleswig-Holstein, Dänemark)
Länge	151,4 km
Funktion	Verbindung des mitteleuropäischen Festlands mit Skandinavien, kürzeste Verbindung Hamburg–Öresundregion
Daten zum Bau	Baubeginn: 1865 (Hamburg–Lübeck) Bauzeit (inkl. Planung bis zur Fertigstellung): mit zum Teil sehr langen Unterbrechungen 98 Jahre Eröffnung: 14.5.1963 Durchgängig befahrbar ab: 14.5.1963
Spurweite	Vollbahn (1435 mm)
Wichtigste Bauwerke	Fehmarnsundbrücke (963 m)
Wichtigste Bahnhöfe	Hamburg, Lübeck, Puttgarden
Wichtigste Anschlusspunkte	Hamburg: nach Hannover, Berlin, Elmshorn, Bremen Lübeck: nach Kiel, Lüneburg, Bad Kleinen Puttgarden: nach Dänemark
Besonderheiten	Fährverbindung von Puttgarden nach Dänemark, bekanntestes Einsatzgebiet von V 200.1 und VT 12, Abschnitt Hamburg–Lübeck elektrifiziert höchster Punkt: Fehmarnsundbrücke (68 m)

Rasender Roland

Die 99 4801 dampft an einem Juniabend 2008 mit dem P113 bei Posewald durch die blühenden Felder nach Göhren. *Foto: U. Miethe*

Die Insel Rügen ist mit Eröffnung der Bahnlinie Stralsund–Bergen am 26.10.1863 ebenfalls von der Eisenbahn erreicht worden. Allerdings warten noch Gebiete Rügens auf einen Bahnanschluss. In diesem Zusammenhang ist das preußische Kleinbahngesetz vom 28.7.1892 bedeutsam: Es regelt den Bau kostengünstiger Kleinbahnen, also einfach zu erstellenden Eisenbahnlinien.

Aus einer Vielzahl an Ideen und Projekten zur weiteren Erschließung Rügens, die alle scheitern, kristallisieren sich schließlich drei Schmalspur-Linien heraus: Putbus–Göhren, Altefähr–Putbus (eröffnet 04.07.1896, stillgelegt 3.12.1967) und Bergen–Altenkirchen Wittower Fähre (21.12.1896, 18.12.1969). Am wichtigsten ist die Verbindung Putbus–Göhren, bei der der Personenverkehr im Vordergrund steht. Am 7.7.1893 beginnen die Arbeiten (ausgeführt von Lenz & Co., Stettin, auch Betreiber bis 1910), Putbus–Binz wird am 22.7.1895 als erster Abschnitt eröffnet. Göhren ist am 13.10.1899 erreicht, die 750-mm-Gleise sind damit durchgängig befahrbar.

1910 wechselt der Betreiber: Die eigens gegründete Kleinbahnabteilung des Provinzialverbandes von Pommern (ab 1920: Vereinigung vorpommerscher Kleinbahnen GmbH) betreibt die Strecke nun rationeller. Allerdings stellt die Nachkriegszeit mit der Inflation die Bahn vor große Herausforderungen.

1918 beträgt das Kleinbahnstreckennetz an die 100 km. Die Verbindung zwischen Putbus und Göhren erweist sich als die wirtschaftlichste Strecke. Nach dem Zweiten Weltkrieg verhindert allein die exponierte Lage Rügen die Demontage der Gleisanlagen als Reparationsleistung.

1949 übernimmt die DR den Betrieb. Mit Einsetzen des Massentourismus Mitte der 50er-Jahre des 19. Jh. erweist sich Putbus–Göhren als wichtigste Verkehrsbasis für die Badeorte Baabe, Binz, Göhren und Sellin (der Name »Rasender Roland« für die Strecke geht wohl auf sächsische Bergleute zurück, die in den 50er-Jahren in Binz Erholung suchen).

Am 11.12.1967 wird der ohnehin geringe Güterverkehr eingestellt. Der Personenverkehr sollte nach Willen des DDR-Verkehrsministeriums 1976 folgen, aber dem Einsatz privater Bahnfreunde ist es zu verdanken, dass der Rasende Roland erhalten bleibt.

Zum 1.1.1994 kommt die Strecke in den Besitz der DB AG. Diese, am Rasenden Roland desinteressiert, überträgt die Betriebsführung der Bahn zum 1.1.1996 an die eigens gegründete Rügensche Kleinbahn GmbH, einem Teil der damaligen Karsdofer Eisenbahngesellschaft. Am 28.5.1999 wird das Dreischienengleis Putbus–Lauterbach Mole eröffnet, seitdem ist Lauterbach auch durch Schmalspurzüge erreichbar.

Schließlich übernimmt die Eisenbahn- Bau- und Betriebsgesellschaft Pressnitztalbahn mbH (PRESS, Jöhstadt) zum 1.1.2008 den Betrieb zwischen Putbus und Göhren. Zum 18.03.2008 nimmt sie den »Übergangsverkehr« auf, zum 1.6.2008 geht auch die Infrastrukturverantwortung auf die PRESS über.

Die heutige Rügensche BäderBahn (RüBB) setzt täglich Dampflokomotiven (Baujahre 1914–1953) für alle planmäßig verkehrenden Personenzüge ein.

Streckenname	Rasender Roland
Alternative Bezeichnung	Rügensche Kleinbahn
Relation	Putbus–Göhren (Insel Rügen, Mecklenburg-Vorpommern)
Länge	24,1 km (einstmals über 60 km Streckennetz)
Funktion	Einst Personen- und Güterverkehr, heute noch Personenverkehr
Daten zum Bau	Baubeginn: 7.7.1893 Bauzeit (inkl. Planung, bis zur Fertigstellung): 6 Jahre Eröffnung: 22.7.1895 Durchgängig befahrbar ab: 13.10.1899
Spurweite	Schmalspurbahn (750 mm)
Wichtigste Bahnhöfe	Putbus, Göhren
Wichtigste Anschlusspunkte	Putbus: Bergen–Lauterbach Mole (Dreischienengleis ab Putbus, nach Bergen Vollbahn)
Besonderheiten	Dampfbetriebe Schmalspurbahn

Usedomer Bäderbahn

In Wolgast rollen die UBB-Triebwagen über die 1994–96 errichtete Peenebrücke. Das Bauwerk ist die größte Waagebalken-Brücke Deutschlands. Foto: T. Estler

Auf der Insel Usedom dominiert im 19. Jahrhundert die Fischerei als Haupterwerbszweig. Vom Bau einer Eisenbahn hängt die weitere Erschließung der Insel ab. Zwar hat die Berlin-Stettiner-Eisenbahngesellschaft (BSE) von Züssow aus am 23.3.1864 bereits den Wolgaster Hafen erreicht, aber der Übergang nach Usedom steht noch aus.
Die Erschließung Usedoms erfolgt von Südosten: Im August 1873 beginnen die Arbeiten. Mit Eröffnung der Hauptbahn Ducherow–Swinemünde am 15.5.1876 (Querung des Peenestroms bei Karnin mittels einer Drehbrücke, Ausbau zur Hubbrücke bis 1933) ist die weitere Erschließung vorbereitet.
In mehreren Etappen entsteht der sogenannte Bäderverkehr auf Usedom. An eben demselben 15. Mai wird auch die Hafenbahn Swinemünde in Betrieb genommen und nach längerer Pause – seit 1879 unter Ägide der Königlich Preußischen Staatsbahnen (KPEV) – bis 1.1.1892 verlängert. Der Abschnitt bis Heringsdorf wird am 1.7.1894 dem Betrieb übergeben, ehe am 1.7.1901 die Strecke Ostswine–Swinemünde (Fährverkehr) eröffnet werden kann. Die Inbetriebnahme der Nebenbahn Heringsdorf–Wolgaster Fähre beendet am 1.6.1911 zunächst den Bahnbau auf Usedom.
1908 hat der Verkehr bereits so stark zugenommen, dass ein zweigleisiger Ausbau notwendig wird. Vor allem in den 30-Jahren entwickelt sich der Bäderverkehr enorm, Usedom wird zur »Badewanne Berlins«. Damals kommen sogar Schnell- und Eilzüge (darunter ein Kurswagen Stettin–München) auf die Insel. Allerdings transportiert die Bahn seit etwa 1935 Material für die im Aufbau befindliche Raketenversuchsanlage in Peenemünde.
Nachdem die Karniner Hubbrücke am 28.4.1945 unbrauchbar gemacht worden ist, wird der Verkehr nach Usedom unterbrochen. Die Grenzziehung zwischen Deutschland und Polen durchtrennt die Bäderbahn, die Usedomer Bahn ist nun reines Inselnetz. Im Dezember 1946 entsteht eine Eisenbahnfährverbindung bei Wolgast. In den Jahren 1945–1990 werden Güterwaggons und Lokomotiven im Trajektverkehr zwischen Wolgast Hafen und Wolgaster Fähre übergesetzt. Der Zuwachs an Urlaubsgästen führt aber in den 60er-Jahren zu einer Überlastung der Eisenbahnfähre, sodass viele Güter per LKW über die seit Mai 1950 wieder hergestellte Wolgaster Straßenbrücke transportiert werden müssen. Auf der Usedomer Inselbahn verkehren vor allem Dampfloks der BR 86 mit den charakteristischen Windleitblechen, sie werden von der Diesellok BR 110 der DR abgelöst.
Bis 17.3.1989 lässt die DR den Abschnitt Züssow–Wolgast mit einer Einfachfahrleitung überspannen. Die Bahn auf Usedom aber befindet sich in sehr schlechtem Zustand. Die Stilllegung scheint 1992 beschlossene Sache.
Aber am 1.4.1993 wird das »Projekt Usedom« ins Leben gerufen: Seit Mai 1993 werden Zugverbindungen im Stundentakt mit Schienenbussen der Deutschen Reichsbahn (Baureihe 771/971) angeboten. Das lockt wieder viele Gäste auf die Insel, die immer noch in Zügen anreisen, die mit der Fähre auf Usedom übergesetzt werden müssen.
Am 1.6.1995 übernimmt die Usedomer Bäderbahn (UBB; ein Tochterunternehmen der DB AG) den Betrieb und führt eine aufwendige Modernisierung der Gleisanlagen und Infrastruktur durch. Im Jahr 2000 erfolgt die Wiederanbindung an das Festlandnetz über die bereits fertiggestellte kombinierte Straßen- und Eisenbahnbrücke in Wolgast. Seit diesem Jahr wird der Betrieb mit modernen Dieseltriebwagen der BR 646 abgewickelt. Einige Fahrzeuge der BR 771 sind für museale Zwecke erhalten geblieben.

Streckenname	Usedomer Bäderbahn (UBB)
Alternative Bezeichnung	-
Relation	Wolgast–Ahlbeck (Mecklenburg-Vorpommern)
Länge	59,1 km
Funktion	Bäderverkehr, Personen- und Güterverkehr, heute Personennahverkehr
Daten zum Bau	Baubeginn: August 1873 Bauzeit (inkl. Planung, bis zur Fertigstellung): 38 Jahre (mit längeren Unterbrechungen) Eröffnung: 15.5.1876 Durchgängig befahrbar ab: 1.6.1911
Spurweite	Vollbahn (1435 mm)
Wichtigste Bauwerke	Peenebrücke (Klappbrücke) in Wolgast
Wichtigste Bahnhöfe	Züssow, Wolgast, Seebad Heringsdorf, Ahlbeck
Wichtigste Anschlusspunkte	Züssow: Stralsund–Pasewalk
Besonderheiten	Elektrifizierung des Abschnitts Züssow–Wolgast Hafen 1989

Der Molli

In Bad Doberan müssen sich die Züge des »Molli« als »Straßenbahn« die Fahrbahn mit Pkw und Lkw teilen. *Foto: M. Dahlbeck*

Die Gründung des Seebades Heiligendamm im Jahr 1793 zieht in den folgenden Jahren immer mehr Badegäste in die Region. Doch eine unproblematische Verkehrsanbindung an die Ostseeküste gibt es lange Zeit nicht. Erst 1885 erteilt der mecklenburgische Großherzog Friedrich Franz III. eine Konzession für den Bau und Betrieb einer schmalspurigen Eisenbahn vom Bahnhof Bad Doberan ins Seebad Heiligendamm.
Nach dem Baubeginn durch Lenz & Co., Stettin, im Jahr 1885 kann die Strecke bereits am 7.7.1886 von der Doberan-Heiligendammer-Eisenbahn (DHE) eröffnet und betrieben werden. Anfangs stehen zunächst lediglich eine Trambahnlokomotive, drei Reisezugwagen und ein Gepäckwagen zur Verfügung. Der Zugverkehr findet nur in den Monaten Mai bis September eines Jahres statt.
Zum 1.3.1890 übernimmt die Großherzoglich Mecklenburgische Friedrich-Franz-Eisenbahn (GMFFE) die Bahn. 1909 beginnt die Streckenverlängerung bis in das Ostseebad Arendsee (Kühlungsborn entsteht 1938 durch Zusammenschluss mehrere Gemeinden mit Arendsee), die Eröffnung findet am 12.5.1910 statt.
1920 wird die Strecke von den Reichseisenbahnen übernommen (ab 1924 Deutsche Reichsbahn-Gesellschaft, DRG). 1932 kommen die Maschinen der BR 99.32 auf die Bahn (diese drei Loks sind heute noch unter den Nummern 99 2321 bis 2323 im Einsatz).
In der Zeit nach dem Zweiten Weltkrieg fungiert die Strecke als Lehrlinie für die Ausbildung junger Eisenbahner in der DDR. 1961 kommen von den Wismut-Werkbahnen drei Loks der BR 99.33 zum Molli. Die 99 331 ist noch betriebsfähig. 99 332 ist Denkmal beim Molli-Museum (es befindet sich im Endbahnhof Ostseebad Kühlungsborn West).
Der Güterverkehr, er hatte sich stets in beschaulichem Rahmen gehalten, wird 1969 eingestellt. Hauptgrund ist das aufwendige Umladen der Güter von der Regelspurstrecke in Bad Doberan auf die Schmalspurwagen. Der Personenverkehr ist aber noch erheblich: 1969 werden täglich 13 Zugpaare gefahren. Ab 1974 erfolgt der Umbau zur Touristenbahn. Seit 1976 ist der »Molli« (die Ursprünge der Bezeichnung sind umstritten) als technisches Denkmal anerkannt und eingetragen.
Am 1.1.1995 übernimmt die Mecklenburgische Bäderbahn Molli GmbH & Co. KG die Betriebsführung von der DBAG. Sie ist ein privates Betriebs- und Infrastrukturunternehmen der Stadt und des Landkreises Bad Doberan sowie des Seebads Kühlungsborn. Seit dieser Zeit pendeln historische Züge. Die Bahn hält ein umfangreiches touristisches Angebot bereit. Die Fahrtzeit (im Stundentakt, im Winter Zweistundentakt) beträgt etwa 40 Min. 2009 wird im Dampflokwerk Meiningen eigens eine Lok der Baureihe 99.32 (die 99 2324) nachgebaut. Erstmals nach fast 50 Jahren ist damit wieder eine Dampflokomotive für den regulären Zugdienst gebaut worden.

Streckenname	Bäderbahn Molli
Alternative Bezeichnung	-
Relation	Bad Doberan–Kühlungsborn West (Mecklenburg-Vorpommern)
Länge	15,4 km
Funktion	Personen- und Güterverkehr, heute nur noch Personenverkehr
Daten zum Bau	Baubeginn: 1885 Bauzeit (inkl. Planung, bis zur Fertigstellung): 25 Jahre (mit langjährigen Unterbrechungen) Eröffnung: 7.7.1886 Durchgängig befahrbar ab: 12.5.1910
Spurweite	Schmalspurbahn (900 mm)
Wichtigste Bauwerke	-
Wichtigste Bahnhöfe	Bad Doberan, Kühlungsborn West
Wichtigste Anschlusspunkte	Bad Doberan: Wismar-Rostocker-Eisenbahn
Besonderheiten	Streckenführung direkt durch Bad Doberan, Spurweite 900 mm, älteste Schmalspurbahn an der Ostseeküste; Neubaudampflok 99 2324

Borkumer Kleinbahn

Im Bahnhof Borkum-Dorf wartet ein Inselbahn-Zug zum Anleger auf Fahrgäste. *Foto: M. Werning*

Auf der Nordseeinsel Borkum entsteht 1879 eine Pferdebahn für Materialtransporte, die von der östlichen Einbuchtung der Insel zur Baustelle des Neuen Leuchtturms führt (auf ihr verläuft zum Teil die heutige Trasse). Da in Borkum in jener Zeit der Fremdenverkehr immer wichtiger wird, beschließt der für Borkum zuständige Emder Magistrat, am 22.6.1883 einen festen und gezeitenunabhängigen Anleger zu errichten. Denn die Anlandung ist bislang ein nicht ungefährliches Unterfangen, das man den Gästen nicht weiter zumuten will.

Aus Kostengründen soll die bestehende Pferdebahn so weit wie möglich in die Trasse einbezogen werden. Am 15.6.1888 kann die Inselbahn in Betrieb gehen, betrieben wird sie durch das Privatunternehmen Habich & Goth im öffentlichen Verkehr. Zugloks sind zwei Baulokomotiven. Die Linie verläuft von Borkum-Dorf am Westende der Insel über Dünen und durchs Watt bis Borkum-Reede am Südostzipfel der Insel.

Die Bahn entwickelt sich rasch und erfolgreich. Im Sommer 1888 wird ein Bahnhofsgebäude errichtet. Aber 1894 und 1896 zerstören Sturmfluten einen Teil der Strecke. Zum 23.09.1903 übernimmt die »Borkumer Kleinbahn und Dampfschiffahrt Aktiengesellschaft« (Emden) die Bahn.

Ab 1902 spielt die Inselbahn eine wichtige Rolle im Zug der deutschen Aufrüstung, denn Kaiser Wilhelm II. erhebt Borkum zur »Seefestung«. Die Bahn transportiert Material zum Bau von Unterkünften und Geschützfundamenten sowie Unterständen. Bis 1908 wird die Bahn stellenweise zweigleisig ausgebaut. Auch während des Ersten Weltkriegs nutzt die Kriegsmarine die Bahn.

Eine weitere wichtige Baumaßnahme erfolgt 1938 mit dem Bau des Neuen Hafens bei Reede. Allerdings dient er in erster Linie militärischen Zwecken. In dieser Zeit wächst das Streckennetz durch zahlreiche Anschlüsse zu Einrichtungen der Kriegsmarine auf 45 km Länge, neue Dieselloks kommen auf die Bahn.

Nach Beseitigung der Schäden durch Bombenangriffe geht die Bahn im April 1946 wieder in Betrieb. Allerdings muss sich die Bahn jetzt dem wachsenden Individualverkehr erwehren. Im Winter 1960/61 wird der Personenverkehr erstmals eingestellt und mit Omnibussen bewältigt.

Die schwere Sturmflut vom 16./17.2.1962 zerstört weite Teile der Gleisanlagen, sodass der Betrieb längere Zeit eingestellt werden muss. Zum 31.12.1967 erfolgt die Einstellung des Güterverkehrs auf der Inselbahn.

Aus Einsparungsgründen wird 1989 das zweite Streckengleis auf etwa 4 km Länge abgebaut. 1990 erstellt die Bahn ein neues Empfangs- und Verwaltungsgebäude in Borkum-Dorf. Schon bald zeitigt die eingleisige Betriebsführung Nachteile, sodass 1993 das zweite Gleis (nun für 50 km/h zugelassen) wieder eingebaut wird.

Seit 25.03.1994 stehen die neuen Schöma-Loks im Dienst, am 25.03.1997 kann auch die Dampflok »Borkum« wieder in Betrieb genommen werden. Bis 1998 kommt noch ein Wismarer Schienenbus hinzu. Am 26.07.2007 wird der Wendezugbetrieb auf Borkum aufgenommen.

Streckenname	Borkumer Inselbahn
Alternative Bezeichnung	-
Relation	Borkum-Dorf–Borkum-Reede (Niedersachsen)
Länge	7,5 km
Funktion	Personen- und Güterverkehr, heute nur noch Personenverkehr
Daten zum Bau	Baubeginn: 22.6.1883 Bauzeit (inkl. Planung, bis zur Fertigstellung): 5 Jahre Eröffnung: 15.6.1888 Durchgängig befahrbar ab: 15.6.1888
Spurweite	Schmalspurbahn (900 mm)
Wichtigste Bauwerke	Deichdurchlass
Wichtigste Bahnhöfe	Borkum-Dorf, Borkum-Reede
Wichtigste Anschlusspunkte	Borkum-Reede: Fähre nach Emden und Eemshaven (Niederlande)
Besonderheiten	einzige durchgehend zweigleisige Schmalspurbahn Deutschlands sowie älteste deutsche Insel-Bahn; Kleinbahntrasse und der historische Fahrzeugpark vom Institut für Denkmalpflege Hannover als erstes mobiles Kulturdenkmal in Niedersachsen eingestuft

Wangerooger Inselbahn

Die Rangierarbeiten am Anleger sind manchmal aufwendig. *Foto: M. Werning*

Im März 1897 beginnen die Bauarbeiten für eine Inselbahn auf Wangerooge. Sie soll nicht nur die Inselgäste aus den Fähren ins Dorf transportieren, sondern auch den Güterverkehr verbessern. Nach nur vier Monaten Bauzeit geht die Bahn am 3.7.1897 zwischen Dorf und Sommer- bzw. Winteranleger in Betrieb. Die Betriebsführung liegt bei der Großherzoglich Oldenburgischen Eisenbahn (GOE; die Inselbahn hat sich übrigens immer in Hand einer Staatsbahn befunden, denn der GOE folgen DRG/DR, dann die DB und schließlich die DB AG).

Im Gegensatz zu manch anderer Inselbahn wird der Betrieb auf Wangerooge von Anfang an mit Dampflokomotiven geführt. Vom Fähranleger im Südwesten geht es über ein 4 km langes eingleisiges Streckenstück ins Inseldorf. Seit 1904 zweigt etwa auf halber Strecke eine 2 km lange Stichbahn von der Saline zum westlichen Zipfel Wangerooges ab, dem Anschluss Westen (die Insel verfügt somit über drei Bahnhöfe). Diese Stichbahn wird von der Kriegsmarine zu militärischen Zwecken erbaut, in den folgenden Jahren entstehen weitere militärische Anschlusslinien.

1905 kommt mit dem Ostanleger eine 5,4 km lange Strecke vom Bahnhof an das Ostende der Insel hinzu. 1906 erhält Wangerooge zudem ein der Verkehrsentwicklung angepasstes Bahnhofsgebäude. 1912 entsteht durch die Marine der Westanleger, die Sommer- und Winteranleger aus der Entstehungszeit der Bahn werden abgebaut. Dieser Umbau ist Teil eines Ausbaus Wangerooges zur Seefestung.

Die militärische Bedeutung der Inselbahn garantiert ihren Ausbau, darüber hinaus erfreut sich die Bahn der Wertschätzung der zahlreichen Urlaubsgäste. Während des Zweiten Weltkriegs wird die Inselbahn aufgrund ihrer strategischen Bedeutung Ziel von Bombenangriffen.

Schon kurz nach Kriegsende geht die Bahn wieder in Betrieb. Die DB setzt hier 1952 erstmals eine Diesellok ein, die V 11 901 (Gmeinder, Mosbach, 1952), bis 1957 wird der Dampfbetrieb eingestellt. Die 1929 beschaffte 99 211 (Henschel, Kassel, 1929) wird 1960 unterhalb des Leuchtturms als Denkmal aufgestellt. Bis 1971 beschafft die Inselbahn vier Dieselloks der BR 329 (Gmeinder und KHD).

Nachdem der Verkehr über den Ostanleger (ein Grund ist die Öffnung Helgolands für den deutschen Ausflugsverkehr 1952) immer stärker zurückgeht, wird er 1957/58 eingestellt und abgebaut.

1995–2005 werden große Teile der Gleise im Rahmen einer Streckensanierung auf Schotterbett verlegt. Die Wangerooger Inselbahn ist heute die letzte Schmalspurstrecke der Deutschen Bahn AG und wird mit zwei Dieselloks der Baureihe 399 (Schöma, Diepholz) betrieben. Neben dem Personen- findet auch Güterverkehr statt. Zudem werden moderne Personenwagen (Wittenberge, 1992/93) eingesetzt. Bis heute sind noch über 30 Güterwagen unterschiedlicher Typen im Einsatz. So nutzt die Bahn z. B. Rollcontainer, die von Harlesiel auf dem Festland bis zum Bahnhof Wangerooge befördert werden. Für die Instandhaltung der Lokomotiven und Wagen steht eine Werkstatt zur Verfügung.

Streckenname	Wangerooger Inselbahn
Alternative Bezeichnung	-
Relation	Wangerooge–Westanleger (Niedersachsen)
Länge	5,9 km
Funktion	Personen- und Güterverkehr
Daten zum Bau	Baubeginn: März 1897 Bauzeit (inkl. Planung, bis zur Fertigstellung): vier Monate Eröffnung: 3.7.1897 Durchgängig befahrbar ab: 3.7.1897
Spurweite	Schmalspurbahn (900 mm)
Wichtigste Bauwerke	2 Deichdurchlasse
Wichtigste Bahnhöfe	Wangerooge, Westanleger
Wichtigste Anschlusspunkte	Westanleger: Fähre nach Harlesiel
Besonderheiten	Eingleisig, einzige von der DB AG betriebe Schmalspurstrecke, eine der letzten deutschen Schmalspurbahnen mit Güterverkehr

Geestbahn

Der Stadtstaat Bremen und das Königreich Hannover schließen am 14.4.1845 einen Staatsvertrag über den Bau der Strecke Bremen–Geestemünde, der sogenannten Geestebahn (bei Geestemünde mündet dieser Fluss in die Weser). Beide Staaten genehmigen darin auch eine Weiterführung der Strecke. Nach einigen Streitereien über die Betriebsführung der Bahn, besiegelt erst der Vertrag vom 28.2.1859 den Bahnbau endgültig.
Im Februar 1860 beginnen die Bauarbeiten der Strecke von Bremen nach Geestemünde, von wo aus eine Zweigstrecke nach Bremerhaven vorgesehen wird. Die Strecke ist zweigleisig trassiert, jedoch wird zunächst nur ein Gleis verlegt (der zweigleisige Ausbau erfolgt erst 1873–1876). Die Geestebahn wird am 23.1.1862 eröffnet. Die Inbetriebnahme der Zweigbahn nach Bremerhaven erfolgt ein Jahr später.
Cuxhaven ist seit 1881 von Hamburg (Niederelbebahn) aus per Bahn erreichbar. Zwischen Geestemünde (heute ein Stadtteil Bremerhavens) und Cuxhaven klafft noch eine Lücke. Preußen verfolgt nun verstärkt strukturpolitische Ziele, man will wirtschaftliche Entwicklung abgelegener Gebiete vorantreiben und hofft dadurch die sozialen Probleme in den Ballungsräumen zu mildern. Die Verbindungsstrecke Geestemünde–Cuxhaven (Baubeginn 1895) entsteht wahrscheinlich auch aus militärstrategischen Überlegungen (Versorgung der Marine). Am 30.5.1896 wird die Verbindungsstrecke eröffnet.
Damit ist die Geestebahn in ihrem gesamten Verlauf befahrbar. Die Geestebahn belebt die Wirtschaft der Region, wenn auch in bescheidenem Ausmaß (es werden kleinere Betriebe gegründet, etwa eine Kalksteinfabrik in Nordholz).
Ab 1935 wird die Geestebahn im Rahmen der nationalsozialistischen Kriegsvorbereitungen ausgebaut. Die Bahn soll überlange Militärzüge nach dem Seehafen Bremerhaven aufnehmen können.
Nach dem Krieg nimmt die Bedeutung der Geestebahn vor allem im Abschnitt Bremerhaven–Cuxhaven ab, allein der Fischtransportverkehr nach Bremerhaven bleibt umfangreich. In den 80er-Jahren wird sogar über eine Stilllegung dieser Teilstrecke nachgedacht.

Der Abschnitt Bremen–Bremerhaven ist heute ohne Fernverkehr, im Nahverkehr werden RE- und RB-Züge eingesetzt. Allerdings ist der Güterverkehr (vor allem Containertransport zum Seehafen Bremerhaven) noch stark. Der Fernverkehr auf dem Abschnitt Bremerhaven–Cuxhaven ist 2001 eingestellt worden. Dieses Teilstück dient heute nur noch dem Personenverkehr, vor allem dem touristischen Verkehr. Der Nahverkehr wird von der Nordseebahn (eine Tochter von DB Regio und der Eisenbahnen und Verkehrsbetriebe Elbe-Weser (EVB, Zeeven)) betrieben. Hierbei kommen vor allem LINT 41 zum Einsatz. Ein regelmäßiger Güterverkehr findet nicht mehr statt.

Streckenname	Geestbahn
Alternative	Geestebahn
Relation	Bremen–Bremerhaven–Cuxhaven (Bremen, Niedersachsen)
Länge	109,6 km
Funktion	Personen- und Güterverkehr
Daten zum Bau	Baubeginn: Februar 1860 Bauzeit (inkl. Planung, bis zur Fertigstellung): 36 Jahre (mit Unterbrechungen) Eröffnung: 23.1.1862 Durchgängig befahrbar ab: 30.5.1896
Spurweite	Vollbahn (1435 mm)
Wichtigste Bauwerke	Brücken über Flüsse wie Lesum, Lune, Rohr, Geeste, Grauwallkanal
Wichtigste Bahnhöfe	Bremen, Bremerhaven, Cuxhaven
Wichtigste Anschlusspunkte	Bremen: nach Hannover, Rollbahn Wanne-Eickel–Hamburg, nach Oldenburg Bremerhaven–Speckenbüttel: nach Bad Bederkesa Cuxhaven: Niederelbebahn nach Hamburg
Besonderheiten	Bremen–Bremerhaven: zweigleisige, elektrifizierte Hauptbahn; Bremerhaven–Cuxhaven: dieselbetriebene, eingleisige Nebenbahn

Norddeutsches Lichtspiel: 218 335 rollt bei Cuxhaven-Altenbruch in die Dämmerung. *Foto: M. Werning*

Heidebahn

Im Umfeld der Beratungen über den Bau der sogenannten Amerikalinie Bremen–Uelzen–Berlin 1866 bittet Walsrode, das schon seit etwa 1850 immer wieder um Bahnanschluss für die chemische Industrie nachgesucht hat, erneut um eine Bahnlinie, nun bei den Preußen, denn die Stadt ist seit kurzem Teil des Königreichs. Immerhin: Die Stadt wird Teil der am 27.2.1885 beschlossenen Strecke Hannover–Visselhövede, die am 25.8.1890 in Betrieb geht.
Da die Bahn den Städten und Orten erheblichen wirtschaftlichen Aufschwung beschert, drängt auch Soltau auf Anschluss, der 1896 genehmigt wird. Am 1.10.1896 geht die von Hannover–Visselhövede abzweigende Strecke Walsrode–Soltau in Betrieb. Der Weiterbau erfolgt 1898 durch das Eisenbahn-Regiment Nr. 2. Am 30.9.1901 wird die eigentliche Heidebahn Soltau–Buchholz eröffnet, einen Tag später beginnt der reguläre Betrieb. 1904 entsteht der neue Bahnhof Buchholz (Dort besteht Anschluss an die Strecke Wanne-Eickel–Hamburg, die am 1.6.1874 eröffnet worden ist).
In den folgenden Jahren entstehen weitere Anschlüsse an die Heidebahn: So schließen in Soltau zwischen 1910 und 1917 z.B. die Kleinbahnen nach Lüneburg, Celle und Neuenkirchen an, die 1944 unter das Dach der neu gegründeten Osthannoverschen Eisenbahnen (OHE) gelangen.
Aufgrund schnellerer Verbindungen im Umland (etwa Hamburg–Uelzen–Hannover) gewinnt die Heidebahn keine Bedeutung für den Durchgangsverkehr. 1938 erhalten mehrere Bahnhöfe, etwa Schneverdingen, Stellwerke. 1955–1957 erfolgt eine Renovierung der durch Kriegseinwirkung in Mitleidenschaft gezogenen Gleise. 1969 wird die Streckengeschwindigkeit auf 80 km/h angehoben. Als neues Transportgut wird 1972 Holz entdeckt: Nach einem Orkan beginnt die Abfuhr von Bruchholz aus der Nordheide, bis Oktober 1974 werden es über 22.000 t sein. 1978 gibt es erste Gerüchte über eine Stilllegung der Bahn, was Proteste unter der Bevölkerung der Anliegergemeinden auslöst. Dennoch: Im Jahrzehnt 1980–1990 steht die Heidebahn zur Stilllegung an. Am 25.4.1984 gründet sich die Interessengruppe »Rettet die Heidebahn« in Schneverdingen. Mit einem »Sonderzugprogramm auf der Heidebahn« kann die drohende Stilllegung verhindert werden.
Heute besitzt die Heidebahn (man zählt heute auch den Abschnitt von Soltau bis Hannover dazu) hohe Bedeutung im Zubringerverkehr nach Hannover bzw. Hamburg. Güterverkehr findet auf der eigentlichen Heidebahn zwischen Soltau und Buchholz nicht mehr statt.
Die Strecke soll für eine Höchstgeschwindigkeit von bis zu 120 km/h ausgebaut werden, bis 2011 sollen die Bauarbeiten am Abschnitt Soltau–Buchholz beendet sein.

Streckenname	Heidebahn
Alternative Bezeichnung	-
Relation	(Hannover-)Soltau–Buchholz (Niedersachsen), die eigentliche Heidebahn verläuft zwischen Soltau und Buchholz
Länge	45,1 km (+ 88 km bis Hannover)
Funktion	Personen- und Güterverkehr
Daten zum Bau	Baubeginn: 1896 Bauzeit (inkl. Planung, bis zur Fertigstellung): 5 Jahre (mit Unterbrechungen) Eröffnung: 1.10.1896 Durchgängig befahrbar ab: 30.9.1901
Spurweite	Vollbahn (1435 mm)
Wichtigste Bauwerke	Brücken über Flüsse wie Aller, Böhme
Wichtigste Bahnhöfe	Hannover, Walsrode, Soltau, Buchholz
Wichtigste Anschlusspunkte	Hannover: Hamburg–Würzburg, nach Altenbeken, nach Braunschweig, nach Bremen Walsrode: Verden-Walsroder-Eisenbahn nach Altenboitzen, nach Bomlitz Soltau: Uelzen–Langwedel, nach Lüneburg Buchholz: Wanne-Eickel–Hamburg
Besonderheiten	Nur in Abschnitten elektrifizierte, eingleisige Hauptstrecke Größte Steigung: 10,5 Promille

Die reizvolle Heidebahn gehörte lange Zeit zu den Haupteinsatzstrecken der Triebwagen Baureihe 634. *Foto: T. Estler*

Die Rollbahn

Mit einem IC-Zug legt sich 101 014 am 13. Mai 2000 bei Ostercappeln in die Kurve. *Foto: M. Werning*

Ursprünglich werden 1860 Pläne einer Bahn Paris–Venlo (Niederlande)–Hamburg–St. Petersburg (Russland) entwickelt. 1868 erteilt die preußische Regierung der Köln-Mindener-Eisenbahngesellschaft (CME) die Konzession zum Bau der Strecke Venlo–Hamburg (als östlicher Teil einer Verbindung von Hamburg nach Paris). Nach den damaligen Planungen war als Endpunkt Harburg vorgesehen, da es noch keine Elbbrücken gibt. Der Stadtstaat verpflichtet sich daher gleichzeitig, einen neuen Kopfbahnhof rechts der Elbe zu erbauen (der 1872 entstandene Venloer Bahnhof, auch Pariser Bahnhof genannt, 1892 in Hannoverscher Bahnhof umbenannt).
Die private CME dringt aus wirtschaftlichen Erwägungen bei den Verhandlungen mit Preußen darauf, die Venloer Bahn an ihr bestehendes Streckennetz anzuschließen (Stammstrecke Köln–Minden, 15.10.1847 durchgängig eröffnet) und setzt den Bahnhof Wanne (seit dem Zusammenschluss der Ämter Wanne und Eickel im Jahr 1926 Wanne-Eickel) als südlichen Endpunkt der Strecke durch (in Haltern wird dann die Strecke ab 31.12.1874 nach Venlo abzweigen).
Gleich nach Konzessionserteilung beginnen die Bauarbeiten von Süden und Norden aus. Technische Probleme des Bahnbaus stellen die Brücken dar, etwa die Rheinbrücke bei Wesel (1874 fertiggestellt). Am 1.1.1870 wird als erstes Teilstück Wanne–Münster eröffnet, Osnabrück ist am 1.9.1871 erreicht. Im Norden wird am 1.12.1872 das erste Teilstück eröffnet: Harburg–Wilhelmsburg–Hamburg Venloer Bahnhof. Die Strecke Osnabrück–Bremen ist am 16.8.1873 fertiggestellt, am 1.6.1874 ist die Fahrt von Harburg bis Bremen möglich (dort ist die Weserbrücke 1874 fertiggestellt worden). 1879 wird die Strecke verstaatlicht.
Die Strecke entwickelt sich sofort zu einer bedeutenden Fernverbindung

Ein ICE überquert die Weser bei Dreye. *Foto: M. Werning*

des jungen Reichs. Der zweigleisige Ausbau erfolgt 1900/01. Wegen der ständig rollenden Güter- und Personenzüge erhält sie den Namen Rollbahn. Mit Eröffnung des neuen Hamburger Hauptbahnhofs (5.12.1906) wird eine Streckenverschwenkung nötig, die bis 29.9.1907 abgeschlossen ist, die Rollbahn endet nun im Hauptbahnhof.

Pläne die Bahn viergleisig auszubauen scheitern während der Wirtschaftskrise 1929/30. Haltern–Wesel–Venlo ist seit der Zerstörung der Weseler Rheinbrücke am 10.3.1945 nicht mehr befahrbar und wird auch nicht mehr reaktiviert. Am 24.9.1968 erreicht der erste von einer Elektrolok gezogenen Zug Hamburg.

Die Strecke ist die kürzeste Eisenbahnverbindung zwischen der Metropolregion Rhein/Ruhr und den Großstädten Bremen und Hamburg im Norden der Bundesrepublik, zugleich eine der wichtigsten Bahnstrecken Nordwestdeutschlands. Im Schienenpersonenfernverkehr der Relation fahren mindestens ein IC-Zugpaar in der Stunde (zumeist nur im Abschnitt Münster–Hamburg). Darüber hinaus befahren Regional- und Nahverkehrsbahnen die Strecke, etwa die RB 66 »Teuto-Bahn« zwischen Münster und Osnabrück (im Stundentakt).

Streckenname	Rollbahn
Alternative Bezeichnung	Venloer Bahn
Relation	Hamburg–Wanne–Eickel (Hamburg, Bremen, Niedersachsen, Nordrhein-Westfalen)
Länge	355 km
Funktion	Personen- und Güterverkehr
Daten zum Bau	Baubeginn: 1868 Bauzeit (inkl. Planung, bis zur Fertigstellung): 23 Jahre Eröffnung: 1.1.1870 Durchgängig befahrbar ab: 1.6.1874
Spurweite	Vollbahn (1435 mm)
Wichtigste Bauwerke	Brücken über Flüsse wie Norder- und Süderelbe (Hamburger Elbbrücken), Wümme, Weser, Dortmund-Ems-Kanal, Lengericher Tunnel (581 m)
Wichtigste Bahnhöfe	Hamburg, Bremen, Osnabrück, Münster, Wanne-Eickel
Wichtigste Anschlusspunkte	Hamburg: nach Lübeck, nach Berlin, nach Stade, nach Hannover, Hamburg-Altonaer-Verbindungsbahn, zahlreiche S-Bahn-Strecken und Nahverkehr Bremen: nach Bremerhaven, nach Oldenburg, nach Hannover Osnabrück: Löhne–Rheine Münster: Warendorfer Bahn nach Rheda-Wiedenbrück, Westfälische Landeseisenbahn nach Lippstadt, nach Hamm, nach Rheine, nach Enschede (Niederlande) Wanne-Eickel: Duisburg–Dortmund
Besonderheiten	Schnellfahrstrecke für 200 km/h ertüchtigt, teilweise dreigleisig ausgebaut

Emslandstrecke

Im Stadtgebiet von Emden verbindet eine Klappbrücke die Gleise über die Zufahrt zum alten Binnenhafen. *Foto: M. Dahlbeck*

Das Königreich Hannover erschließt in den 40er- und 50er-Jahren des 19. Jh. eisenbahntechnisch den Westteil seines Territoriums. Nachdem sich in Minden die Strecken der Köln-Mindener Eisenbahn-Gesellschaft (CME) und der Königlich Hannöverschen Staatseisenbahnen am 15.10.1847 getroffen haben, vereinbaren die beiden Bahngesellschaften 1853 einen Vertrag. Die Hannöversche Staatseisenbahn baut dann von Minden aus über Löhne die Hannoversche Weststrecke weiter.

Diese verläuft am Südhang des Wiehengebirges entlang über Bünde und Melle nach Osnabrück. Da das darauf folgende Teilstück Osnabrück–Ibbenbüren–Rheine auf westfälischem Gebiet liegt, baut Preußen diesen Teil weiter und verpachtet ihn danach an die Königlich Hannöverschen Staatseisenbahnen. Ab Rheine folgt die Strecke dann der Ems immer in nördlicher Richtung und führt über Salzbergen und Papenburg nach Emden.

Der Baubeginn erfolgt 1854. Als erster Abschnitt wird die Binnenstrecke Emden–Papenburg am 24.11.1854 eröffnet, zügig geht der Bau voran. Endbahnhof dieses Binnenstücks ist ab 1856 der Emder Südbahnhof (dieser wird 1971 durch den neuen Emder Hauptbahnhof ersetzt). Am 23.6.1856 wird die Emslandstrecke (so genannt, weil sie in großen Teile dem Lauf der Ems folgt) zwischen Rheine und Emden eröffnet.

Die Strecke zieht sofort viel Verkehr an, sodass sie schon 1860 zweigleisig ausgebaut werden muss. Rheine, wo die Emslandstrecke auf die Bahn Münster–Hamm (eröffnet 7.5.1855) stößt, entwickelt sich zu einem großen Eisenbahnknoten, die Werkstätten der Emslandbahn entstehen ab 1855 in Lingen/Ems.

Mit der Annexion Hannovers durch Preußen werden die bislang von der Hannöverschen Staatsbahn betriebene Strecke der Königlich-Westfälischen Eisenbahn (KWE) übereignet, 1879 übernimmt die Preußische Staatsbahn (KPEV) die Emslandstrecke.

Am 15.6.1883 wird die Strecke über Norden bis Norddeich Mole (durch Einbeziehung der sogenannten Ostfriesische Küstenbahn Emden–Sande) verlängert. Damit hat die Bahn ihre heutige Ausdehnung erreicht.

Bekannt ist die Emslandstrecke vor allem durch Güterzüge, etwa die 4000-t-Erzzüge aus Emden, die planmäßig von zwei BR 43 bespannt werden (bei Lokmangel auch 42 oder 44). Geradezu »normal« ist der Einsatz der 2000-t-Erzzüge. Die Emslandstrecke ist die letzte Strecke der DB mit planmäßigem Dampflokeinsatz. Der Betrieb mit den BR 42 und 43 wird am 26.10.1977 endgültig eingestellt (vor dem Bahnhof Salzbergen steht seit 1978 die letzte außerdienstgestellte Dampflok der DB, 043 195). Der Abschnitt Rheine–Emden wird zwischen 1975 und 1980 elektrifiziert, das Reststück folgt kurz darauf.

Im Personenverkehr werden IC-Züge (z. B. Berlin– bzw. Luxemburg–Norddeich Mole) eingesetzt, zudem zahlreiche RB- und RE-Linien. Da die gesamte Strecke keine höheren Geschwindigkeiten als 140 km/h zulässt, ist nach der 2005 durch Einsatz moderner Fahrzeuge erfolgten Beschleunigung keine weitere Reisezeitverkürzung mehr möglich.

Streckenname	Emslandstrecke
Alternative Bezeichnung	-
Relation	Norddeich Mole–Rheine (Niedersachsen, Nordrhein-Westfalen)
Länge	176 km
Funktion	Personen- und Güterverkehr
Daten zum Bau	Baubeginn: 1854 Bauzeit (inkl. Planung, bis zur Fertigstellung): 23 Jahre Eröffnung: 24.11.1854 Durchgängig befahrbar ab: 15.6.1883
Spurweite	Vollbahn (1435 mm)
Wichtigste Bauwerke	Klappbrücke über Emder Fahrwasser, Brücke über Flüsse wie Leda, Küstenkanal, Nordradde, Hase, Ems
Wichtigste Bahnhöfe	Norddeich Mole, Emden, Rheine
Wichtigste Anschlusspunkte	Leer: nach Oldenburg Meppen: Meppen–Haselünner Eisenbahn nach Essen (Oldenburg) Rheine: Duisburg–Quakenbrück, nach Osnabrück und Löhne, Rollbahn Wanne-Eickel–Hamburg
Besonderheiten	Zweigleisige, elektrifizierte Hauptstrecke Im Wesentlichen Verlauf entlang der Ems

Bruchhausen-Vilsen–Asendorf

Lok »Spreewald« hat sich die Steigung vom Haltepunkt Vilser Holz heraufgearbeitet und rollt dem Bahnhof Heiligenberg entgegen. *Foto: M. Werning*

Die Hoyaer Eisenbahn-Gesellschaft (HEG) verbindet seit 1881 die Stadt Hoya durch eine Vollbahnlinie mit dem Staatsbahnhof in Eystrup (Landkreis Diepholz) und schließt damit die Region an das damals bestehende Bahnnetz an.
Seit 1892 werden verstärkt kostengünstig zu erstellende Kleinbahnen (als Voll- wie Schmalspurbahn) zur Erschließung dünn besiedelter Regionen gebaut. Als eine solche Gesellschaft geht im Jahr 1900 die Kleinbahn Hoya-Syke-Asendorf (HSA) in Betrieb. Es handelt sich dabei um eine Schmalspurbahn (1000 mm), die die Region Hoya/Eystrup durch die Strecken Hoya–Bruchhausen-Vilsen–Syke und Hoya-Bücken sowie durch die Stichstrecke Bruchhausen-Vilsen–Asendorf erschließt.
In Hoya wird 1940 eine – noch heute vorhandene – Rollbockanlage gebaut, um Vollbahn-Wagen über die Schmalspurstrecken transportieren zu können. Die Strecke Bruchhausen-Vilsen–Asendorf besitzt zu diesem Zeitpunkt hohe Bedeutung im Güterverkehr der Region, der Personenverkehr wird aber 1959 eingestellt.
Mit der Fusion der HEG und der Kleinbahn HSA zu den heutigen Verkehrsbetrieben Grafschaft Hoya GmbH (VGH) im Jahr 1963 erfolgt bis 1966 die Umspurung des schmalspurigen Streckenabschnitts Hoya–Syke auf Vollspur. Die kleine Stichbahn von Bruchhausen-Vilsen nach Asendorf behält jedoch die Meterspur.
Ihr Schicksal ist eigentlich besiegelt: Sie soll 1966 stillgelegt und demontiert werden. Aber auf Initiative des »Deutschen Eisenbahn Vereins« (DEV), der im November 1964 gegründet worden ist, kann sie gerettet werden. Damit beginnt – von ähnlichen, aber kurzlebigen Versuchen einmal abgesehen – der Aufbau der ersten Museums-Eisenbahn Deutschlands als lebendiges Freilichtmuseum.
Am 2. Juli 1966 nimmt der DEV zunächst zwischen Bruchhausen-Vilsen und Heiligenberg, später bis Asendorf, den Museumsbetrieb auf.
Noch bis 1971 fahren auf der Strecke neben den Museumsbahnen des DEV reguläre Güterzüge der VGH. Ab diesem Jahr nutzt der DEV die Stichbahn von Bruchhausen-Vilsen nach Asendorf allein. Im Jahr 1973 schließlich verkaufen die VGH die Bahn an die Anliegergemeinden und den Kreis Grafschaft Hoya. Diese wiederum verpachten die Strecke an den DEV. Die Betriebsführung bleibt zunächst noch bei den VGH, erst seit 1983 führt der DEV auch den Betrieb selbst durch.
Im Lauf von 44 Jahren ist es dem DEV gelungen eine große Fahrzeugsammlung mit mehr als 90 meterspurigen Kleinbahnfahrzeugen der Baujahre 1886–1964 aufzubauen. Viele davon sind betriebsfähig. Es verkehren Dampfzüge, Triebwagen und mit Dieselloks bespannte Züge. Das Museum ist ganzheitlich zu begreifen, auch die erhaltenen Gebäude an der Strecke wie der Oberbau gehören dazu, ebenso die Werkstätten mit ihren alten Werkzeugen.

Streckenname	Museumsbahn des DEV
Alternative Bezeichnung	Kleinbahn Hoya–Syke–Asendorf
Relation	Bruchhausen-Vilsen–Asendorf (Niedersachsen)
Länge	7,8 km
Funktion	Museumsbahnverkehr
Daten zum Bau	Baubeginn: 1899 Bauzeit (inkl. Planung, bis zur Fertigstellung): 1 Jahr Eröffnung: 1900 Durchgängig befahrbar ab: 1900
Spurweite	Schmalspurbahn (1000 mm)
Wichtigste Bauwerke	-
Wichtigste Bahnhöfe	Bruchhausen-Vilsen, Asendorf
Wichtigste Anschlusspunkte	Bruchhausen-Vilsen: Verkehrsbetriebe Grafschaft Hoya (VGH) Eystrup–Syke Ost
Besonderheiten	Erste deutsche Museumsbahn

Von der Stadt- zur Waldbahn

Foto: M. Werning

Stadtbahn Berlin

An der Berliner Jannowitz Brücke führt die Stadtbahn mit ihrer markanten Bogenbauweise direkt an der Spree entlang. *Foto: M. Dahlbeck*

Nach der Reichsgründung 1871 sollen aus verkehrstechnischen, aber auch militärstrategischen Überlegungen die insgesamt acht Hauptbahnlinien mit ihren Kopfbahnhöfen in der deutschen Hauptstadt Berlin durch eine neue Stadtbahnlinie verbunden werden. Die 1872 eigens gegründete Berliner Stadteisenbahngesellschaft (wegen finanzieller Probleme 1878 verstaatlicht) erhält am 15.7.1878 von der Königlichen Eisenbahndirektion den Bauauftrag.
Errichtet wird Europas erste Viaduktbahn (sie machen den Großteil der Bahn aus) mit je zwei Gleisen für Stadtbahn- und Fernverkehr. Die Stadtbahnlinie geht am 7.2.1882 zwischen Berlin Schlesischer Bahnhof (eröffnet am 23.10.1842 als Frankfurter Bahnhof, heute Ostbahnhof), Hauptbahnhof (am 07.02.1882 eröffnet als Berlin Lehrter Bahnhof) und Charlottenburg (07.02.1882 eröffnet) in Betrieb. Am 15.5.1882 folgt die Betriebsaufnahme auf den Ferngleisen.
Mit der Eröffnung des Markthallenanschlusses am Bahnhof Alexanderplatz 1886 beginnt auch der Güterverkehr auf der Stadtbahn.
Im Jahrzehnt 1922–1932 erfolgt die erste Stadtbahnsanierung, bei der die Viadukte und Brücken aufwendig instandgesetzt werden. Parallel zu den Sanierungsarbeiten erfolgt die Umstellung des S-Bahn-Verkehrs auf elektrischen Betrieb mittels Stromschiene (750 V Gleichstrom) am 11.6.1928.
Nachdem die Kriegseinwirkungen im April 1945 die Einstellung des Betriebs erwirkt haben, kann der S-Bahn-Verkehr am 25.8.1945 zumindest schrittweise wiederaufgenommen werden, im Dezember auch der Fernverkehr.
Während der sowjetischen Blockade (24.6.1948–12.5.1949) aber muss der S-Bahn-Verkehr nach West-Berlin eingestellt werden. Der Bau der Berliner Mauer (13.8.1961) erzwingt die Unterbrechung des S-Bahn-Verkehrs ab Bhf. Friedrichsstraße. Im Ostteil Berlins wird der Markthallenanschluss am Bhf. Alexanderplatz 1966 eingestellt.

Auf der Berliner Stadtbahn verkehren moderne Doppelstockzüge, die Regional-Bahn-Verbindungen ins Umland herstellen. *Foto: M. Dahlbeck*

Auch Fernzüge werden über die Gleise der Stadtbahn geführt. Sie halten aber nur am Ostbahnhof, dem Hauptbahnhof und dem Bahnhof Zoo. *Foto: M. Dahlbeck*

Erst der Mauerfall 1989 bedeutet eine neue Blüte für die Stadtbahn. Am 3.7.1993 sind die Elektrifizierungsarbeiten der Ferngleise von Berlin-Zoologischer Garten bis Berlin-Charlottenburg abgeschlossen.
Am 25.9.1994 beginnt die zweite Stadtbahnsanierung. Sie bedingt die Einstellung des Fernverkehrs zwischen Berlin-Ostbahnhof und Berlin-Zoologischer Garten. Bei den Bauarbeiten erhält die Stadtbahn nun auch die sogenannte Feste Fahrbahn. Am 24.5.1998 werden Fern- und Regionalverkehr auf dem mittlerweile elektrifizierten Abschnitt wieder aufgenommen. Erstmals rollen ICE-Züge über die Stadtbahn, die nun als Hauptdurchgangsstrecke für Fernzüge mit Halt am Zoologischen Garten und Ostbahnhof fungiert.
Die Eröffnung des neuen Hauptbahnhofs (28.5.2006) entlastet die Stadtbahnstrecke. Der Verkehr hat sich bei etwa 600 S-Bahn- und 300 Regional- und Fernzügen eingependelt.

Streckenname	Stadtbahn Berlin
Alternative Bezeichnung	-
Relation	Stadtverkehr Berlin, Ostbahnhof–Charlottenburg
Länge	12,2 km
Funktion	Personennahverkehr (bis 1966 auch Güterverkehr)
Daten zum Bau	Baubeginn: 1875 Bauzeit (inkl. Planung, bis zur Fertigstellung): 7 Jahre Eröffnung: 7.2.1882 Durchgängig befahrbar ab: 7.2.1882
Spurweite	Vollbahn (1435 mm)
Wichtigste Bauwerke	Bahn verläuft weithin auf Stadtbahnviadukt
Wichtigste Bahnhöfe	Ostbahnhof, Alexanderplatz, Hauptbahnhof, Charlottenburg
Wichtigste Anschlusspunkte	Ostbahnhof: Anschluss an Fernverkehr, Nahverkehr Hauptbahnhof: Anschluss an Fernverkehr, Nahverkehr Charlottenburg: Nahverkehr, Regionalverkehr (Nauen–Senftenberg, Dessau–Wünstorf/Zossen)
Besonderheiten	Viergleisige Hauptbahn; größtenteils auf Viadukten, die ein unverwechselbares Markenzeichen darstellen; S-Bahn fährt mit 750-V-Gleichstrom, Fernbahn 15 kV 2/3 Hz

Buckower Kleinbahn

Im Mai 1985 pendelten die Triebwagen der Baureihe 279 noch täglich mehrmals zwischen Müncheberg und Buckow. *Foto: T. Estler*

Schon in den 50er-Jahren des 19. Jh. ist geplant das Städtchen Buckow, in der Märkischen Schweiz im Osten Brandenburgs gelegen, durch die Teilstrecke Berlin–Küstrin der Königlichen Ostbahn an das Eisenbahnnetz anzuschließen. Aber aus militärstrategischen Gründen wird letztlich doch eine andere Linienführung gewählt – Buckow bleibt ohne Bahnanschluss.
Aber im Lauf der 80er-Jahre des 19. Jh. entwickelt sich die landschaftlich reizvoll gelegene Stadt zum Ausflugsort – vor allem für die Berliner. Der Gästetransport per Kutsche ist längst an seine Leistungsgrenze gestoßen, als das preußische Kleinbahngesetz vom 28.7.1892 die bahntechnische Erschließung auch landwirtschaftlich geprägter Regionen vorsieht.
Buckow entschließt sich für eine kostengünstige Kleinbahn, Anfang 1896 beginnen die Bauarbeiten. Am 28.11.1896 wird die Bau- und Betriebskonzession auf unbegrenzte Zeit erteilt, am 26.7.1897 nimmt die Buckower Kleinbahn als Schmalspurbahn auf 750-mm-Gleisen den Betrieb auf.
Mit einer Streckenlänge von 4,95 km (kleinster Krümmungshalbmesser 150 m) und nur zwei Betriebsstellen (Waldsieversdorf kommt erst 1906 hinzu) gehört sie zu den kleinsten Bahnen im Deutschen Reich. Nichtsdestoweniger erfreut sie sich regen Zuspruchs der Berliner Ausflügler, sodass das Bähnchen öfter völlig überfüllt verkehren muss. Der Güterverkehr (in erster Linie Lebensmittel und Holz) spielt hingegen stets eine untergeordnete Rolle.
Bereits in der Zeit vor dem Ersten Weltkrieg gilt die Kapazität der Kleinbahn als erschöpft, nur durch den normalspurigen Ausbau ist die Verkehrsleistung noch zu steigern. Allerdings unterbinden Nachkriegszeit und darauffolgende Inflation den Streckenausbau.
Am 1.6.1929 wird die Buckower Kleinbahn AG gegründet. Sie führt den Umbau auf Normalspur und elektrischen Betrieb (750 Volt Gleichstrom) aus. Am 15.5.1930 wird der Betrieb aufgenommen, am selben Tag erlischt die einstige Schmalspurbahn.
In den Nachkriegsjahren kommen nochmals Dampfloks auf die Strecke. Die DR der DDR übernimmt die Bahn am 1.1.1950, zeitgleich wird der Bahnbetrieb der Berliner-S-Bahn unterstellt. Während der umfangreiche Personenverkehr die Bahn gut auslastet, wird der Güterverkehr am 30.1.1965 eingestellt. Im Jahr 1980 wird die Bahn auf 600-Volt-Gleichstrombetrieb umgebaut, das Unterwerk teilmodernisiert. Zwischen 1980 und 1982 kommen Neubautrieb- und Steuerwagen (als Ersatz für die alten Hawa-Fahrzeuge) auf die Buckower Kleinbahn.
Am 22.5.1993 erfolgt die Einstellung des elektrischen Betriebs. Der Personenverkehr – aufrechterhalten durch Schienenbusse der BR 771/772, sogenannte Ferkeltaxen – wird am 27.09.1998 aufgegeben, die Gesamtstrecke zum 31.12.1999 stillgelegt.
Bereits am 28.1.1992 gründet sich jedoch der Eisenbahnverein »Buckower Kleinbahn« mit dem Ziel eine Museumsbahn zu betreiben. Die Neueröffnung der Strecke erfolgt am 14.9.2002, seitdem verkehren in den Frühjahr- und Sommermonaten historische Zuggarnituren.

Streckenname	Buckower Kleinbahn
Alternative Bezeichnung	-
Relation	Müncheberg–Buckow (Brandenburg)
Länge	4,95 km
Funktion	Personen- und Güterverkehr, heute Museumsbetrieb
Daten zum Bau	Baubeginn: Anfang 1896 Bauzeit (inkl. Planung, bis zur Fertigstellung): 1,5 Jahre Eröffnung: 26.7.1897 Durchgängig befahrbar ab: 26.7.1897
Spurweite	Ursprünglich Schmalspurbahn (750 mm), dann umgebaut auf Vollspur (1435 mm)
Wichtigste Bauwerke	-
Wichtigste Bahnhöfe	Müncheberg, Waldsieversdorf (erst 1906 eröffnet), Buckow
Wichtigste Anschlusspunkte	Müncheberg: ehemalige Ostbahn Berlin–Küstrin
Besonderheiten	Ursprünglich für Dampfbetrieb erbaut, dann Umbau auf zunächst 750 V, dann 600 V; Umrüstung auf Vollspurbetrieb größte Steigung: 1:50

Schorfheidebahn

Ein echtes Kleinod ist der Pavillon des Kaiserbahnhofes in Joachimsthal. *Foto: D. Eikhoff*

Das gewerbereiche Eberswalde (u. a. Walzwerk, Landmaschinen und Seidenwaren, nach der Reichsgründung um Eisengießerei erweitert), erlangt am 1.8.1842 Bahnanschluss an die Strecke Berlin–Stettin, der am 15.11.1842 über Britz hinaus (bis Angermünde und am 15.8.1843 bis Stettin) geführt wird. Doch der weitere Eisenbahnausbau und die Verbindung der Region mit der Uckermark und der ebenfalls gewerbereichen Stadt Fürstenberg/Havel (sie liegt im Großherzogtum Mecklenburg-Strelitz) lässt auf sich warten.

Um 1873 versuchen interessierte Bürgerkreise beider Städte den Bahnbau zu erwirken, Fürstenberg ist zudem dabei sich zum Luftkurort zu entwickeln. Erst die 1870 neu gegründete Berliner Nord-Eisenbahn-Gesellschaft beginnt mit dem Bau der Preußischen Nordbahn Berlin–Stralsund. Mit dem Abschnitt Berlin–Neubrandenburg erhält Fürstenberg/Havel am 10.7.1877 Bahnanschluss (in Löwenberg an der Nordbahn zweigt die am 1.5.1888 eröffnete und am 24.3.1899 vollendete Nebenstrecke Löwenberg–Templin–Prenzlau ab).

Erst im Jahr 1896 nach erneuten Eingaben Eberswaldes wird die Querspange der Preußischen Nordbahn und der Strecke Berlin–Stettin zugesagt und genehmigt. Im selben Jahr beginnen die Bauarbeiten an dieser Verbindungsstrecke Britz–Fürstenberg/Havel.

Als erster Teil kann Britz–Joachimsthal am 1.7.1898 eröffnet werden. Die Verlängerung bis Templin (dort Anschluss an die noch entstehende Strecke Löwenberg–Prenzlau) geht am 15.12.1898 in Betrieb. Dadurch entwickelt sich Templin zu einem regionalen Eisenbahnknoten. Das Reststück bis Fürstenberg/Havel wird am 16.8.1899 eingeweiht.

Die Bahnstrecke sieht erheblichen Güterverkehr aus Eberswalde, aber auch von und nach Berlin. Der zunehmende Ausflugs- und Personenverkehr aus/nach Fürstenberg/Havel macht die Strecke rentabel. 1934 nimmt am Streckenende in Fürstenberg/Havel die Havelfähre ihren Betrieb auf (1993 eingestellt). 1951 setzt die DR erstmals einen Personenzug der Relation Frankfurt/Oder–Schwerin ein (1992 eingestellt). Die Bahn kann sich auch in der beginnenden Individualmotorisierung der 60er-Jahre des 20. Jh. behaupten. Das Ende der DDR und der daraus resultierende Rückgang des Verkehrs erzwingt die Einstellung des Güterverkehrs auf dem Abschnitt Templin–Fürstenberg/Havel zum 1.12.1994 (auf dem Abschnitt Eberswalde–Milmersdorf findet noch gelegentlicher Güterverkehr durch die DB AG statt). Am 19.5.1996 stellt die DB AG den Eisenbahnbetrieb (Gesamtverkehr) zwischen Fürstenberg und Templin mit Wirkung zum 1.6.1996 ein. Dieser Abschnitt wird seit 15. Juli desselben Jahres im Freizeitverkehr mit Draisinen befahren. Eine Reaktivierung ist derzeit äußerst unwahrscheinlich.

Zwar hat die Ostdeutsche Eisenbahn (ODEG, Parchim) den Nahverkehr zwischen Eberswalde und Templin 2004 übernommen (im selben Jahr ist die Strecke saniert worden), aber das Angebot im Abschnitt Joachimsthal–Templin ist durch das Land Brandenburg zum 9.12.2006 abbestellt worden. Heute wird nur noch der Abschnitt Eberswalde–Joachimstahl von ODEG-RegioShuttles bedient.

Streckenname	Eberswalde–Templin
Alternative Bezeichnung	Schorfheidebahn
Relation	Eberswalde–Templin (Brandenburg), Teil der 78 km langen ehemaligen Bahnstrecke Eberswalde–Fürstenberg
Länge	47,5 km
Funktion	Einst Personen- und Güterverkehr, heute nur noch Nahverkehr zwischen Eberswalde und Joachimsthal
Daten zum Bau	Baubeginn: 1896 Bauzeit (inkl. Planung, bis zur Fertigstellung): 23 Jahre Eröffnung: 1.7.1898 Durchgängig befahrbar ab: 16.8.1899
Spurweite	Vollbahn (1435 mm)
Wichtigste Bauwerke	Finowkanalbrücke, Oder-Havel-Kanal-Unterquerung
Wichtigste Bahnhöfe	Eberswalde, Britz
Wichtigste Anschlusspunkte	Eberswalde: nach Frankfurt/Oder Britz: Berlin–Szczecin (Polen)
Besonderheiten	Kleinster Bogenhalbmesser: 300 m Größte Steigung: 12,5 Promille

Rübelandbahn

Die 185 640-0 der HVLE schiebt auf der Rübelandbahn einen Güterzug nach. Foto: M.Dahlbeck

Die Holz-, Erz- und Kalkindustrie des Harzes benötigt Ende des 19. Jh. bessere Transportmöglichkeiten. Der erste Gleisabschnitt der Rübelandbahn entstand 1875, um das damals errichtete Hochofenwerk in Blankenburg (spätere Harzer Werke) an das Eisenbahnnetz anzuschließen. 1880 beginnt die eigens gegründete Halberstadt-Blankenburger-Eisenbahn (HBE) den Bau einer Bahnverbindung Blankenburg–Rübeland–Elbingerode–Tanne. Die anspruchsvoll trassierte Strecke – Höhenunterschied 279 m – macht abschnittsweise eine Zahnstange erforderlich. Erstmalig findet hier das Zahnstangensystem Abt Anwendung, weltweit erstmals wird ein Adhäsion-Zahnrad-Mischbetrieb umgesetzt.
Am 1.11.1885 geht der erste Abschnitt Blankenburg–Rübeland in Betrieb, Tanne wird ein Jahr später erreicht.
Da die Zahnstangenabschnitte die Leistungsfähigkeit der Strecke beschränken, kommen 1920 die Dampflokomotiven der »Tierklasse« auf diese Strecke, zudem werden auf einigen Abschnitten die Neigungsverhältnisse verbessert, sodass die Zahnstange überflüssig wird.
Die DR der DDR übernimmt zum 1.1.1950 die Betriebsführung der Rübelandbahn. Durch Steigerung des Kalkabbaus um 1960 steigt die Anforderung an die Kapazität von neuem. Bis 1965 erfolgt die Elektrifizierung der Strecke Blankenburg–Königshütte, die Betriebsaufnahme erfolgt am 1.8.1966. Sie ist die einzige mit Industriestrom 25 kV und 50 Hz betriebene Strecke der DR und gilt als eine der wichtigsten Zulieferstrecken für die damalige Chemieindustrie. E-Loks der BR 171 werden 1965 speziell für diese Strecke gebaut (mit der Elektrifizierung der Strecke wird der Abschnitt bis Tanne aufgegeben; Reste der Trasse und das alte Empfangsgebäude am Ortseingang sind noch zu sehen).
Der ohnehin sehr geringe Personenverkehr auf dem Streckenabschnitt Elbingerode–Königshütte wird am 29.5.1999 eingestellt, die endgültige Stilllegung dieses Streckenabschnitts durch das EBA erfolgt am 30.08.2000.
Am 12.7.2005 zur Übernahme ausgeschrieben, fährt am 11.12.2005 der vorerst letzte planmäßige Personenzug von Blankenburg nach Elbingerode. Zum 1.5.2006 pachten die Fels Werke GmbH die Strecke. Der Anschluss Kalkwerk Hornberg wird weiter bedient, den gesamten Güterverkehr erledigt seit 2006 die HVLE (Hävelländische Eisenbahn, mit Blue Tiger und BR 285). 2007 erfolgt die Erneuerung der Oberleitung, seit April 2009 findet wieder elektrischer Planbetrieb statt. Die Dampflok 95 027 wird 2010 im Rahmen von Touristikfahrten auf ihrer alten Heimatstrecke eingesetzt.

Streckenname	Rübelandbahn
Alternative Bezeichnung	Harzbahn (bis zur Verstaatlichung)
Relation	Seit 1968: Blankenburg–Elbingerode (Sachsen-Anhalt, ursprünglich bis Tanne)
Länge	Einstmals 30,3 km, heute 20 km
Funktion	Vor allem Güter-, aber auch Personenverkehr
Daten zum Bau	Baubeginn: 1880 Bauzeit (inkl. Planung, bis zur Fertigstellung): 23 Jahre Eröffnung: 1.11.1885 Durchgängig befahrbar ab: 1889
Spurweite	Vollbahn (1435 mm)
Wichtigste Bauwerke	Krocksteinviadukt (99 m), Krumme-Grube-Tunnel (zwischen Hüttenorde und Rübeland, 307 m), Nebelholz-Tunnel (vor Haltepunkt Neuwerk, 90 m)
Wichtigste Bahnhöfe	Blankenburg, Rübeland, Elbingerode
Wichtigste Anschlusspunkte	Blankenburg: nach Quedlinburg, nach Halberstadt
Besonderheiten	Elektrifiziert 1965 (Einphasenwechselstrom 25 kV 50 Hz) größte Steigung: 60 Promille größte Höhe: Kleiner Hornberg (505 m)

Harzquerbahn

Die 99 7241 dampft mit ihrem Personenzug kurz nach Verlassen des Thumkuhlenkopftunnels in Richtung Drei Annen Hohne (Mai 2009). *Foto: U. Miethe*

Der Harz ist mit Eröffnung der Strecke Wolfenbüttel–Bad Harzburg am 22.8.1840 von der Eisenbahn erreicht worden. Die Magdeburg-Halberstädter Eisenbahn-Gesellschaft (MHE) baut in den Folgejahren ihr Streckennetz kontinuierlich aus. Am 1.8.1868 stellt sie die Ost-West-Verbindung Halberstadt-Vienenburg fertig. Währenddessen baut die Cöthe-Halle-Leipziger-Eisenbahn-Gesellschaft die am 13.3.1873 eröffnete Strecke Halle/Saale–Nordhausen–Kassel, die zum Teil im Südharz verläuft. Damit ist der Hauptbahnbau im Harz abgeschlossen, aber eine Verbindung ins Gebirge fehlt noch.

Seit 1866 treten Harzer Interessengruppen für eine Bahn ein, um die Transportkosten der regionalen Bergwerke, Hütten, Steinbrüche und Sägewerke zu verringern – zunächst vergeblich. Erst als sich das 1896 gegründete Nordhausener Eisenbahnkomitees für den Bau einer Schmalspurbahn stark macht, erhält es am 27.5.1896 die Bau– und Betriebsgenehmigung der Bahn Nordhausen–Wernigerode (und der Schmalspurbahn auf den Brocken; siehe S. 33). Sie fungiert als Querspange zwischen den Vollbahn-Hauptstrecken

Um das benötigte Kapital aufzubringen, konstituiert sich am 25.6.1896 die Nordhausen-Wernigeroder Eisenbahn AG (NWE), als Stammkapital werden 5,5 Millionen Mark angegeben.

Die NWE verpflichtet die Vereinigte Eisenbahn-Bau- und Betriebsgesellschaft Berlin mit den Bauarbeiten. Im März 1896 beginnen die Vorarbeiten, der eigentliche Startschuss fällt im Juli 1896. Während in Wernigerode Beschwerden von Anliegern zu einem vorübergehenden Baustopp führen, gehen die Bauarbeiten in Nordhausen zügiger voran.

Am 12.7.1897 geht der Abschnitt Nordhausen–Ilfeld in Betrieb, die Gesamtstrecke Nordhausen–Wernigerode ist ab 24.3.1899 befahrbar (auf den Brocken geht es seit 4.10.1898). Die Bahnstrecke ist, vor allem durch den Verkehr zum Brocken, erfolgreich, dazu tragen auch die günstigen Fahrtkosten bei. Der Bau der Trasse Eisfelder Talmühle–Stiege (15.7.1905) verbindet die Streckennetze von NWE und Gernroder-Harzgeroder-Eisenbahn GHE (Selketalbahn; siehe S. 32). 1910 modernisiert die NWE in ihren Fahrzeugpark und die Infrastruktur, Nordhausen erhält 1913 ein Empfangsgebäude. Der Bau des Endbahnhofs der Schmalspurbahn in Wernigerode erfolgt bis 15.12.1939. Nach der Enteignung am 15.8.1948 führt die DR den Betrieb der Harzquerbahn. Die zwischen 1954 und 1956 angelieferten Neubaumaschinen (LKM, Babelsberg) machen eine Oberbauverstärkung erforderlich. Die Bahnpostbeförderung wird zum 26.5.1960 eingestellt. 1963 wird der Rollwagenverkehr aufgenommen (derzeit findet nur noch zwischen Nordhausen und Eisfelder Talmühle Güterverkehr statt). Seit 1.2.1993 führen die Harzer Schmalspurbahnen (HSB) den gesamten Verkehr auf der Harzquerbahn durch (vor allem mit Dieseltriebwagen, bei Sonderfahrten auch der T3, touristische Züge auch mit Dampfloks).

Streckenname	Harzquerbahn
Alternative Bezeichnung	-
Relation	Wernigerode–Nordhausen (Sachsen-Anhalt)
Länge	60,5 km
Funktion	Personen- und Güterverkehr
Daten zum Bau	Baubeginn: Juli 1896 Bauzeit (inkl. Planung, bis zur Fertigstellung): 3 Jahre Eröffnung: 12.7.1897 Durchgängig befahrbar ab: 24.3.1899
Spurweite	Schmalspurbahn (1000 mm)
Wichtigste Bauwerke	Brücken über Flüsse wie Warme Bode, Kalte Bode, Thumkuhlenkopftunnel (58 m)
Wichtigste Bahnhöfe	Nordhausen, Wernigerode
Wichtigste Anschlusspunkte	Nordhausen: Halle-Kasseler-Eisenbahn, zur Stadtstraßenbahn Eisfelder Talmühle: Selketalbahn Drei Annen Hohne: Brockenbahn Wernigerode: Heudeber-Danstedt–Bad Harzburg/Vienenburg
Besonderheiten	Kleinster Radius: 60 m Größte Steigung: 33 Promille Höchster Punkt: Sandbrink (555 m) Überwundener Höhenunterschied: 371 m

Selketalbahn

Auf der Selketalbahn sind die Mallet-Lokomotiven noch regelmäßig im Einsatz: 99 5906 im Mai 2009 bei Drahtzug. *Foto: U. Miethe*

Der Rand des Harzes wird seit Mitte des 19. Jh. durch normalspurige Eisenbahnlinien erschlossen. Doch der Anschluss von Erzgruben, Hütten- und Sägewerken sowie anderen Betrieben im Harz scheitert an den schwierigen Geländeverhältnissen, den dadurch erzeugten Kosten und nicht zuletzt an den politischen Verhältnissen, residieren in der Region doch gleich mehrere Herzöge.
Mit Gründung der Gernrode-Harzgeroder Eisenbahn-Gesellschaft (GHE) am 10.05.1886 aber ändert sich die Situation. Gernrode besitzt seit 1885 einen normalspurigen Eisenbahnanschluss (Frose–Ballenstedt–Quedlinburg) und eignet sich als Ausgangspunkt. Am 27.9.1886 beginnen die Bauarbeiten an der Bahnlinie Gernrode–Harzgerode–Silberhütte, die in Meterspur ausgeführt werden soll (das preußische Gesetz über Kleinbahnen und Privatanschlussbahnen tritt erst 28.7.1892 in Kraft, daher erfolgt Bau und Betrieb der Selketalbahn nach geltenden strengen Vorschriften, die Selketalbahn ist somit keine Kleinbahn). Am 14.3.1887 erhält die GHE eine Konzession über die Bahnlinie.
Der erste Streckenabschnitt (Gernrode–Mägdesprung) wird am 7.8.1887 als erste Schmalspurbahn im Harz eröffnet. Die schrittweise Erweiterung geht über die Strecke Alexisbad–Harzgerode (1.7.1888) und von Alexisbad über Güntersberge (1.6.1890) schließlich zum 30.4.1892 bis Hasselfelde. Am 15.7.1905 geht die Strecke Stiege–Eisfelder Talmühle in Betrieb, sie stellt eine Verbindung zur Harzquerbahn der Nordhausen-Wernigeroder Eisenbahn-Gesellschaft (NWE) her.
Der Erste Weltkrieg beendet die solide Entwicklung der Bahn, die GHE rationalisiert den Betrieb. Am 30.06.1946 erfolgt die Verstaatlichung der verbliebenen Gebäude und Anlagen der GHE. Seit 1.4.1949 unterstehen die Strecken der DR.
Nachdem die Streckenunterhaltung vernachlässigt worden ist, steht im Rahmen des politisch gewollten »Verkehrsträgerwechsels« die Stilllegung an. Aber 1972 legt das Ministerium für Verkehrswesen der DDR fest, ausgewählte Schmalspurbahnen wie die Selketalbahn wegen ihrer Bedeutung für den Tourismus zu erhalten. 1984 entsteht in Stiege eine Wendeschleife, um das Umsetzen der Güterzüge zu sparen.

Nach dem Zusammenbruch der DDR ist die Zukunft der Strecke fraglich. Über eine kommunale Gründungsgesellschaft entsteht am 19.11.1991 das private Eisenbahnverkehrsunternehmen (EVU) Harzer Schmalspurbahnen GmbH (HSB). Sie übernimmt am 1.2.1993 Strecke, Infrastruktur und Fahrzeuge.
Mit Einstellung des Verkehrs auf der Normalspurstrecke Quedlinburg–Frose am 31.1.2004 besitzt die Selketalbahn keine direkte Anbindung an eine normalspurige Bahnstrecke mehr. Im April 2005 beginnen daher die Arbeiten zur Verlängerung der Selketalbahn nach Quedlinburg unter Nutzung der Normalspurtrasse. Am 26.6.2006 nimmt die HSB den Fahrplanverkehr auf der Verlängerung der Selketalbahn auf.

Streckenname	Selketalbahn
Alternative Bezeichnung	Anhaltinische Harzbahn
Relation	Quedlinburg–Gernrode–Harzgerode, Alexisbad–Hasselfelde, Stiege–Eisfelder Talmühle (Sachsen-Anhalt)
Länge	61,2 km
Funktion	Einst Personen- und Güterverkehr, heute nur noch Personenverkehr
Daten zum Bau	Baubeginn: März 1887 Bauzeit (inkl. Planung, bis zur Fertigstellung): 23 Jahre Eröffnung: 7.8.1887 Durchgängig befahrbar ab: 15.7.1905
Spurweite	Schmalspurbahn (1000 mm)
Wichtigste Bauwerke	Zahlreiche kleiner Brücken über Flüsse wie Selke oder Einschnitte und Talungen
Wichtigste Bahnhöfe	Quedlinburg, Harzgerode
Wichtigste Anschlusspunkte	Quedlinburg: Magdeburg–Thale
Besonderheiten	Eingleisig, Anschluss nach Quedlinburg erst 2006, Wendeschleife im Bahnhof Stiege Größte Steigung: 40 Promille (Mägdesprung–Sternhaus-Ramberg)

Brockenbahn

Bei der Fahrt auf den Brocken-Gipfel bieten sich den Fahrgästen eindrucksvolle Ausblicke auf die norddeutsche Tiefebene. Foto: M. Werning

Verschiedene Harzgemeinden wie Nordhausen sowie die Fürsten zu Stolberg-Wertnigerode plädieren erstmals 1869 im Interesse einer wirtschaftlichen Entwicklung (wachsende Industrie, Fremdenverkehr) für einen Bahnanschluss ihrer Region an die Hauptbahn Halberstadt–Vienenburg (Inbetriebnahme 1.3.1869). Doch mangelnde Absatzmöglichkeiten lassen die Pläne wieder in der Schublade verschwinden.

Am 24.3.1896 erhält dann das Nordhäuser Bahnbaukomitee von der Regierung des Herzogtums Braunschweig die Konzession zu Bau und Betrieb einer meterspurigen Bahn »von Nordhausen über Ilfeld nach Wernigerode mit einer Abzweigung zum Brocken«, wie es heißt. Preußen als zweite tangierte Territorialmacht erteilt seine Genehmigung am 27.5.1896. Am 25.6.1896 wird die Nordhausen-Wernigeroder Eisenbahn AG (NWE) gegründet, die Bau und der Betrieb der Bahn übertragen bekommt.

Im Juli 1896 beginnen die nicht unproblematischen Bauarbeiten Nordhausen–Wernigerode, 1897 erfolgt der Startschuss für die eigentliche Brockenbahn von Drei Annen Hohen auf den Brocken. Soldaten eines Berliner Eisenbahnregiments werden beim Bau ebenso eingesetzt wie italienische Arbeiter. Am 20.6.1898 wird der erste Abschnitt Drei Annen Hohne–Schierke eröffnet. Schon am 4.10.1898 ist der Brocken erreicht.

Die regulär zwischen April und Oktober betriebene Brockenbahn wird ein großer Erfolg: der Ausflugsverkehr auf den Berg erreicht enorme Ausmaße (um die Jahrhundertwende an die 50.000 Fahrgäste; auch heute fahren etwa 60 % der Fahrgäste auf den Harzer Schmalspurbahnen auf den Brocken).

Die Mitte der zwanziger Jahre diskutierte Elektrifizierung der Bahn lässt sich aber aufgrund der hohen Kosten nicht realisieren – die Brockenbahn bleibt Domäne der Dampfloks. 1935 kommt allerdings der erste Triebwagen (MAN) auf die Bahn. Die beiden Weltkriege und die folgenden Nachkriegszeiten bremsen die Entwicklung. Am 15.8.1948 wird die NWE enteignet, am 1.4.1949 übernimmt die DR der späteren DDR die Betriebsführung, ab 14.5.1949 fahren wieder Züge auf der von Kriegseinwirkungen befreiten Strecke.

1952 beginnen Einschränkungen für den Besuch der Touristenbahn: ein besonderer Passierschein ist Voraussetzung. Der größte Einschnitt erfolgt aber am 13.8.1961: Aufgrund von »Grenzsicherungsmaßnahmen« ist ein Reisezugbetrieb zum Brocken nicht mehr möglich. Immerhin beschließt das DDR-Verkehrsministerium, die Brockenbahn als technisches Denkmal zu erhalten.

Nach der Wende 1989 interessieren diese Pläne niemanden mehr. In dieser Situation konstituiert sich die Interessengemeinschaft Harzer Schmalspurbahnen (Mai 1992), die die Länder Sachsen-Anhalt und Thüringen sowie interessierte Gemeinden überzeugen kann, die Brockenbahn zu erhalten. Am 1.2.1993 werden die HSB gegründet, die bis heute den Betrieb der Brockenbahn führen. Heute verkehren nur noch Personenzüge (der Güterverkehr ist 1987 eingestellt worden). Der Schienenstrang der Brockenbahn liegt komplett auf dem Gebiet des Nationalparks Hochharz. Die Gipfelfahrt dauert etwa 50 Minuten.

Streckenname	Brockenbahn
Alternative Bezeichnung	-
Relation	Drei Annen Hohne–Brocken (Sachsen-Anhalt)
Länge	19 km
Funktion	Personen- und Güterverkehr, heute nur noch Personenverkehr (ausschließlich mit Dampfloks)
Daten zum Bau	Baubeginn: 1897 Bauzeit (inkl. Planung, bis zur Fertigstellung): 1 Jahr Eröffnung: 20.6.1898 Durchgängig befahrbar ab: 4.10.1898
Spurweite	Schmalspurbahn (1000 mm)
Wichtigste Bauwerke	-
Wichtigste Bahnhöfe	Drei Annen Hohne, Brocken
Wichtigste Anschlusspunkte	Drei Annen Hohne: Harzquerbahn Wernigerode–Nordhausen
Besonderheiten	Höchstgelegener Schmalspurbahn-Bahnhof in Deutschland; anderthalbfache Spirale um Brocken Größte Steigung: 33 Promille Größte Höhe: Brocken (1125 m) Überwundener Höhenunterschied: 582 m

Wippertalbahn

Auf der »Wipperliese« sind »Esslinger Triebwagen« noch planmäßig im Einsatz. Ein Triebwagen überquert das Viadukt in Mansfeld. *Foto: U. Miethe*

Die Gemeinden des Wippertals bitten 1879 um den Bau einer Eisenbahn, doch die Königlich Preußische Eisenbahnverwaltung (KPEV) erblickt keinen Nutzen darin und verweigert eine Genehmigung. Erst 1920 wird unter Regie der Reichseisenbahnen eine Bahnstrecke von Klostermansfeld nach Wippra erbaut und am 1.11.1920 eröffnet. Sie ist damit eine der letzten Nebenstreckenneubauten vor Gründung der Deutschen Reichsbahn-Gesellschaft (DRG) 1924.

Hauptaufgabe der »Wiperliese« ist der Transport von Sommerfrischlern, Pendlern und Schülern, davon lebt sie; der Güterverkehr spielt auf der Bahn eine untergeordnete Rolle. Das ändert sich auch in der DDR nicht, zumal damals dem Individualverkehr nicht wie im Westen Vorrang vor dem Bahnverkehr eingeräumt wird.

Nach 1990 sinken die Fahrgastzahlen dramatisch und am Unterhalt der Gleisanlagen wird gespart. Die einstige Hüttenindustrie wird abgewickelt, die Menschen fahren lieber mit dem Auto, Urlauber suchen anderswo ihre Erholung, die Stilllegung der Bahn scheint beschlossene Sache.

Da lässt das Land Sachsen-Anhalt 1995 ein Konzept zur Aufrechterhaltung des Nebenbahnbetriebs im Land erarbeiten, das als Flächenbahnkonzept bekannt wird. Auf einen kurzen Nenner gebracht: Die Region ist für Urlaubsgäste bestens geeignet, der Tourismus verspricht neue Arbeitsplätze und mit der Bahn sollen die Touristen ins Wippertal geholt werden.

Aus der früheren Werkbahn des Mansfeld Kombinates entstehen die Mansfelder Transport GmbH (MTG), die Mansfelder Lokomotiv- und Wagenwerkstatt (MaLoWa) und schließlich die Kreisbahn Mansfelder Land (KML). Die KML führt seit 1996 Güterverkehr (in erster Linie Holztransport) mit ehemaligen DR-V 60 durch.

Die MaLoWa arbeiten den ersten Esslinger Triebwagen (Baujahre 1951-1957) auf, mit dem die KML seit 28.9.1997 den Nahverkehr auf der Strecke bestreitet. Weitere »Esslinger« folgen, sodass heute VT 405-407 vorgehalten werden. Etwas Besonderes ist der Salon-VT 408, der fast völlig neu aufgebaut wird. Zugleich wird das Zugangebot ausgeweitet und durch Busse ergänzt, um Anschluss nach anderen Regionen zu sichern. Auch aufgelassene Haltepunkte werden wieder belebt, sodass tatsächlich wieder mehr Fahrgäste den Zug benutzen. Die Wippertalbahn entwickelt sich nun tatsächlich zu dem Nahverkehrsanbieter der Region schlechthin.

Seit 28.9.1997 betreibt die KLM als öffentliches Eisenbahnverkehrsunternehmen und Eigentümerin der Wipperliese den Linienverkehr zwischen Wippra und Kolostermansfeld bzw. Helbra. Von September 1998 bis September 1999 modernisiert die KLM die Strecke und sichert damit deren Erhalt. Am 21.9.1999 geht die runderneuerte Wipperliese wieder an den Start.

Streckenname	Wippertalbahn
Alternative Bezeichnung	Wipperliese
Relation	Klostermansfeld-Wippra (Sachsen-Anhalt)
Länge	20 km
Funktion	Personen- und Güterverkehr
Daten zum Bau	Baubeginn: 1920 Bauzeit (inkl. Planung, bis zur Fertigstellung): 1 Jahr Eröffnung: 1.11.1920 Durchgängig befahrbar ab: 1.11.1920
Spurweite	Vollbahn (1435 mm)
Wichtigste Bauwerke	Mansfelder Viadukt, Rammelburg-Tunnel (287 m)
Wichtigste Bahnhöfe	Klostermansfeld, Mansfeld, Wippra
Wichtigste Anschlusspunkte	Klostermansfeld: Museumsbahn Mansfelder Bergwerksbahn (MBB), Berlin-Blankenheimer Eisenbahn
Besonderheiten	Eine der letzten Nebenstreckenneubauten vor Gründung der DRG

Waldeisenbahn Muskau

Im Restloch der ehemaligen Grube Philippine spiegelt sich die 99 3312 »Diana« mit ihrem Holzzug (April 2004). *Foto: U. Miethe*

Die Region zwischen Muskau und Weißwasser in Sachsen ist Ende des 19. Jahrhunderts reich an Wald und Industrie, etwa Braunkohlegruben, Glashütten, Papierfabriken, Sägewerke und Ziegeleien. Die Suche nach einer rationellen An- und Abtransportmöglichkeit all der Güter bringt Graf Hermann von Armin, der Eigentümer der damaligen Herrschaft Muskau, 1895 auf die Idee eine Pferdebahn anzulegen. Die Gräflich von Arnimsche Kleinbahn hat eine Spurweite von 600 mm.

Nur ein Jahr später erwirbt der Graf zwei Dampflokomotiven und lässt das Gleisnetz bis 1900 auf mehr als 50 km Länge ausbauen. Nachdem weitere Ausbaupläne durch den Ausbruch des Ersten Weltkriegs zunichte gemacht worden sind, muss die Weiterentwicklung bis 1919 warten: Nun stoßen weitere Maschinen aus deutschen Heeresbeständen zum Fuhrpark.

Die als »Brigadeloks« bezeichneten ehemaligen Heeresmaschinen stellen bis zur Einstellung des Güterverkehrs die unverzichtbare Basis des Bahnverkehrs in Muskau dar. Die Heereswaggons werden sogar in den eigenen Werkstätten umgebaut. Im Jahr 1939 besitzt die WEM neben elf Dampfloks, mehrere Dieselloks und mehr als 500 Wagen.

Während der Kamphandlungen des Zweiten Weltkrieg erleiden Fahrzeuge wie Teile der Strecke Schäden und müssen wiederhergestellt werden, vieles muss aufgrund der Reparationsleistungen an die Sowjetunion improvisiert werden. Beim Wiederaufbau der Region leistet die WEM dennoch gewaltige Arbeit.

1951 gehen Fahrzeuge und Betrieb an die DR. Hauptaufgabe der Bahn ist die Lieferung von Brennstoffen, Ton an die Ziegeleien und sogar Moor für das Moorbad. Doch in den 70er-Jahren gilt die Waldeisenbahn als unwirtschaftlich, was ihre etappenweise Stilllegung zur Folge hat. Nur die Ziegelei in Weißwasser wird noch auf einem 12 km langen Reststück bedient (durch Diesellloks V10C, LKM Babelsberg). Die restlichen Gleise werden abgebaut, zahlreiche Wagen zerlegt.

1984 entsteht ein Eisenbahnverein mit Sitz in der Ziegelei Weißwasser, der die Erinnerung an die WEM wachhalten will. Die Mitglieder stellen einige der Wagen wieder her und führen Sonderfahrten durch.

1988 sind die Unterkünfte zu klein geworden und der Verein baut den heutigen Bahnhof Weißwasser Teichstraße. Nach dem Zusammenbruch der DDR übernimmt der 1990 gegründete Verein Waldeisenbahn Muskau die alte Tongrube und erwirbt die alte Dampflok 99 3317 zur Aufarbeitung.

Seit 1991 wird die WEM mit Unterstützung des Landes Sachsen als touristische Attraktion wiederaufgebaut. 1993 entsteht zudem die Gesellschaft zum Betrieb der Waldeisenbahn Muskau. 1994 kommt auch 99 3312 wieder zurück. Seit 1995 kann die alte Strecke zwischen Weißwasser und Bad Muskau wieder befahren werden, inzwischen ist auch 99 3317 wieder betriebsfähig, seit 1998 dampft auch 99 3312. Zwischen 1996 und 2002 errichtet der Verein den Museumsbahnhof bei Weißwasser.

An ausgewählten Tagen sind die Fahrzeuge in Funktion zu erleben. Eine Ausstellung historischer Feldbahnfahrzeuge rundet das Technische Denkmal ab. Als Besonderheit bietet die WEM die Möglichkeit, originalgetreue Güterzüge für Eisenbahnfreunde zum Einsatz zu bringen. Weitere Um- und Ausbauten sind geplant.

Streckenname	Waldeisenbahn Muskau (WEM)
Alternative Bezeichnung	-
Relation	Einst Papierfabrik Muskau–Tongrube Mühlrose, heute Muskau–Tongrube Mühlrose (Sachsen)
Länge	11 km
Funktion	Einst Personen- und Güterverkehr, heute Touristenbahn
Daten zum Bau	Baubeginn: 1895 Bauzeit (inkl. Planung, bis zur Fertigstellung): wenige Monate Eröffnung: 1895 Durchgängig befahrbar ab: 1895
Spurweite	Schmalspurbahn (600 mm)
Wichtigste Bauwerke	-
Wichtigste Bahnhöfe	Muskau, Museumbahnhof, Kromlau
Wichtigste Anschlusspunkte	-
Besonderheiten	Fahrt von Halbendorfer Wechsel–Tongrube Mühlrose nicht öffentlich, Bahn basiert auf Feldbahntechnik

Zwischen Sauerland und Eifel

Foto: M. Werning

Hönnetalbahn

Am 12. Mai 2001 brummt Dieseltriebwagen 640 007 bei Binolen durch das reizvolle Hönnetal. *Foto: M. Werning*

Nachdem am 7.8.1872 im Sauerland die Linie Fröndenberg–Menden eröffnet worden ist, treten nicht wenige Bürger für die Verlängerung der Strecke ins Hönnetal mit seinen zahlreichen kleinen Industriebetrieben ein (in Menden zweigt eine am 1.9.1882 eröffnete Bahn nach Hemer ab, diese ist Teil der 1872 eröffneten und in den folgenden Jahren ausgebauten Verbindung Letmathe–Fröndenberg; Menden–Hemer wird zum 14.4.2007 eine Anschlussbahn mit Übergabe in Menden).
So nimmt es nicht Wunder, dass 1878 die erste, unter preußischer Staatsbahn-Regie erstellte Stichstrecke (in Form eines Anschlussgleises) über Menden hinaus zu einem Eisenwerk bei Lendringsen führt. Die 1896 gegründeten Hönnetaler Kalkwerke erwerben diese Anschlussgleis und verlegen es auf die andere Flussseite, wo es noch heute liegt).
Diese Kalkwerke fürchten die Konkurrenz des oberen Hönnetals und wissen den Weiterbau der Strecke zu verhindern. Die Hönnetaler Interessenvereine erwägen daraufhin alternative Linienführungen, etwa Hemer–Sundwig (die als Güterzug-Stichstrecke auch gebaut wird) oder gar den Bau einer Privatbahn.
Die verschiedenen Hönnetaler Unternehmer können die Staatsbahn schließlich doch noch überzeugen und 1909 beginnen die Bauarbeiten zum Weiterbau der Strecke über Balve bis Neuenrade. Dabei entsteht eine der jüngsten Nebenbahnlinien des Sauerlandes, zugleich eine – nach heutigem Ermessen – Bahn mit »romantischem« Verlauf entlang der Hönne. Die Bahngebäude entsprechen vereinheitlichten Bauplänen der preußischen Staatsbahn.
Die Hönnetalbahn basiert in den 50er- und 60er-Jahren zu gleichen Teilen auf Personen- (v. a. Schüler und Pendler) sowie Güterverkehr (hierbei v. a. Kalk und Holz für die Industrie des Ruhrgebietes sowie Stückgut). Um den Betrieb zu rationalisieren, stellt die DB in den 60er-Jahren auf Dieselloks um, bis 1979 sind (mit Ausnahme des Bhf. Lendrigsen) alle Bahnhöfe der Strecke unbesetzt. 1989 beginnt als Teil weiterer Rationalisierungen der Rückbau der Gleisanlagen. 2000 gilt die Hönnetalbahn als »personalfrei«. Seit 1985 setzen sich die Eisenbahnfreunde Hönnetal mit Erfolg für den Erhalt der Bahn ein. Der Güterverkehr bleibt in beschränktem Ausmaß erhalten (Bedienung der Kalkwerke in Oberrödinghausen sowie Industrieanschlüsse in Menden; hinzu kommen Kies-, Sand- und Kalkzüge). Als Teil des »Sauerlandnetzes« betreibt die DB Regio NRW die Hönnetalbahn seit 2001 mit modernen Triebwagen. Bei einer Fahrt kann man den wohl wildromantischsten Teil der Hönnetalbahn erleben: den Abschnitt zwischen Oberrödinghausen und Sanssouci. Dort liegen auch der Uhu- und Binoler-Tunnel sowie zwei große Viadukte über die Hönne.

Streckenname	Hönnetalbahn
Alternative Bezeichnung	-
Relation	Menden–Neuenrade (Nordrhein-Westfalen)
Länge	22 km
Funktion	Personen- und Güterverkehr
Daten zum Bau	Baubeginn: 1909 Bauzeit (inkl. Planung, bis zur Fertigstellung): 3 Jahre Eröffnung: 1.4.1912 durchgängig befahrbar ab: 1.4.1912
Spurweite	Vollbahn (1435 mm)
Wichtigste Bauwerke	Uhu-Tunnel (117 m), Binolener-Tunnel (277 m), zahlreiche Hönne-Brücken
Wichtigste Bahnhöfe	Menden, Balve. Neuenrade
Wichtigste Anschlusspunkte	Menden: nach Fröndenberg, nach Hemer (Anschlussbahn)
Besonderheiten	eingleisig geplant, nicht elektrifiziert; eine der jüngsten Nebenbahnlinien des Sauerlandes

Ruhr-Sieg-Strecke

Bei Benolpe rollt dieser Güterzug mitten durchs Sauerland, das sich hier von seiner schönsten Seite zeigt. *Foto: M. Werning*

Um Kohle aus dem Ruhrgebiet rascher zur Verhüttung ins Siegerland bringen zu können, bitten Siegerländer Unternehmer 1835 um den Bau einer Pferdebahn. Noch ehe die Bahn genehmigt wird, beantragen Hagener Unternehmer für denselben Zweck den Bau einer Eisenbahnstrecke.
Wie in anderen Regionen jener eisenbahnbegeisterten Epoche auch, streiten sich Staat, Bahngesellschaft, Unternehmer und Gemeinde über den genauen Linienverlauf der künftigen Strecke, die Ruhr und Sieg verbinden soll. Schließlich setzen sich die von Unternehmern geführten Eisenbahnkomitees in Hagen und Siegen – jeweils Ausgangs- und Zielpunkt der Bahn – mit ihrem Vorschlag durch, die Strecke durch die Täler der Flüsse Lenne und Hundem zu führen.
1856 erhält die Bergisch-Märkische Eisenbahn-Gesellschaft (BME) die Konzession, der Bau der Strecke beginnt 1858. Als erster Abschnitt geht Hagen–Letmathe am 21.3.1859 in Betrieb. Nachdem der Teil Letmathe–Altena am 17.7.1860 eröffnet worden ist, erreicht die Bahn Siegen am 5.7.1861, einen Tag später beginnt der reguläre Betrieb. Bis 1870 ist die ursprünglich eingleisige Strecke zweigleisig ausgebaut.
Aus der umfangreichen Infrastruktur der Strecke ragen Bahnhöfe wie Plettenberg oder Kreuztal heraus, sie sind heute Baudenkmale. Aufgrund der teilweise anspruchsvollen Trassierung mit entsprechendem Vorratsverbrauch der Loks entstehen zahlreiche Betriebswerke.
Bekannt wird die Strecke auch wegen des lange Zeit nur durch Nachschub zu bewältigenden Abschnitts zwischen Altenhumdem und dem höchsten Punkt der Strecke, Welschen Ennest. Nur in begründeten Ausnahmefällen ist das Nachschieben mit zwei Lokomotiven erlaubt. Auf der Rampe der Ruhr-Sieg-Strecke wird auf besondere Anordnung hin bisweilen mit zwei Loks der BR 44 nachgeschoben.
Seit dem Fahrplanwechsel im Sommer 2001 gibt es praktisch keinen Fernverkehr mehr. Lediglich ein Interregio pro Richtung ist dieser Strecke zunächst erhalten geblieben. Seit 15.12.2002 ist der Fernverkehr auf der Ruhr-Sieg-Strecke endgültig Geschichte.
Am 9.12.2007 geht der Personenverkehr auf der Ruhr-Sieg-Strecke an Abellio Rail NRW (Essen). Alle RB- und RE-Leistungen werden von Elektrotriebwagen des Typs Flirt erbracht.

Bis heute nutzt der Güterverkehr, freilich in bescheidenem Ausmaß, die Strecke. Die Gleisanschlüsse in Kreuztal und Siegen-Weidenau werden von der Kreisbahn Siegen-Wittgenstein bedient.
Zudem gilt die Ruhr-Sieg-Strecke im Bundesverkehrswegeplan als Ausbaustrecke. Unter die bislang erbrachten Streckensanierungsmaßnahmen fallen die Erneuerung von Bahnübergängen, Modernisierung der Stellwerkstechnik sowie Vergrößerung des Tunnelprofils (um Containerverkehr von den überlasteten Rheinstrecken auf die Ruhr-Sieg-Strecke umleiten zu können).

Streckenname	Ruhr-Sieg-Strecke
Alternative Bezeichnung	-
Relation	Hagen–Siegen (Nordrhein-Westfalen)
Länge	106 km
Funktion	Personen- und Güterverkehr
Daten zum Bau	Baubeginn: 1858 Bauzeit (inkl. Planung, bis zur Fertigstellung): 3 Jahre Eröffnung: 21.3.1859 Durchgängig befahrbar ab: 5.8.1861
Spurweite	Vollbahn (1435 mm)
Wichtigste Bauwerke	Zahlreiche Brücken über Flüsse wie Volme, Lenne, Hundem und Sieg, Nachrodter Tunnel (629 m), Buchholzer Tunnel (936 m), Husberger Tunnel (793 m), Werdohler Tunnel (315 m), Baukloher Tunnel (306 m), Rahrbacher Tunnel (698 m)
Wichtigste Bahnhöfe	Hagen, Letmathe, Finnentrop, Siegen
Wichtigste Anschlusspunkte	Hagen: Elberfeld–Dortmund Letmathe: nach Fröndenberg Finnentrop: Biggetalbahn nach Olpe Siegen: Siegstrecke nach Köln, Dillstrecke nach Gießen
Besonderheiten	Zweigleisige, elektrifizierte Hauptstrecke; kein Fernverkehr mehr; einst Nachschubbetrieb zwischen Altenhundem und Welschen Ennest (höchster Punkt der Strecke mit 411 m) Überwundener Höhenunterschied: 305 m

Angertalbahn

216 011 zieht ihren Ganzzug am 5. Oktober 1989 bei Hofermühle durch das frühherbstliche Angertal. *Foto: M. Werning*

Die in den 40er-Jahren des 19. Jh. bereits gut entwickelte Ratinger Kalk- und Marmorindustrie beantragt 1858 den Bau einer Pferdebahn von Ratingen nach Kalkum, wo ein Übergang auf die Köln-Mindener Eisenbahn möglich ist. Zwar wird 1870 die Erlaubnis erteilt, aber mit der Auflage die Bahn innerhalb von vier Jahren zu bauen – das lehnt die Industrie ab.

1877 interessiert sich Thyssen für den Bahnbau ins Angertal, um von dort Kalkstein für die Stahlindustrie ins Rhein-Ruhrgebiet zu transportieren, doch aufgrund von Streitigkeiten der beteiligten Gemeinden, dem Staat und Unternehmern scheitern die Pläne erneut. Zwar kommen 1890 von verschiedenen Interessenten neuen Pläne auf, aber auch diese scheitern aus diversen Gründen.

Im August 1897 reicht die Stadt Wülfrath eine Petition ein, nach der der Bahnbau die »Ökonomie von Stadt und Region enorm entwickeln« würde. Und tatsächlich: Am 24.5.1897 ergeht die Genehmigung. Streit um die genaue Linienführung nach Ratingen verzögert den Baubeginn bis 1901.

Die Bauarbeiten sind durch die sumpfige Bodenbeschaffenheit aufwendig, am 28.5.1903 kann die Strecke in Betrieb gehen. Die Bahnbauten entsprechen der preußischen Standardarchitektur. 1905 werden die Kalksteinwerke in Rohdenhaus gebaut, die den Güterverkehr beleben. Das Angertal blüht durch die Bahnverbindung auf, an Wochenende besuchen Erholungssuchende die Region.

Da Züge aus dem Ruhrgebiet nach Ratingen stets in Ratingen-West die Fahrrichtung wechseln müssen, wird der Hauptbahnbetrieb gestört. Daher wird am 15.1.1941 die Verbindungskurve Abzweig Anger – Abzweig Tiefenbroich in Richtung Bhf Lintorf eröffnet. Zu diesem Zeitpunkt gilt die Angertalbahn als rentabel.

Am 16.4.1945 wird der Bahnbetrieb infolge von Zerstörungen eingestellt. Erst am 10.6.1945 ist ein Großteil der Schäden behoben. Seit dem Kriegsende aber erholt sich der Personenverkehr auf der Strecke nicht mehr. Am 1.12.1952 wird er zwischen Ratingen und Wülfrath komplett eingestellt. Der Güterverkehr aber bleibt erheblich, seit den 70er-Jahren fahren auch 221 sowie die 215 und 216, in den 90er-Jahren dann die Fahrzeuge der Eisenbahn Häfen Duisburg. Am 9.1.1983 wird der Streckenabschnitt Ratingen–Anger, im Juni dann auch der gesamte Abzweig stillgelegt.

Aber der Kalksteinabbau sichert der Angertalbahn die Zukunft. Mit Übernahme der Hauptleistungen durch die DB AG befahren auch Lokomotiven privater Bahnen die Strecke. Seit dem 30.11.2006 ist der Abschnitt Rohdenhaus–Wülfrath stillgelegt. Die heutige Angertalbahn dient – von Sonderfahrten abgesehen – nur dem Gütertransport.

Streckenname	Angertalbahn
Alternative Bezeichnung	Kalkbahn
Relation	Einst Ratingen–Wülfrath, heute Ratingen–Flandersbach (Nordrhein-Westfalen)
Länge	17,2 km
Funktion	Einst Personen- und Güterverkehr, heute Sonderfahrten und Güterverkehr
Daten zum Bau	Baubeginn: 1901 Bauzeit (inkl. Planung, bis zur Fertigstellung): 2 Jahre Eröffnung: 28.5.1903 Durchgängig befahrbar ab: 28.5.1903
Spurweite	Vollbahn (1435 mm)
Wichtigste Bauwerke	Zahlreiche Brücken über den Angerbach
Wichtigste Bahnhöfe	Ratingen, Flandersbach
Wichtigste Anschlusspunkte	Ratingen: nach Düsseldorf
Besonderheiten	Heute reine Güterverkehrsstrecke, größte Steigung: 1:50 (zwischen Wülfrath und Flandersbach)

Aggertalbahn

Obwohl es schon 1861 erste Überlegungen zum Bau einer Bahnstrecke Köln–Kassel über das Aggertal ins Oberbergische gibt, verhindern Uneinigkeit über die Linienführung und skeptische Wirtschaftlichkeitseinschätzungen zunächst diese Pläne. Schließlich wird die Aggertalbahn als Verbindung von Köln ins Oberbergische doch noch gebaut, allerdings wegen der Kosten nur als Nebenbahn.

Am 30.4.1882 erhält die Bergisch-Märkische Eisenbahngesellschaft die Genehmigung zum Bau der Aggertalbahn Siegburg–Olpe, deren erster Abschnitt Siegburg–Overath–Ründeroth am 15.10.1884 in Betrieb geht. Aber erst am 1.9.1903 wird das letzte Streckenstück von Bergneustadt bis Olpe eröffnet.

Am 1.8.1910 wird die Verbindung Overath–Köln eröffnet, die die Aggertalbahn bis Köln verlängert. Damit verliert die Teilstrecke Siegburg–Overath ihre bislang überregionale Bedeutung. Es gibt nun keine Durchgangszüge mehr nach dem Oberbergischen (im Zweiten Weltkrieg ist die Strecke beschädigt worden, etwa der Tunnel bei Hoffnungstal. Das ist der Grund, dass ab 1945 wieder durchgehende Züge nach dem Oberbergischen bis zur Wiederinbetriebnahme des Tunnels am 14.5.1949 angeboten werden). Nachdem mit dem Fahrplanwechsel zum 15.5.1949 der Abschnitt zwischen Siegburg und Overath nur noch lokalen Verkehr sieht, wird im Juli 1950 bekannt, dass der Streckenteil für den Personenverkehr stillgelegt werden soll.

Am 23.5.1954 wird der planmäßige Personenverkehr aus Wirtschaftlichkeitserwägungen zwischen Siegburg und Overath vorläufig eingestellt, am 26.11.1959 endgültig. Am 1.5.1962 folgt die Stilllegung im Gesamtverkehr zwischen Lohmar und Overath (Abrissarbeiten an den Gleisen im Herbst).

Im Jahr 1985 führt die DB eine Wirtschaftlichkeitsuntersuchung durch und kommt zur Ansicht, die Strecke Overath–Lohmar weiterhin zu betreiben. Im selben Jahr folgen Gleiserneuerungsarbeiten. Doch im Januar 1988 entscheidet sich die DB doch den Streckenabschnitt stillzulegen, denn die teuren Investitionen der zurückliegenden Jahre haben negative Auswirkungen auf die Rentabilität des Abschnitts. Am 18.3.1988 endet der planmäßige Betrieb Overath–Lohmar. Für kurze Zeit ruht der gesamte Betrieb auf der Aggertalbahn.

Der Eisenbahnclub Rhein-Sieg macht sich im Juli 1988 für den Erhalt der Strecke stark. Noch 1989 lehnen sowohl der Kreistag als auch der Kölner Regierungspräsident die Stilllegung ab. Der Kreistag beantragt, die Verlängerung der Linie 66 über Siegburg hinaus nach Lohmar in den Nahverkehrsplan des Landes aufzunehmen. Güterverkehr gibt es auf der Rest-Aggertalbahn noch bis 1994. 1997 wird die Gesamtstrecke Siegburg–Olpe mit Ausnahme des Abschnitts Overath–Dieringhausen stillgelegt, die Trasse ist in Siegburg größtenteils asphaltiert. Die noch verbliebenen Gleise durch die Innenstadt werden noch von Güterzügen zum Siegwerk benutzt.

Betrieb gibt es heute nur noch auf dem Abschnitt Köln–Overath–Dieringhausen (von dort weiter nach Meinerzhagen).

Streckenname	Aggertalbahn
Alternative Bezeichnung	-
Relation	Einst Köln–Olpe, heute nur noch Köln–Overath–Dieringhausen in Betrieb (Nordrhein-Westfalen)
Länge	Einst 77,8 km, heute noch 49,3 km betrieben
Funktion	Einst Personen- und Güterverkehr, heute nur noch Nahverkehr
Daten zum Bau	Baubeginn: 30.4.1882 Bauzeit (inkl. Planung, bis zur Fertigstellung): 21 Jahre Eröffnung: 15.10.1884 Durchgängig befahrbar ab: 1.9.1903
Spurweite	Vollbahn (1435 mm)
Wichtigste Bauwerke	Zahlreiche Agger-Brücken
Wichtigste Bahnhöfe	Köln, Dieringhausen
Wichtigste Anschlusspunkte	Köln: Siegstrecke nach Siegen Dieringhausen: Volmetalbahn nach Meinerzhagen
Besonderheiten	-

Auf der Aggertalbahn führte die DB Mitte der 1980er-Jahre mit der »City-Bahn« ein neues Produkt ein, dass die Strecke aufwerten sollte. *Foto: M. Dahlbeck*

Brohltalbahn

Bei Niederzissen unterquert die Brohltalbahn die mächtige Autobahnbrücke der A 61. VT 30 ist auf dem Weg nach Brohl. Foto: M. Werning

Brohl am Rhein ist seit August 1858 durch die Rheinische Eisenbahn (Linke Rheinstrecke) an das Bahnnetz angeschlossen. 1879 erbitten die Gemeinden der Region Brohl, unterstützt durch Unternehmer (Mineralbrunnen, Tourismus), den Bahnbau durch das Brohltal, was zur wirtschaftlichen Erschließung der Gegend beitragen soll.

Die am 22.1.1896 durch die Westdeutsche Eisenbahngesellschaft (WEG) gegründete Brohltal-Eisenbahn-Gesellschaft beginnt im Frühjahr 1896 mit dem Bau einer Schmalspurbahn-Strecke (Spurweite 1000 mm) von Brohl nach Kempenich in der Eifel. Am 14. Januar 1901 kann der Abschnitt Brohl–Engeln (mit dem Zahnstangenabschnitt System Abt zwischen Oberzissen und Engeln) und das Verbindungsstück bis zum Rheinhafen Brohl (1932 zu einem Dreischienengleis in Vollbahn-Spurweite ausgebaut) in Betrieb gehen, am 1. Mai 1901 folgt Engeln–Weibern und am 2.1.1902 wird Kempenich erreicht.

Vor allem als Güterbahn (Steine und Erden, landwirtschaftliche Waren, Industriebedarf) wird die Brohltalbahn rasch erfolgreich. Von Anfang an werden Normalspur-Güterwagen mit Rollböcken bewegt, 1928 wird dieser Betrieb mit Rollwagen durchgeführt.

1921 wechselt die Brohltalbahn von der WEG in den Besitz eines Aktionärskonsortiums aus Regionalkreisen und Industriebetrieben des Einzugsbereichs. Im April 1923 muss der Verkehr aufgrund der französisch-belgischen Ruhrbesetzung und der nachfolgenden als »Ruhrkampf« bezeichneten deutschen Widerstandspolitik eingestellt werden. Erst im September 1923 beginnt, zunächst zaghaft, der Betrieb von Neuem. Im Juni 1925 wird der Triebwagenverkehr aufgenommen.

Im Juli 1934 hat die Zahnstange in der Steilstrecke zwischen Oberzissen und Engeln ausgedient, schwere Adhäsions-Dampfloks bewältigen nun den Streckenabschnitt.

1953/54 erfolgt die Umwandlung der Aktiengesellschaft in eine GmbH, Hauptgesellschafter sind die Landkreise Ahrweiler und Mayen–Koblenz (letztgenannter scheidet 1991 aus).

Nachdem bereits 1958 der sonn- und feiertägliche Personenverkehr eingestellt worden ist – der Abschnitt Kempenich–Oberzissen folgt im Herbst 1960 –, erfolgt die Gesamtstilllegung der Personenverkehrs zum 1.10.1961.

Der Güterverkehr nimmt immer weiter ab, bis er nicht mehr wirtschaftlich betrieben werden kann. Daher wird der Abschnitt Engeln bis Kempenich am 1.10.1974 stillgelegt und zwei Jahre später abgebaut. Der letzte normale Güterzug fährt im März 1988 aus Anlass einer Altkleidersammlung zwischen Burgbrohl und Oberzissen. Heute führt die Brohltalbahn die Phonolith-Abfuhr von Brenk zum Brohler Rheinhafen durch.

Am 25.3.1977 hat der Vulkan-Express als Touristen- und Museumsbahn Premiere und nutzt die landschaftliche Schönheit der Bahnstrecke als touristische Attraktion. Die am 2.9.1987 gegründete Interessengemeinschaft Brohltal-Schmalspureisenbahn (IBS) übernimmt im Januar 1992 den Betrieb des Vulkan-Express und baut das Museum weiter aus.

Streckenname	Brohltalbahn
Alternative Bezeichnung	-
Relation	Brohl–Engeln (Rheinland-Pfalz)
Länge	Einst 23,8 km, heute noch 17,7 km
Funktion	Einst Personen- und Güterverkehr, heute noch Museumsbahnverkehr Brohl–Engeln und Güterverkehr Brohl–Brenk
Daten zum Bau	Baubeginn: Frühjahr 1896 Bauzeit (inkl. Planung, bis zur Fertigstellung): 23 Jahre Eröffnung: 14.1.1901 Durchgängig befahrbar ab: 2.1.1902
Spurweite	Schmalspurbahn (1000 mm)
Wichtigste Bauwerke	Tönissteiner Viadukt (120 m), Tönissteiner Tunnel (95 m), Oberzissener Viadukt (40 m)
Wichtigste Bahnhöfe	Brohl, Engeln
Wichtigste Anschlusspunkte	Brohl: Linke Rheinstrecke (Köln–Mainz)
Besonderheiten	Inselbahnbetrieb, eingleisig, nicht elektrifiziert; Zahnstangenabschnitt zwischen Oberzissen–Engeln; Engeln–Kempenich heute stillgelegt größte Steigung: 50 Promille (zwischen Oberzissen und Engeln)

Eifelstrecke

Mit einem klassischen DB-Eilzug ist 215 134 am 4. März 1991 bei Urft unterwegs. *Foto: M. Werning*

Die schwierigen topographischen Verhältnisse und die geringe Bevölkerungsdichte machen die eisenbahntechnische Erschließung der Eifel unattraktiv. Die schlechte Verkehrsanbindung verhindert die wirtschaftliche Erschließung und das Aufblühen der Region, wie es etwa an Rhein und Ruhr gelingt.

Um die Mitte des 19. Jh. versucht die im Aufstieg begriffene Eifeler Metallindustrie vergeblich, den preußischen Staat zum Bau einer Strecke von Köln oder Düren bis ins Schleidener Tal/Eifel zu bewegen. Allerdings übt Preußen nun Druck auf die Rheinische Eisenbahngesellschaft aus, eine solche Bahnstrecke zu erstellen.

Das Unternehmen ziert sich zunächst, hat dann aber die Idee, die Eifel mit Köln und über Trier mit der oberen Mosel zu verbinden und von dort wäre es nicht mehr weit ins Saarland und nach Luxemburg. Nun steigt auch der Staat ein und legt 1862 die Linienführung der künftigen Eifelbahn fest: zunächst von Düren über Euskirchen nach Kall.

Nach der Eröffnung des Abschnitts Düren–Euskirchen am 6.10.1864 folgt am 1.11.1867 der Anschluss bis Kall. Am 15.11.1870 ist Gerolstein erreicht, am 15.6.1871 Trier West. Durch die Nähe zu Frankreich, das im neu gegründeten deutsche Kaiserreich als Hauptgegner in einem künftigen Krieg gilt, kommt der Eifelstrecke hohe strategische Bedeutung als »Aufmarschbahn« zu. Das ist der eigentliche Grund für die Anbindung der Eifelstrecke von Euskirchen aus bei Hürth-Kalscheuren (die Verbindung Köln-Eifeltor–Kalscheuren ist bereits am 15.2.1844 hergestellt worden) an die Linke Rheinstrecke Köln–Bonn am 1.10.1875.

Die zahlreichen Steigungen (etwa am Schmidtheimer Berg bei Dahlem) machen die Anlage mehrerer Bahnbetriebswerke notwendig, so entstehen etwa die Bw Jünkerath oder Gerolstein. 1908 plant die Königlich Preußische Eisenbahnverwaltung Euskirchen–Trier als Versuchsstrecke zu elektrifizieren, was aber von der Militärverwaltung aus strategischen Gründen untersagt wird.

1936 richtet die DRG nach dem Beginn des zweigleisigen Ausbaus eine Eiltriebwagenverbindung Köln–Saarbrücken über die Eifelstrecke mit VT 137 ein (1938 durch BR 17.10 und Eilzugwagen ersetzt). Ab Winter 1944 ruht der Betrieb kriegsbedingt bis 1946. Auf Anordnung der französischen Besatzungsbehörde (in deren Machtbereich ein Großteil der Strecke liegt) wird die Bahn jedoch partiell nur noch eingleisig wiederaufgebaut.

Am 28.12.2001 befährt der letzte DB-Güterzug die Strecke. Heute bedienen DB Schenker Rail und die Vulkan-Eifel-Bahn (VEB) die Linie. Obwohl 1996 die Eifelstrecke für den Einsatz der Neigetechnik-Triebzüge der BR 611 umgebaut worden ist, verhindern technische Probleme den dauerhaften Einsatz des modernen Zugs im Personenverkehr.

Heute bewältigen in erster Linie BR 218, 628 und 644 (DB Regio) den Verkehr auf der Eifelstrecke. Teile der Linie stehen in Rheinland-Pfalz unter Denkmalschutz.

Streckenname	Eifelstrecke
Alternative Bezeichnung	-
Relation	Köln–Trier (Nordrhein-Westfalen, Rheinland-Pfalz), genauer gesagt: Hürth-Kalscheuren–Trier–Ehrang
Länge	182 km
Funktion	Personen- und Güterverkehr
Daten zum Bau	Baubeginn: 1862 Bauzeit (inkl. Planung, bis zur Fertigstellung): 13 Jahre Eröffnung: 6.4.1864 Durchgängig befahrbar ab: 1.10.1875
Spurweite	Vollbahn (1435 mm)
Wichtigste Bauwerke	Kaller Tunnel (472 m), Dechen-Tunnel (181 m), Kyllburger Tunnel (218 m), Wilsecker Tunnel (1268 m), Mettericher Tunnel (426 m), Kuckuckslay-Tunnel (450 m)
Wichtigste Bahnhöfe	Köln, Euskirchen, Trier
Wichtigste Anschlusspunkte	Köln: Schnellfahrstrecke nach Aachen, Linksniederrheinische Strecke nach Neuss Hürth-Kalscheuren: Linke Rheinstrecke nach Bonn Euskirchen: Voreifelbahn nach Bonn Erfttalbahn nach Bad Münstereifel Bördebahn nach Düren Trier-Ehrang: Moselstrecke nach Koblenz Trier: Saarstrecke nach Saarbrücken Obermoselstrecke nach Perl und nach Thionville (Frankreich)
Besonderheiten	Einzige von Köln ausgehende Strecke, die ab Euskirchen Merkmale einer Gebirgsbahn aufweist; größtenteils eingleisig; nicht elektrifiziert Größte Steigung: 18,5 Promille größte Höhe: Schmidtheimer Berg (556 m, Steigung 17,2–18,5 Promille)

Rurtalbahn

Am 4. August 1995 reiste man noch im Schienenbus durchs Rurtal: VT 202 und VT 204 in der Nähe von Hausen (b Düren). *Foto: M. Werning*

Die umfangreiche Papierindustrie bei Lendersdorf und Kreuzau im Rurtal tritt für eine Bahnverbindung nach Düren ein. Die bergisch Märkische Eisenbahngesellschaft (BME) hat nämlich am 1.10.1873 die Strecke Jülich–Düren eröffnet (dieser 15,4 km lange Abschnitt wird als Nördliche Rurtalbahn bezeichnet) und von Jülich aus besteht Anschluss nach Köln und Aachen.
Aber der Tourismus aus den Räumen Köln und Aachen nach dem Rurtal spielt bereits eine erhebliche Rolle, sodass unter Ägide der Königlich Preußischen Eisenbahn-Verwaltung (KPEV) 1890 der Weiterbau der Strecke von Düren durch das Rurtal nach Heimbach erfolgt (das ist die Südliche Rurtalbahn). Am 1.6.1892 ist Kreuzau erreicht, aber aufgrund der schwierigen topographischen Bedingungen und längerer Bauzeitunterbrechungen ist die Strecke erst ab 1.9.1903 durchgängig bis Heimbach befahrbar.
Im Jahr 1933 wird die Strecke bei Obermaubach verlegt, um Platz für den Obermaubacher Stausee zu schaffen. Nach teilweise schweren Zerstörungen im Zweiten Weltkrieg ist die Bahn erst ab 1.10.1950 wieder durchgängig befahrbar, nach und nach werden die Dampfloks durch VT 98 und ETA 515 abgelöst.
Erstmals werden 1977 Stilllegungsgerüchte laut, für 1982 ist die Auflassung der Rurtalbahn vorgesehen. Nach jahrelangem politischem Gerangel entscheidet sich der Kreis Düren 1989, die Strecke Düren–Heimbach von der DB zu übernehmen und in eigener Regie fortzuführen. Die Betriebsführung liegt bei der Dürener Kreisbahn (DKB).
Am 12.9.1992 kauft der Kreis die Strecke für den symbolischen Wert von einer Mark. Zum Fahrplanwechsel am 23.5.1993 übernimmt die DKB den Betrieb auf der Rurtalbahn im Abschnitt Düren–Heimbach. Um das Zugangebot attraktiver zu gestalten, werden alle vorhandenen Haltepunkte erneuert. Dabei erfolgt die standardisierte Ausrüstung mit Wartehäuschen und Infotafel. Auch die Gleisanlagen werden in den folgenden Jahren aufwendig saniert.
Der Güterverkehr obliegt einer ehemaligen V 35 der Jülicher Kreisbahn und einer von der DB übernommenen Köf (333 020-6). Ab März 1995 übernehmen moderne RegioSprinter (Siemens/Duewag, Krefeld)) den Personenverkehr. Zum 11.12.1999 wird zudem ein Halbstundentakt im Abschnitt Düren–Untermaubach eingeführt.
Zum 1.1.2003 erfolgt die Ausgliederung der Rurtalbahn GmbH als eigenständige Eisenbahngesellschaft aus der DKB. Die Strecke wird weiterhin im schienen gebundenen Personennahverkehr genutzt. Bis heute findet zwischen Jülich und Lendersdorf Güterverkehr statt, dabei werden Papierfabriken und chemische Betriebe angefahren.

Streckenname	Rurtalbahn
Alternative Bezeichnung	Nördliche (Jülich–Düren) und Südliche (Düren–Heimbach) Rurtalbahn
Relation	Jülich–Düren–Heimbach (Nordrhein-Westfalen)
Länge	15,4 bzw. 30 km, insgesamt 45,4 km
Funktion	Personen- und Güterverkehr
Daten zum Bau	Baubeginn: 1890 Bauzeit (inkl. Planung, bis zur Fertigstellung): 13 Jahre (mit längeren Unterbrechungen) Eröffnung: 1.6.1892 Durchgängig befahrbar ab: 1.9.1903
Spurweite	Vollbahn (1435 mm)
Wichtigste Bauwerke	Mehrere Rur-Brücken
Wichtigste Bahnhöfe	Jülich, Düren, Heimbach
Wichtigste Anschlusspunkte	Jülich: nach Dalheim Düren: Schnell- und S-Bahn nach Köln, Schnellfahrstrecke nach Aachen, Bördebahn Zülpich/Euskirchen
Besonderheiten	Bahnhof Lendersdorf ist derzeitiger Endpunkt für den Güterverkehr der Rurtalbahn

Ahrtalbahn

1996 gab es regelmäßige Dampfsonderfahrten der DB AG auf der Ahrtalbahn: 62 015 am 7. September 1996 bei Mayschoß. *Foto: M. Werning*

Die dünn besiedelte und wirtschaftlich unterentwickelte Eifelregion benötigt eigentlich keinen Bahnanschluss. Es sind die militärstrategischen Interessen, die schließlich zum Bau der Ahrtalbahn als Aufmarsch- und Nachschublinie per Ministerialbeschluss vom 23.9.1879 führen.
Am 20.9.1880 wird der erste Streckenabschnitt Remagen–Ahrweiler noch unter der Regie der Rheinischen Eisenbahn eröffnet (in Ahrweiler bestand bis 1918 ein Bw, im Anschluss übernimmt das Bw Kreuzberg die Aufgaben). Die Königlich Preußische Eisenbahn-Verwaltung baut im April 1884 weiter und erreicht 1886 Altenahr, zwei Jahre später den vorgesehenen Endpunkt Adenau (Eröffnung am 15. Juli 1888). Die Bahnhöfe der Strecke repräsentieren den preußischen Einheitstyp. Geplant ist zwar eine Verlängerung von Adenau bis nach Daun, doch diese wird nie gebaut.
Die anfangs als eingleisige Nebenstrecke (der Güterverkehr spielt eine untergeordnete Rolle) betriebene Ahrtalbahn wird um 1910 aus militärstrategischen Überlegungen (um die Leistungsfähigkeit der Militär- und Kohletransporte zu erhöhen) zweigleisig ausgebaut. In Remagen und Rech zweigte einst die 1904–1924 gebaute, aber unvollendet gebliebene Strategische Bahn (einzelne Streckenabschnitte sind noch heute erkennbar) in Richtung Ruhrgebiet ab.
In Dümpelfeld kommt im Jahr 1912 ein Anschluss nach Lissendorf (und Jünkerath) und Blankenheim (dort jeweils Anbindung an die Eifelstrecke) hinzu. Über die Ludendorff-Brücke (eröffnet 1.5.1918, Inbetriebnahme 1.9.1919, bekannt als »Brücke von Remagen«) wird bis 1945 (Einsturz am 17. März infolge Kriegseinwirkung) die Verbindung zur Rechten Rheinstrecke hergestellt.
Als strategische Bahn ist die Ahrtalbahn Ziel alliierter Luftangriffe. Erst 1951 kann sie nach umfangreichen Instandsetzungsarbeiten wiedereröffnet werden. Allerdings beginnt bald danach die abschnittsweise Stilllegung, denn es besteht nach wie vor nur ein geringer Verkehrsbedarf.
1973 erfolgt die Einstellung des Personenverkehrs im Abschnitt Dümpelfeld–Lissendorf, 1986 endet der Personenverkehr im Abschnitt Kreuzberg–Adenau. Seit 1996 wird er wieder bis Ahrbrück durchgeführt.
Die Stilllegungen im Güterverkehr setzen ebenfalls 1973 ein. Vor allem der Mineralbrunnen in Bad Neuenahr sorgt noch bis Mitte der 80er-Jahre für einigen Transportbedarf, bis 1996 ist die Gesamtstrecke für den Güterverkehr stillgelegt.
Heute fungiert die Ahrtalbahn vor allem als Personennahverkehrsstrecke (Ausflugsverkehr), sie ist heute voll in den Rheinland-Pfalz-Takt integriert und fährt in Remagen im Stundentakt ab. Die überwiegend in einer vom Weinanbau geprägten Mittelgebirgslandschaft verlaufende Strecke gehört zu den romantischsten Bahnlinien Deutschlands.

Streckenname	Ahrtalbahn
Alternative Bezeichnung	Zweigstrecke der Linken Rheinstrecke
Relation	Remagen–Ahrbrück (Rheinland-Pfalz)
Länge	29 km
Funktion	Einst vor allem strategische Bahn, heute schienengebundener Personennahverkehr, Ausflugsverkehr
Daten zum Bau	Baubeginn: 23.9.1879 Bauzeit (inkl. Planung bis zur Fertigstellung): 9 Jahre Eröffnung: 20.9.1880 (Remagen–Ahrweiler) Durchgängig befahrbar ab: 15.7.1888 (bis Adenau)
Spurweite	Vollbahn (1435 mm)
Wichtigste Bauwerke	Laacher Tunnel, Saffenburger Tunnel
Wichtigste Bahnhöfe	Remagen, Bad Neuahr-Ahrweiler, Ahrbrück
Wichtigste Anschlusspunkte	Remagen: Linke Rheinstrecke nach Koblenz
Besonderheiten	Im Abschnitt Remagen–Walporzheim zweigleisig; nicht elektrifiziert; ab Ahrbrück stillgelegt, führte einst nach Adenau; in Remagen und Rech zweigte einst der unvollendete Strategische Bahndamm ab; Einsatzgebiet der Steilstrecken-Dieselloks der BR 213 größte Steigung: 1:60, überwundener Höhenunterschied: 225 m

Moselstrecke

An der Mosel führt die Strecke wie hier bei Hatzenport meist durch Weinberge. Foto: M. Dahlbeck

Im Jahr 1855 fragen Trierer Unternehmer beim preußischen Ministerium für Handel, Gewerbe und öffentliche Arbeiten um den Bau einer Eisenbahnstrecke Koblenz–Trier nach und verweisen auf das große anfallende Gütertransportaufkommen, etwa Gips oder Schiefer. Zu diesem Zeitpunkt sind militärische Überlegungen, eine strategische Bahn von Berlin über Halle, Kassel, Gießen und Koblenz nach Trier zu führen, schon zehn Jahre alt.

Mit dem sogenannten Kanonenbahngesetz vom 11.6.1873 beschließt Preußen mit Geldern aus französischen Reparationsleistungen (aus dem Deutsch-Französischen Krieg 1870/71) den Bau einer strategischen Bahn von Berlin bis Trier. Die realisierte Teilstrecke Koblenz–Trier ist somit eine »Kanonenbahn«, wie die strategischen Bahnlinien im Volksmund genannt werden. 1874 beginnen die Bauarbeiten. Am 15.5.1879 wird die Moselstrecke eröffnet.

1916 lässt das Militär Pläne zum Bau einer Umgehung des Kaiser-Wilhelm-Tunnels umsetzen. Geplant ist, bei Neef wieder auf die alte Moselstrecke einzufädeln. Das Projekt kann aber aufgrund der Bestimmungen des Vertrags von Versailles (Inkrafttreten 1920) nicht fertig gestellt werden. Teile der Trasse sind noch heute zu erkennen, z. B. bei Bruttig-Fankel oder Treis-Karden.

Typische Güterzüge sind die über die Moselstrecke rollenden Kohlenabtransporte aus den Saargruben, Nordfrankreich/Lothringen und Luxemburg.

Die ab 1955 geplante Elektrifizierung mit dem französischen Industriestromsystem (25 kV, 50 Hz) wird nicht durchgeführt, weil das Saarland 1957 Teil der Bundesrepublik wird. Aus diesem Grund erfolgt die Elektrifizierung erst bis zum 7.12.1973.

Heute besitzt die Moselstrecke sehr hohe wirtschaftliche Bedeutung für die Region Koblenz/Trier sowie die grenznahen Regionen Frankreichs und Luxemburg. Sie wird von Güterzügen (Erzzüge Nordseehäfen–Dillinger Hütte und anderen saarländischen Hüttenwerken, Cargozüge/Kombiverkehr) ebenso frequentiert wie von Regionalzügen (RB und RE). Im IC-Verkehr sind u.a. BR 181.2 anzutreffen, seit Winter 2005 befährt der ICE Trier–Berlin die Strecke.

Im Rahmen des Bundesverkehrswegeplans soll die Moselstrecke als Teil der Relation Luxemburg–Mainz ausgebaut werden, allerdings sind die Pläne noch nicht umgesetzt worden. Für Ausflügler bietet sich der Abschnitt Koblenz bis Pünderich (mit dem bekannten Pündericher Hangviadukt) an, der den besonderen Reiz dieser Strecke ausmacht: Die Bahn ist zwischen der Mosel und oft steilen, bis unmittelbar an die Bahn heranreichenden Berghängen eingezwängt und bahnt sich ihren Weg mitten durch ein Weinanbaugebiet.

Eine Lok der Baureihe 185 zieht ihren Güterzug am 16. Mai 2002 über die Moselbrücke in Bullay. *Foto: M. Werning*

Streckenname	Moselstrecke (nicht zu verwechseln mit der – stillgelegten – Moselbahn Trier–Bullay)
Alternative Bezeichnung	-
Relation	Koblenz-Trier (Rheinland-Pfalz)
Länge	112 km
Funktion	Personen- und Güterverkehr
Daten zum Bau	Baubeginn: 1874 Bauzeit (inkl. Planung, bis zur Fertigstellung): 5 Jahre Eröffnung: 15.5.1879 Durchgängig befahrbar ab: 15.5.1879
Spurweite	Vollbahn (1435 mm)
Wichtigste Bauwerke	Mehrere Moselbrücken, Kaiser-Wilhelm-Tunnel (4205 m), Doppelstock-Brücke Alf-Bullay, (314 m), Prinzenkopftunnel (459 m), Pündericher Hangviadukt (786 m), Reilerhals-Tunnel (504 m), Kinderbeuerner Tunnel (519 m), Meulenwald-Tunnel (791 m)
Wichtigste Bahnhöfe	Koblenz, Ehrang, Trier
Wichtigste Anschlusspunkte	Koblenz: Linke Rheinstrecke Köln–Mainz Ehrang: Eifelstrecke von Köln Trier: Saarstrecke nach Saarbrücken, Obermoselstrecke nach Perl und weiter nach Thionville (Frankreich)
Besonderheiten	Zweigleisig, elektrifiziert; Moselstrecke die wichtigste internationale Anbindung von Luxemburg nach Deutschland, Kaiser-Wilhelm-Tunnel bis 1987 Deutschlands längster Eisenbahn-Tunnel

Eifelquerbahn

Für die Bereisung der kurvenreichen Eifelquerbahn steht eine klassische DB-Draisine zur Verfügung. *Foto: M. Werning*

Im Jahr 1856 entstehen Überlegungen, mit einer Eisenbahn quer durch die Eifel die Regionen Koblenz und Trier zu verknüpfen. 1877 beginnen die Bauarbeiten zur Herstellung einer Bahn zwischen Andernach und Niedermendig, die am 1.4.1878 in Betrieb geht. 1879 stehen dann weiterführende Verbindungen zwischen Gerolstein und der Mosel und von Jünkerath über Kelberg nach Mayen zur Debatte.

Unterdessen erreicht die Eifelquerbahn am 29.5.1880 Mayen Ost. 1887 wird die Streckenführung Mayen–Gerolstein konkret geplant. Und obwohl die Grundstücksfragen noch gar nicht geklärt sind, beschließt der Landtag am 11.5.1888 den Weiterbau der Bahn bis Gerolstein. 1890 beginnen die Arbeiten, am 15.5.1895 ist die Eifelquerbahn vollendet.

Die Strecke hat vor allem im Güterverkehr Bedeutung: Langholz, sperrige Güter und Schiefer aus den Schiefergruben des Laubach-Müllebacher-Raums werden nun per Bahn transportiert. Bis 1910 steigt die Anzahl der Reisenden wie die beförderte Gütermenge stark an und pendelt sich nach dem Ersten Weltkrieg auf einem Niveau ein, das den wirtschaftlichen Betrieb der Eifelquerbahn sicherstellt.

1929/30 wird der vereinfachte Nebenbahndienst eingerichtet (Stellwerke auf den einzelnen Bahnhöfen nicht mehr besetzt). Bis zum 29.8.1946 kann die kriegsbeschädigte Strecke wieder eröffnet werden.

Aus Rationalisierungsgründen stellte man 1961 erstmals Überlegungen an, die Stückgutabfertigung zu zentralisieren. 1967/68 erwägt die DB die Eifelquerbahn im Personenverkehr einzustellen. Doch das bereits eingeleitete Stillegungsverfahren kann durch Proteste zunächst gestoppt werden.

Doch das Ende der Strecke ist dennoch besiegelt: Am 11.1.1991 wird der Reisezugverkehr Gerolstein–Mayen West eingestellt. Der Güterverkehr folgt: Bis 28.5.2000 wird er zwischen Mayen und Kaisersesch eingestellt.

Zum 1.6.2000 übernimmt trans regio (Koblenz) mit RegioShuttles die Bedienung des Abschnitts Andernach–Mayen, die Reaktivierung des Abschnitts Mayen West–Kaisersesch im Personenverkehr erfolgt am 6.8.2000.

Der Abschnitt Kaisersesch–Gerolstein wird seit 2.1.2001 zwischen Mai und Oktober im Touristen- und Ausflugsverkehr (mit historischen Fahrzeugen wie VT 98) befahren. Nach einer Streckensanierung zwischen Ulmen und Kaisersesch ist die Eifelquerbahn zwischen Kaisersesch und Gerolstein seit 26.4.2008 wieder durchgängig befahrbar.

Seit 14.12.2008 bedient DB Regio den Abschnitt Andernach–Kaisersesch und setzt dabei BR 629 ein.

Der schienengebundene Personennahverkehr Nord/Rheinland-Pfalz hat am 9.6.2009 die vollständige Reaktivierung der Eifelquerbahn im Personennahverkehr beschlossen. Der Entscheid soll bis 2014 umgesetzt werden.

Streckenname	Eifelquerbahn
Alternative Bezeichnung	Pellenz-Eifel-Bahn (Abschnitt Andernach–Kaisersesch)
Relation	Andernach–Gerolstein (Rheinland-Pfalz), Abschnitt Andernach–Kaisersesch Regelverkehr, Abschnitt Kaisersesch–Gerolstein Freizeitverkehr
Länge	94,2 km
Funktion	Personen- und Güterverkehr
Daten zum Bau	Baubeginn: Frühjahr 1877 Bauzeit (inkl. Planung, bis zur Fertigstellung): 18 Jahre (mit Unterbrechungen) Eröffnung: 1.4.1878 Durchgängig befahrbar ab: 15.5.1895
Spurweite	Vollbahn (1435 mm)
Wichtigste Bauwerke	Monreal-Tunnel (185 m, bei Monreal), Geisbüsch-Tunnel (478 m, bei Monreal)
Wichtigste Bahnhöfe	Andernach, Gerolstein
Wichtigste Anschlusspunkte	Andernach: Linke Rheinstrecke Köln–Mainz Gerolstein: Eifelstrecke Köln–Trier
Besonderheiten	Vollständige Reaktivierung vorgesehen

Kurhessenbahn

Ein Triebwagen der Baureihe 646 verlässt den Bahnhof Brilon-Wald in Richtung Korbach. *Foto: M. Werning*

Am Anfang der Kurhessenbahn steht eine Idee eisenbahnbegeisterter Politiker und Unternehmer: Die Main-Weser-Bahn Frankfurt/Main–Kassel (eröffnet 15.5.1852) soll mit der 1876 eröffneten Ruhrtalbahn (Düsseldorf–Hagen) und der Oberen Ruhrtalbahn Warburg–Hagen (6.1.1873) verbunden werden. Man verspricht sich davon wirtschaftlichen Aufschwung für die tangierten Regionen und einen Zuwachs des noch recht bescheidenen Tourismusgeschäfts.

Der erste Teil dieser Querverbindung, Wabern–Bad Wildungen, geht nach zweijähriger Bauzeit am 15.7.1884 in Betrieb.

Der zweite Abschnitt, die Ederseebahn Bad Wildungen–Korbach, hängt eng mit dem Bau der Edertalsperre (1908–1914) zusammen, da für die Arbeiten die Bahnstrecke nach Hemfurth notwendig ist. Der Weiterbau der Strecke nördlich Bad Wildungens ist durch die dortige anspruchsvolle Topographie kaum möglich. Daher wird bei Wega ein Gleisdreieck errichtet und ab 1909 die Strecke etappenweise weitergebaut. Schließlich erreicht die Kurhessenbahn am 1.6.1912 Korbach.

Im Upland (das heute nordhessische Hochsauerland) stellen die Adorfer Eisengruben und weitläufigen Wälder wichtige Wirtschaftszweige dar. Daher soll die Strecke der Kurhessenbahn von Korbach nach Brilon Wald verlängert werden. Im Frühjahr 1913 beginnen die Bauarbeiten, werden aber durch den Ausbruch des Ersten Weltkriegs unterbrochen. Nach Wiederaufnahme der Arbeiten 1916 machen die vielen Brücken, etwa der Willinger Viadukt oder die notwendigen hohe Dämme (es sind 250 Höhenmeter zwischen Korbach und Usseln zu überwinden), die Bahn sehr teuer. Die damals sehr hohe Summe von 100.000 Goldmark kostet der Bau. Schließlich geht die Uplandbahn am 1.4.1917 in Betrieb. An diesem Tag ist die Kurhessenbahn erstmals durchgängig befahrbar.

Die Strecke befahren Pendler und Schüler, Landwirte, die im Ruhrgebiet, dem Lipper- und Münsterland ihre Waren verkaufen wollen.

Erst nach der Inflationskrise 1923 wird er Tourismus für die Bahnstrecke immer wichtiger. Um 1925 benutzen die ersten Sonderzüge mit Wintersportlern die Strecke nach Willingen. 1938 entstehen die ersten Eilzugverbindungen von Amsterdam nach Bad Wildungen und von Frankfurt nach Bremen, die die Kurhessenbahn nutzen.

Im November 1999 muss der Verkehr auf der Uplandbahn vorübergehend eingestellt werden, weil vor allem die Brücken dringend saniert werden müssen. Im Dezember 2003, nach umfassenden Arbeiten an den Kunstbauten sowie den Gleisanlagen, die vielerorts Stahlschwellen erhalten, kann der Betrieb wieder aufgenommen werden. Korbach–Brilon Wald ist seit 16.12.2003 eine Pilotstrecke für moderne Zugsicherungstechnik. Eingesetzt werden Dieseltriebwagen.

Auf dem Abschnitt Bad Wildungen – Korbach wird der Güterverkehr zum 02.01.1992 eingestellt. Obwohl der Personenverkehr auf der Strecke als ausreichend gilt, wird er zum 27.5.1995 eingestellt. Die DB AG begründet das mit der Baufälligkeit des Buhlener Viadukts und der abzusehenden Notwendigkeit einer Sanierung des Selbacher Viadukts. Zwar sollte die Strecke bis 2000 reaktiviert werden, aber der Bau eines Radwegs 2008–2010 auf Teilen der ehemaligen Trasse hat da wohl Tatsachen geschaffen.

Der älteste Streckenabschnitt Wabern–Bad Wildungen wird seit dem Fahrplanwechsel im Dezember 2008 durch die DB Kurhessenbahn betrieben.

Streckenname	Kurhessenbahn
Alternative Bezeichnung	Uplandbahn (noch betriebener Abschnitt Korbach–Brilon Wald)
Relation	Einst Kassel–Brilon Wald (Hessen, Nordrhein-Westfalen), heute Wabern–Bad Wildungen bzw. Korbach–Brilon Wald
Länge	Einst 86,7 km, heute noch 48,2 km
Funktion	Personen- und Güterverkehr
Daten zum Bau	Baubeginn: 1882 Bauzeit (inkl. Planung, bis zur Fertigstellung): 35 Jahre mit langjährigen Unterbrechungen Eröffnung: 15.7.1884 Durchgängig befahrbar ab: 2.4.1917
Spurweite	Vollbahn (1435 mm)
Wichtigste Bauwerke	Wegaer Tunnel (173 m), Viadukte in Rhena, Bömighausen, Usseln und Willingen
Wichtigste Bahnhöfe	Wabern, Korbach, Brilon Wald
Wichtigste Anschlusspunkte	Wabern: Main-Weserbahn Kassel–Frankfurt/Main Korbach: Twistetalbahn nach Warburg, Untere Edertalbahn nach Marburg Brilon Wald: Obere Ruhrtalbahn Hagen–Warburg
Besonderheiten	Eingleisige Nebenstrecke, nicht elektrifiziert Bad Wildungen–Korbach stillgelegt Gleisdreieck in Wega (nur noch nach Bad Wildungen befahrbar)

Zwischen Oberlausitz und Rennsteig

Foto: U. Miethe

Zwickau-Annaberg-Buchholz

Der große Viadukt bei Markerbach ist das bekannteste Bauwerk auf der Strecke. Er wird of mit Dampfsonderzügen befahren. Foto: M. Dahlbeck

Bereits 1854 entsteht auf Initiative Zwickauer Bergwerksbetreiber eine staatliche Kohlenbahn zwischen Zwickau und Bockwa. Nach kurzer Zeit, in der sich diese Kohlenbahn als erfolgreich erweist, wird der Weiterbau der Strecke durch die Täler der Zwickauer Mulde und des Schwarzwassers nach Schwarzenberg beschlossen, um die regionalen Betriebe mit Kohle versorgen zu können. Am 15.10.1855 startet der Weiterbau der ab nun Obererzgebirgische Bahn genannten Strecke Zwickau-Schwarzenberg. Am 15.5.1858 geht sie in Betrieb.

Schon um 1850, also noch vor Bau der Obererzgebirgischen Bahn, gibt es erste Projekte zum Bau einer Strecke zwischen Schwarzenberg und Annaberg. Der sächsische Landtag widmet sich jedoch erst ab 1883 dem Projekt.

Da die Strecke eine Verbindungsbahn zwischen den bereits bestehenden Strecken der Zschopautalbahn (Flöha–Annaberg–Vejprty, eröffnet 3.8.1872) und der Obererzgebirgischen Bahn Zwickau – Schwarzenberg mit der Verlängerung als Sekundär-Bahn bis Johanngeorgenstadt (20.9.1883) ist, scheidet eine Schmalspurbahn von Anfang an aus.

Im April 1888 beginnen die Bauarbeiten der als Sekundär-Bahn vorgesehenen Strecke. In der Ortslage des damaligen Mittweida (heute Markersbach) errichten die Ingenieure eine damals Aufsehen erregende stählerne Gerüstpfeilerbrücke (Markersbacher Viadukt). Bei Grünstädtel zweigt die Pöhlabahn nach Oberrittersgrün ab, die 1971 stillgelegt wird (in Oberrittersgrün existiert noch ein Eisenbahnmuseum).

Am 1.12.1889 geht der Abschnitt Schwarzenberg–Annaberg-Buchholz in Betrieb. Am selben Tag nimmt auch die in Walthersdorf abzweigende Stichstrecke Schlettau–Crottendorf (stillgelegt zum 30.12.1996) den Verkehr auf.

In den darauffolgenden Jahren entwickelte sich auf der Strecke Schwarzenberg–Annaberg-Buchholz ein reger Güterverkehr (u. a. Transport der Fahrzeuge der Fichtelbergbahn zum Raw Görlitz–Schlauroth).

Um die Jahrhundertwende wird die Obererzgebirgische Bahn zweigleisig ausgebaut. Das zweite Gleis wird 1945/46 im Rahmen von Reparationsleistungen an die Sowjetunion abgebaut. Doch im Zug des 1946 beginnenden Uranerzbergbaus der Wismut erlangt die Obererzgebirgische Bahn hohen Bedeutungszuwachs, daher wird bis 1948 das zweite Gleis wieder hergestellt.

Über die Strecke rollen bis zum Zusammenbruch der DDR sogar Schnellzüge. Auch nach der Wende 1990 behält die Bahn ihre Bedeutung, erschließt sie doch den Raum Westliches Erzgebirge. Zwischen Schwarzenberg und Annaberg-Buchholz wird der Regelbetrieb zum 27.9.1997 eingestellt (nur zwischen Schwarzenberg und Grünstädtel gibt es noch bescheidenen Güterverkehr sowie Sonderfahrten).

Ab 1999 lässt die DBAG die Obererzgebirgische Strecke sanieren und modernisieren, dabei verliert der Abschnitt Aue–Schwarzenberg aus fahrtechnischen Gründen (Erweiterung der Radien) sein zweites Gleis. Heute ist die Obererzgebirgische Bahn Teil der RB-Verbindung Zwickau–Johanngeorgenstadt im Rahmen der zum 1.1.2002 gegründeten Erzgebirgsbahn (DB Regio).

Streckenname	Zwickau–Aue–Schwarzenberg–Annaberg-Buchholz
Alternative Bezeichnung	Obererzgebirgische Bahn (Zwickau–Schwarzenberg)
Relation	Zwickau–Annaberg-Buchholz (Sachsen)
Länge	38,1 km (Obererzgebirgische Bahn), 24,1 km (Schwarzenberg–Annaberg-Buchholz)
Funktion	Personen- und Güterverkehr, Güterverkehr heute nur noch abschnittsweise
Daten zum Bau	Baubeginn: 15.10.1855/April 1888 Bauzeit (inkl. Planung, bis zur Fertigstellung): 23 Jahre Eröffnung: 15.5.1858/1.12.1889 Durchgängig befahrbar ab: 1.12.1889
Spurweite	Vollbahn (1435 mm)
Wichtigste Bauwerke	Mehrere Bachbrücken sowie Brücken über die Zwickauer Mulde, Schwarzwasser, Tunnel Schlema (347 m), mehrere Brücken über Bäche, Große Mittweida und Zschopau, Viadukt Mittweidatal (86 m), Markersbacher Viadukt (236,5 m), Zschopaubrücke (47 m)
Wichtigste Bahnhöfe	Zwickau, Aue, Schwarzenberg, Annaberg-Buchholz
Wichtigste Anschlusspunkte	Zwickau: Dresden–Werdau, nach Falkenstein Aue: Chemnitz–Adorf Schwarzenberg: nach Johanngeorgenstadt (und weiter nach Tschechien), nach Annaberg-Buchholz Annaberg-Buchholz: Zschopautalbahn Flöha–Vejprty (Tschechien)
Besonderheiten	Abschnitt Zwickau bis Schlema zweigleisig Größte Steigung: 12,5 Promille (Osterzgebirgische Bahn), 25 Promille (Schwarzenberg–Annaberg-Buchholz) Überwundener Höhenunterschied: 137 m (Osterzgebirgische Bahn), 221 m (Schwarzenberg–Annaberg-Buchholz)

Leipzig–Dresden

Noch vor dem Bau der ersten deutschen Bahnstrecke (jene 6 km zwischen Nürnberg und Fürth, die am 7.12.1835 eröffnet werden) veröffentlicht der Leipziger Kramermeister (der Obermeister der Leipziger Innung) Carl Gottlieb Tenner seine Idee: Er tritt dafür ein, Leipzig mit Strehla durch die in England bereits Triumphe feiernde Eisenbahn zu verbinden. Doch für seine Idee kann sich zunächst niemand erwärmen.

Erst 1833, als der Nationalökonom Friedrich List in Leipzig seine zur Überwindung der innerdeutschen Zollschranken durch den Eisenbahnbau gedachten Pläne bekannt macht (und Leipzig darin die Rolle eines zentralen Knotenpunkts zukommt), erinnert man sich der Idee Tenners. Noch im gleichen Jahr tritt ein Eisenbahnkomitee zusammen, das am 20.11.1833 ein Bittgesuch beim sächsischen Landtag einreicht.

Im Frühjahr 1835 gründen Leipziger Bürger die Leipzig-Dresdner Eisenbahn-Compagnie, eine private Aktiengesellschaft, die in kurzer Zeit das benötigte Kapital zum Bau einer Eisenbahn aufbringt. Am 6.5.1835 ergeht die staatliche Baugenehmigung. Im Oktober 1835 beginnen erste Vermessungsarbeiten, der offizielle erste Spaten sticht am 1.3.1836 in den Boden.

Als erster Abschnitt wird am 24.4.1837 Leipzig–Althen eröffnet. In mehreren Etappen tastet sich die Bahn nach Dresden vor, der letzte Abschnitt Riesa–Oberau geht am 7.4.1839 in Betrieb. Damit ist die erste deutsche Ferneisenbahn eröffnet und wird bis 1884 nach englischem Vorbild im Linksverkehr befahren (geplant ist, dass die »Saxonia« (Maschinenbauanstalt Übigau), die erste in Deutschland gebaute Lokomotive, den Eröffnungszug ziehen soll; doch aus patentrechtlichen Gründen muss der Zug von englischen Loks gezogen werden – die Saxonia rollt lediglich hinterher).

Die Strecke entwickelt sich zu einer der wichtigsten Bahnen ihrer Zeit, ab 1860 wird sie zweigleisig ausgebaut. Betrieb und Verwaltung der Leipzig-Dresdner Eisenbahn (LDE) gehen am 1.7.1876 an die Königlich Sächsischen Staatseisenbahnen (KSächsStsEB, gegründet 1.7.1869). Mit der Betriebsaufnahme des neuen Leipziger Hauptbahnhofs am 4.12.1915 hat auch der Ausgangsort der Bahn ein zeitgemäßes Empfangsgebäude erhalten (in Dresden-Neustadt ist der ursprüngliche Leipziger Bahnhof von 1839 im Jahr 1901 ersetzt worden).

Als Reparationsleistung wird das zweite Gleis 1945/46 demontiert. In den Jahren 1969 bis 1974 erhält die Strecke Fahrdraht und wird wieder zweigleisig ausgebaut.

Mit der deutsche-deutschen Vereinigung soll Leipzig–Dresden im Rahmen des Bundesverkehrswegeplans ausgebaut werden. Seit 1993 ist die Strecke in großen Teilen auf 200 km/h ertüchtigt. Derzeit ist der teilweise viergleisige Ausbau angängig. Die Strecke spielt auch heute noch eine große Rolle im innerdeutschen wie im transeuropäischen Verkehr, IC- und ICE- rollen über die erste deutsche Fernverkehrsstrecke.

Streckenname	-
Alternative Bezeichnung	-
Relation	Leipzig–Dresden (Sachsen)
Länge	116 km
Funktion	Personen- und Güterverkehr
Daten zum Bau	Baubeginn: Oktober 1835/offiziell 1.3.1836 Bauzeit (inkl. Planung, bis zur Fertigstellung): 3 Jahre Eröffnung: 24.4.1837 Durchgängig befahrbar ab: 7.4.1839
Spurweite	Vollbahn (1435 mm)
Wichtigste Bauwerke	Muldebrücke (338 m), Elbebrücke (369 m), zahlreiche Brücken und Viadukte im Stadtbereich Dresden
Wichtigste Bahnhöfe	Leipzig, Riesa, Coswig, Dresden-Neustadt
Wichtigste Anschlusspunkte	Leipzig: nach Dessau, nach Magdeburg, nach Großkorbetha, nach Saalfeld, nach Hof, nach Chemnitz Riesa: nach Chemnitz, nach Nossen Coswig: Berlin–Dresden Dresden-Neustadt: Elbtalbahn nach D ín, nach Görlitz
Besonderheiten	Als erste deutsche Ferneisenbahn eröffnet, heute wichtige Fernverkehsrsstrecke Größte Steigung: 7 Promille

Auf der Strecke Leipzig – Dresden wurde bei Oberau der erste deutsche Eisenbahntunnel gebaut. Er wurde inzwischen abgetragen und 180 016 passiert den verbliebenen Einschnitt. Foto: M. Dahlbeck

Elbtalbahn

Schöna ist mit Dresden über eine S-Bahn-Linie entlang der Elbe mit Dresden verbunden. *Foto: M. Dahlbeck*

Bereits in der Konzessionsurkunde der »Leipzig-Dresdner Eisenbahn-Compagnie« vom 6.5.1835 ist die Fortsetzung der Leipzig-Dresdner Eisenbahn (eröffnet am 7.4.1839) durch das Elbtal bis zur sächsisch-böhmischen Grenze festgeschrieben. 1839 entstehen konkrete Pläne, die Strecke nach Süden in Richtung Wien fortzusetzen, doch Verhandlungen mit Österreich führen zu einer Verzögerung, sodass der Staatsvertrag erst am 30.7. bzw. 9.8.1842 unterzeichnet wird.

Die Leipzig-Dresdner Eisenbahngesellschaft, die finanzielle Unterstützung des sächsischen Staats erhält, hat bereits im Mai 1840 mit Vorarbeiten begonnen. Im Herbst 1843 beginnen die Bauarbeiten zur ersten sächsischen Staatsbahn (Leipzig–Dresden ist privat finanziert worden). Offiziell starten sie mit einem Spatenstich am 1.12.1845.

Der Streckenbeginn in Dresden liegt damals weit außerhalb, der Eröffnungszug Dresden–Pirna rollt am 31.7.1848, einen Tag später startet der reguläre Betrieb, vier Wochen später der Güterverkehr (aus Anlass der Streckeneröffnung wird in Dresden die »Königliche Direktion der sächsisch-böhmischen Staatseisenbahn« gegründet.

Der Weiterbau in Richtung Bodenbach hinter der Grenze zu Österreich erreicht am 9.5.1850 Königstein, am 9.6.1850 Krippen und mit der Eröffnung des letzten Abschnitts Krippen–Bodenbach am 6.4.1851 geht die Elbtalbahn durchgängig in Betrieb.

Die Strecke entwickelt sich rasch zu einer der bedeutendsten Eisenbahnstrecken in Europa. Ab Oktober 1898 erfolgt eine Umgestaltung von Teilen der Dresdner Eisenbahnanlagen, u. a. wird der sogenannte Böhmische Bahnhof aus der Anfangszeit der Elbtalbahn durch den neuen Hauptbahnhof ersetzt (Inbetriebnahme 1.3.1901). Die Umbauten beinhalten auch die Höherlegung der Tasse im Stadtgebiet Dresdens, um Bahnübergänge zu beseitigen.

Mit Ende des Zweiten Weltkriegs endet die Elbtalbahn in Schöna, die Strecke bis Bodenbach (1945 gilt nur noch der tschechische Name »Děčín«) wird nun unter Ägide der ČSD betrieben. Gleichzeitig wird die Elbtalbahn als Reparationsleistung auf ein Gleis zurückgebaut. Ab Herbst 1946 rollen wieder Fernverkehrszüge über die Grenze. Die DR richtet 1949–1952 das zweite Streckengleis wieder her.

Ab 1957 fährt der DR-Schnelltriebwagen SVT 18.16 als FDt 50/51 Vindobona bis Wien. Erst am 29.1.1972 verkehrt der erste Personenzug seit 1945 zwischen Dresden und Děčín. Die Elbtalbahn wird zum 29.5.1976 elektrifiziert (der grenzüberschreitende Verkehr unter Fahrdraht nach Děčín beginnt erst im Winter 1992).

Mit dem deutsch-tschechisch-österreichischen Staatsvertrag vom 7.6.1995 ergeht der Beschluss zum Ausbau der Elbtalbahn als Teil der Magistrale Dresden–Prag–Österreich. Bislang ist der Abschnitt Dresden–Pirna entsprechend ausgebaut worden. Die Bahnstrecke gilt heute als Teil der Transeuropäischen Netze, zugleich als Abschnitt des Paneuropäischen Eisenbahnkorridors. Eingesetzt werden EC-Züge der Relation Berlin–Wien–Budapest, bis Schöna gehört die Elbtalbahn zum Dresdner S-Bahn-Netz.

Streckenname	Elbtalbahn
Alternative Bezeichnung	Einst als Sächsisch-Böhmische Staatseisenbahn entstanden
Relation	Dresden–Schöna (–**Děčín**/Tschechien) (Sachsen)
Länge	65,8 km
Funktion	Personen- und Güterverkehr
Daten zum Bau	Baubeginn: Herbst 1843, offiziell 1.12.1845 Bauzeit (inkl. Planung, bis zur Fertigstellung): 8 Jahre Eröffnung: 31.7.1848 Durchgängig befahrbar ab: 6.4.1851
Spurweite	Vollbahn (1435 mm)
Wichtigste Bauwerke	Eisenbahn-Marienbrücke (472 m), zahlreiche Brücken und Viadukte im Stadtbereich Dresden, Brücken über Lockwitz, Müglitz, Gottleuba, Bielabach, Viadukt Königstein (470 m)
Wichtigste Bahnhöfe	Dresden-Neustadt, Dresden, Heidenau, Schöna
Wichtigste Anschlusspunkte	Dresden-Neustadt: nach Görlitz, nach Leipzig, nach Berlin Dresden: nach Berlin, nach Werdau Heidenau: Müglitztalbahn nach Altenberg/Erzgebirge Bad Schandau: Sebnitztalbahn (Sächsischer Semmering) nach Neustadt/Sachsen (und weiter nach Bautzen)
Besonderheiten	Eine der wichtigsten europäischen Magistralen (Teil des Transeuropäischen Netzes)

Müglitztalbahn

Eine historische Ansichtskarte zeigt den Bahnhof Dohna der Müglitztalbahn, als die Strecke noch schmalspurig war. *Foto: Slg. R. Preuß*

Um die Mitte des 19. Jahrhunderts erfasst der industrielle Aufschwung auch das Müglitztal, größere Transportkapazitäten werden nun verstärkt nachgefragt. Industrielle und Kaufleute in Glashütte setzen sich für den Bahnbau ein. Am 7.12.1887 erteilt der sächsische Landtag die Genehmigung zum Bau einer schmalspurigen Sekundär-Eisenbahn zwischen Heidenau und Altenberg/Erzgebirge. Sie soll das Elbtal mit dem Osterzgebirge verbinden.

Im Frühjahr 1888 beginnen die Bauarbeiten, am 17.11.1890 wird die als 750-mm-Schmalspurbahn ausgeführte Müglitztalbahn eröffnet. Anfang des 20. Jh. entdecken vor allem Dresdener das Müglitztal und das Osterzgebirge als Wander- und Ausflugsziel. Die Bahn verhilft der Region zum erwarteten wirtschaftlichen Aufschwung, Zweiggleise zur Anbindung von Betrieben erweitern das Gleisnetz. Der Güterverkehr steigt bis zum Ersten Weltkriegs stark an, sodass ein Ausbau mit einem zweiten Gleis projektiert wird.

Aber durch den Krieg gelangen die Arbeiten erst ab 1919 zur Ausführung und werden am 10.11.1923 beendet. Bei starken Regenfällen werden die Bahnanlagen durch Hochwasser nach 1897 erneut 1927 teilweise stark zerstört. In den 20er-Jahren beginnt in der Region der Wintersport in größerem Umfang, auf der Bahn verkehren Wintersportler-Züge.

Im Jahr 1930 ist die Leistungsgrenze der Schmalspurbahn erreicht. Am 21.9.1934 stimmt der Verwaltungsrat der DRG dem Umbau der Müglitztalbahn in Normalspur zu. Bis Ende 1938 werden fünf Tunnel und 92 Brücken gebaut, Dämme aufgeschüttet und die Straße teilweise verlegt. 1935 gelangen die ersten Exemplare der kurvengängigen BR 84 (BMAG, Berlin sowie Orenstein & Koppel, Berlin) auf die Strecke.

Im Zweiten Weltkrieg wird die Bahnlinie beschädigt, der Bahnhof Altenberg zerstört. Um 1950 normalisiert sich der Betrieb wieder. In den 60er-Jahren werden weitere Anschlussstellen im Güterverkehr hergestellt. Mitte der 60er-Jahre gibt es erste Überlegungen über Streckenstilllegungen. Die Müglitztalbahn lebt in der Folgezeit vor allem durch den Ausflugsverkehr.

Zwar rettet sich die Bahn noch in die Nachwendezeit, aber am 1.1.1995 wird der gesamte Güterverkehr auf dieser Strecke eingestellt, da der Verkehr durch Wegfall vieler Betriebe, die die strukturellen Anpassungen nicht überstanden, stark zurückgegangen ist.

Die Müglitztalbahn steht 1997 kurz vor der Stilllegung. Als der Verkehrsverbund Oberelbe (VVO, Dresden) die Bestellung von Verkehrsleistungen bei der DBAG ab 1.1.1998 garantiert, erfolgt die Sanierung der Strecke 1998–2000. Der moderne BR 642 wird seit Oktober 2000 auf dieser Strecke eingesetzt. Das Hochwasser vom August 2002 zerstört dann fast die Hälfte der Bahnstrecke.

Am 11.12.2002 wird die Bahn bis 20.12.2003 wieder aufgebaut. Heute wird sie im RB-Verkehr bedient.

Streckenname	Müglitztalbahn
Alternative Bezeichnung	-
Relation	Heidenau–Kurort Altenberg/Erzgebirge (Sachsen)
Länge	38 km (Schmalspurbahn war 3 km länger)
Funktion	Einst schmalspuriger Personen- und Güterverkehr, heute nur noch normalspuriger Personenverkehr
Daten zum Bau	Baubeginn: Frühjahr 1888 Bauzeit (inkl. Planung, bis zur Fertigstellung): 2 Jahre Eröffnung: 17.11.1890 Durchgängig befahrbar ab: 17.11.1890
Spurweite	Vollbahn (1435 mm)
Wichtigste Bauwerke	Zahlreiche Müglitz-Brücken, Tunnel Weesenstein (240 m), Tunnel Brückenmühle (292 m), Tunnel Gleisberg (539 m), Tunnel Geising (235 m)
Wichtigste Bahnhöfe	Heidenau, Kurort Altenberg/Erzgebirge
Wichtigste Anschlusspunkte	Heidenau: Elbtalbahn Dresden–D in
Besonderheiten	Insgesamt fünfmal umgebaut oder wiederhergestellt: 1888–1890, 1927, 1934–1938, 1998–2000 und 2002–2003 Kleinster Radius: 139 m Größe Höhe: Kurort Altenberg/Erzgebirge (757 m) Überwundener Höhenunterschied: 634 m

Leipzig–Nossen–Dresden

Auf der Strecke Nossen – Dresden passiert 241 353 mit einem Güterzug die aufgelassene Blockstelle Rothschönberg. *Foto: S. Bürgel*

Die Leipzig-Dresdner Eisenbahn-Compagnie (LDE, gegründet 1835), die die 1839 eröffnete Strecke Leipzig–Dresden betreibt, beantragt am 7.7.1864 Bau- und Betriebserlaubnis einer weiteren, insgesamt zweiten Eisenbahnverbindung zwischen Leipzig und Dresden: Nun soll die Trasse von Borsdorf bei Leipzig über Grimma (entlang der Freiberger Mulde), Leisnig, Döbeln, Roßwein und Nossen bis Coswig bei Dresden führen, um dort in die bestehende Zweigbahn von Coswig einzumünden.
Die LDE beschließt den Bau im März 1865. Nach Planung und Absteckung des Streckenverlaufs beginnen am 4.8.1865 die Bauarbeiten bei Borsdorf. Der Staat erteilt der LDE am 16.1.1866 die Konzession. Als erster Streckenabschnitt kann Borsdorf–Grimma am 14.5.1866 in Betrieb gehen.
Nach knapp halbjähriger Unterbrechung durch den Deutschen Krieg im Sommer 1866 geht der Streckenbau weiter, am 25.10.1868 ist Nossen erreicht, am 22.12.1868 wird die Verbindung Nossen–Meißen dem Betrieb übergeben. Dort besteht Anschluss an eine in Coswig seit 1.12.1860 von der Leipzig-Dresdner-Eisenbahn abzweigende Bahnstrecke. Damit gibt es eine zweite Verbindung zwischen Leipzig und Dresden. Diese Strecke kommt wie das gesamte Netz der LDE zum 1.7.1876 unter das Dach der Königlich Sächsischen Staatseisenbahnen.
Nossen entwickelt sich in der Folgezeit zum wichtigen Eisenbahnknoten: Am 15.7.1873 wird die Strecke Nossen–Freiberg eröffnet, am 15.10.1880 nach Riesa.
Im Jahr 1902 erfolgt der zweigleisige Ausbau der Strecke zwischen Borsdorf und Großbothen sowie zwischen Döbeln und Coswig. Die Bahnlinie entwickelt sich zu einer bedeutenden Fernverkehrsstrecke. Allerdings verliert die Strecke nach dem Zweiten Weltkrieg das abschnittsweise verlegte zweite Gleis als Reparationsleistung an die Sowjetunion. Erst bis Winter 1981 wird das zweite Gleis zwischen Meißen und Coswig wieder aufgebaut. 1968/69 begonnene Elektrifizierungsarbeiten beziehen zum 18.12.1970 den Abschnitt Meißen-Triebischtal–Coswig in den Dresdner Vorortverkehr mit ein. 1973 wird dieser Streckenabschnitt Teil des Dresdner S-Bahn-Netzes. Das hat aber die Konsequenz, dass Meißen Umsteigehalt für alle Reisezüge wird. Mit dem Fall des Eisernen Vorhangs im Herbst 1989 wird das Zugangebot zunächst ausgeweitet.
Heute allerdings wird die Strecke nur noch im Nahverkehr befahren. Eingesetzt werden vor allem Regionalbahnen. Der Güterverkehr, einst sehr umfangreich, ist heute kaum mehr von Bedeutung. Von dem einst umfangreichen Eisenbahnnetz Nossens ist heute nicht mehr viel übrig geblieben: Seit 31.12.2007 ist z. B. die Strecke nach Riesa stillgelegt. Geplant ist, die für die S-Bahn Dresden relevanten Streckenabschnitte auszubauen. Allerdings soll der schienengebundene Personennahverkehr aus Kostengründen zwischen Nossen und Meißen-Triebischtal 2011 aufgegeben werden.

Streckenname	Leipzig–Nossen–Dresden
Alternative Bezeichnung	-
Relation	Borsdorf–Nossen–Coswig (Sachsen)
Länge	104,2 km
Funktion	Personen- und Güterverkehr
Daten zum Bau	Baubeginn: 4.8.1865 Bauzeit (inkl. Planung, bis zur Fertigstellung): 3 Jahre Eröffnung: 14.5.1866 Durchgängig befahrbar ab: 22.12.1868
Spurweite	Vollbahn (1435 mm)
Wichtigste Bauwerke	Zahlreiche Brücken über Flüsse wie Freiberger Mulde, Triebisch und Elbe
Wichtigste Bahnhöfe	Borsdorf, Nossen, Coswig
Wichtigste Anschlusspunkte	Nossen: nach Moldava (Tschechien), nach Riesa Coswig: nach Leipzig
Besonderheiten	Zweigleisige, elektrifizierte Hauptstrecke

Zittau-Oybin-Jonsdorf

Die 99 758 verlässt im Mai 2009 den Bahnhof Bertsdorf mit dem P 304 nach Oybin. Der Zug führt auch einen offenen Aussichtswagen mit. *Foto: U. Miethe*

Das Zittauer Gebirge ist schon Mitte des 19. Jh. als beliebter Ausflugsort bekannt, Gäste reisen mit Kutschen an. Um die Transportmöglichkeiten zu verbessern, gründet sich 1884 ein Zittauer Komitee mit dem Ziel eine Schmalspurbahn zu bauen. Die am 28.8.1888 ins Leben gerufene private »Zittau-Oybin-Jonsdorfer-Eisenbahngesellschaft« beginnt am 26.6.1889 mit den Bauarbeiten.

Schon am 25.11.1890 rollt der Eröffnungszug von Zittau zuerst nach Jonsdorf und dann nach Oybin. Der reguläre Betrieb startet allerdings erst am 15.12.1890 – zuvor müssen Unwetterschäden beseitigt werden.

In der Anfangszeit fahren Lokomotiven (Sächsische Maschinenfabrik, vorm. Hartmann, Chemnitz), die mit der bewährten sächsischen Reihe IK baugleich sind. Zum 1.7.1906 übernimmt die Königlich Sächsische Staatseisenbahn (K.Sächs.Sts.E.B.) den Betrieb. Unter Regie der Staatsbahn kommen neue 4-achsige Wagen und Lokomotiven vom Typ IV K auf die Bahn (November 1908).

1899 erscheinen die ersten Rollböcke zum Transport regelspuriger Güterwagen (im Bhf. Zittau Süd befinden sich mehrere Fabrikanschlüsse) auf der Strecke. Um die Zugkraft der I K zu erhöhen, werden 1911 versuchsweise zwei I-K-Loks führerhausseitig zusammengekuppelt. Als II K bezeichnet, fahren zwei solcher Doppelloks bis 1916 bzw. 1923 und gelten seinerzeit als eine der kräftigsten Schmalspurloks.

Am 15.4.1913 beginnt der zweigleisige Ausbau der Strecke zwischen Zittau Vorstadt und Oybin (1943–1945 wird das zweite Gleis wieder entfernt). Die Staatsbahn lässt im Zuge dieser Baumaßnahme auch einige der zum Teil provisorischen Wartehäuschen aus der Anfangszeit durch solide Bahnhofsbauten ersetzen. Im Herbst 1927 verbessern die erstmals eingesetzten Rollwagen den Transport von Regelspurfahrzeugen.

1938 fahren erstmals Dieseltriebwagen VT 137 322–325 (jeweils in Doppeltraktion) auf der Bahn, 1964 wird der letzte wegen Schadens abgestellt. Im Jahr 1969 erfolgt die erste Verkehrseinstellung: Der Güterverkehr ab Olbersdorf-Oberdorf nach den Gebirgsgemeinden wird aufgegeben. Da ein Ausbau des Braunkohletagebaus Olbersdorf ansteht, soll zum 27.5.1990 der gesamte Reiseverkehr, wenig später auch der Güterverkehr eingestellt werden. Doch der Zusammenbruch der DDR wischt die Pläne beiseite. Dennoch: Der Personenverkehr entwickelt sich nicht im erhofften Maß, der Güterverkehr wird mangels Frachtaufkommens 1992 endgültig eingestellt.

1994 wird die Sächsisch-Oberlausitzer Eisenbahngesellschaft (SOEG) gegründet, sie betreibt seit 1.12.1996 die ehemalige ZOJE, nun vor allem als Touristikbahn. Seitdem sind mehrere Streckenabschnitte saniert worden.

Streckenname	Zittau-Oybin-Jonsdorfer Eisenbahn
Alternative Bezeichnung	Zittauer Schmalspurbahn
Relation	Zittau–Oybin bzw. –Jonsdorf (Sachsen)
Länge	12,2, bzw. 12,7 km
Funktion	Personen- und Güterverkehr
Daten zum Bau	Baubeginn: 26.6.1889 Bauzeit (inkl. Planung, bis zur Fertigstellung): 6 Jahre Eröffnung: 25.11.1890 Durchgängig befahrbar ab: 25.11.1890
Spurweite	Schmalspurbahn (750 mm)
Wichtigste Bauwerke	Mandaubrücke (43 m)
Wichtigste Bahnhöfe	Zittau, Bertsdorf, Kurort Oybin, Kurort Jonsdorf
Wichtigste Anschlusspunkte	Zittau: Neißetalbahn nach Görlitz, Mandaubahn nach Seifhennersdorf, Südlausitzer Bahn Dresden–Liberec (Tschechien) Bertsdorf: Streckenteilung nach Oybin bzw. Jonsdorf
Besonderheiten	Mechanisches Schlüsselstellwerk in Bertsdorf (erbaut 1938, in Betrieb), Barwagen, Berg Oybin, Neißeviadukt-Unterquerung größte Steigung: 33 Promille (zwischen Olbersdorf-Oberdorf und dem Bahnhof Bertsdorf) überwundener Höhenunterschied: 320 m

Weißeritztalbahn

Im Rabenauer Grund ähnelt die Weißeritztalbahn oft einer »Waldbahn«, die entlang der Weißeritz verläuft. *Foto: M. Dahlbeck*

Als Transportweg der begehrten böhmischen Braunkohle nach Dresden wird 1865 eine Eisenbahn durch das Tal der Roten Weißeritz diskutiert, doch die hohen Kosten durch die komplizierte Trassenführung lassen Investoren von den Plänen zurücktreten.
Um 1867 gründet sich in Dippoldiswalde ein Eisenbahnkomitee, das vom sächsischen Staat den Bahnanschluss fordert, »um die hiesige Wirtschaft gedeihlich zu befördern«, wie es heißt. Doch der Staat hält sich noch bedeckt. Erst nach einer neuerlichen, mit Verve vorgebrachten Petition der Stadt Dippoldiswalde und einiger dort ansässiger Unternehmer am 11.4.1876 erklärt sich Sachsen bereit, eine normalspurige Sekundär-Bahn zwischen Hainsberg und Schmiedeberg zu errichten. Aufgrund der naturräumlichen Gegebenheiten, etwa der Talenge im Rabenauer Grund, entscheidet man sich gezwungenermaßen für eine Schmalspurbahn (750 mm Spurweite) – damals eine in Sachsen noch kaum erprobte Bahngattung.
Im Frühjahr 1880 beginnen die Vermessungsarbeiten. Am 1.11.1882, nach nur einem Jahr Bauzeit, wird bereits der Streckenabschnitt Freital/Hainsberg–Schmiedeberg in Betrieb genommen. Der Abschnitt Schmiedeberg–Kipsdorf folgt am 3.9.1883.
Die Bahn wird ein großer Erfolg, Gewerbe und Bevölkerung nutzen die Weißeritztalbahn, sodass bald Ausbauten in den Bahnhöfen notwendig werden. Ständiger Begleiter aber ist das Hochwasser: Am 30./31.7.1897 werden große Teile der Strecke zerstört, kaum wieder aufgebaut, bringt ein weiteres Hochwasser am 14.9.1899 erneute Schäden. Der Bau der Talsperre Malter 1908–1913 soll daher derartige Katastrophen verhindern (mit der Talsperre erfolgt auch eine Umtrassierung zwischen Spechtritz und Dippoldiswalde, am 15.4.1912 geht der neue Abschnitt in Betrieb).
1902 erfolgt die Einführung des Rollbockverkehrs (in Hainsberg entsteht eine Rollbockgrube) um auch normalspurige Güterwagen ohne zeitraubendes Umladen über die Bahn zu bringen. Bis 1907 kommen erstmals Rollwagen auf die Weißeritztalbahn. Im Zuge des Ausbaus des Bahnhofs Schmiedeberg wird die Trasse ab 1920 um den Ort herum verlegt und am 1.12.1924 in Betrieb genommen.
Nach den Einschränkungen des Zweiten Weltkriegs erhält die Bahn in den 50er-Jahren ihre alte Bedeutung im Berufs- und Ausflugsverkehr, aber auch im Güterverkehr (Aufnahme des Uranerzbergbaus 1948) zurück.
Bis 1975 soll die Weißeritztalbahn dennoch stillgelegt werden, kann sich aber bis zum Zusammenbruch der DDR retten. Am 1.1.1994 übernimmt die DB AG den Betrieb und stellt den Güterverkehr zum 31.12.1994 ein. Zum 31.12.2000 übernimmt die Mitteldeutsche Bahnreinigungsgesellschaft (BRG) als DB AG-Tochter die Betriebsführung.
Bei den schweren Unwettern im August 2002 im Osterzgebirge zerstören Wassermassen der Roten und der Wilden Weißeritz die Weißeritztalbahn. Nach einem umfangreichen Wiederaufbau wird der erste Streckenabschnitt von Freital-Hainsberg bis Dippoldiswalde am 13.12.2008 freigegeben. Heutige Betreiber der Bahn sind die Sächsische Dampfeisenbahngesellschaft (SDG) und der Verkehrsverbund Oberelbe (VVO).

Streckenname	Weißeritztalbahn
Alternative Bezeichnung	-
Relation	Freital-Hainsberg–Kurort Kipsdorf (Sachsen)
Länge	26,3 km
Funktion	Personen- und Güterverkehr, heute nur noch Personenverkehr
Daten zum Bau	Baubeginn: Frühjahr 1880 Bauzeit (inkl. Planung, bis zur Fertigstellung): 3 Jahre Eröffnung: 1.11.1882 Durchgängig befahrbar ab: 3.9.1883
Spurweite	Schmalspurbahn (750 mm)
Wichtigste Bauwerke	Insgesamt 34 Brücken über Rote und Wilde Weißeritz sowie weitere Bachquerungen, Brücke Goldgrubenweg (45 m), Brücke Bormannsgrund (66 m), Viadukt Schmiedeberg (170 m)
Wichtigste Bahnhöfe	Freital-Hainsberg, Kurort Kipsdorf
Wichtigste Anschlusspunkte	-
Besonderheiten	Dienstälteste Schmalspurbahn Deutschlands, Inselbetrieb, derzeit nicht durchgängig befahrbar Größte Steigung: 34,7 Promille Größte Höhe: Kurort Kipsdorf (534 m) Überwundener Höhenunterschied: 350 m

Fichtelbergbahn

Kurz vor dem Wintersportort Oberwiesenthal führt die Strecke über einen großen Stahlviadukt. *Foto: M. Dahlbeck*

Das Erzgebirge gilt schon Mitte des 19. Jh. als touristische Attraktion. Um 1870 entstehen erste Überlegungen, eine Bahn nach der einstigen Bergbaustadt Oberwiesenthal zu erstellen. Doch dauert es bis zum 1.3.1894, als eine Petition Oberwiesenthals positiv beschieden und der Bahnbau genehmigt wird. Gleichzeitig beginnen die Vermessungs- und Planungsarbeiten. Im April 1896 starten die eigentlichen Bauarbeiten. Am 19.7.1897 kann die offizielle Eröffnungsfahrt durchgeführt werden, am nächsten Tag beginnt der reguläre Betrieb.

Personen- und Güterverkehr entwickeln sich erfreulich. Mit Einführung des Rollbockbetriebes ab 1899 und der Rollwagen ab 1906 wird der Güterverkehr erweitert, das zeitraubende Umladen der Güter in Cranzahl (normalspuriger Bahnanschluss an Zschopautalbahn) entfällt damit.

Nach der Inflationszeit erfährt vor allem der Tourismus einen Aufschwung und beschert der Bahn volle Wagen. Im Dezember 1928 kommen die neuen, stärkeren Dampfloks der Reihe VII K auf die Strecke und lösen die altersschwachen IV K ab. Der erste belegte Einsatz einer VII K findet am 12.1.1929 statt.

1936 ist der Bahnhof in Oberwiesenthal in der heutigen Ausbauform erstellt. Die Kriegszeit übersteht die Bahn mit kurzzeitiger Betriebseinstellung. Allerdings bewegen sich die Fahrgastzahlen nun auf eher niedrigem Niveau. Am 14.5.1949 wird die Bahnpostbeförderung mit der Fichtelbergbahn eingestellt.

Schließlich erholt sich der Betrieb in den 50er-Jahren wieder, die Bahn wird wieder zur touristischen Attraktion. Am 7.11.1952 kommt die erste Neubaudampflok der Reihe VII K auf die Bahn. In der Folgezeit erfährt der Güterverkehr nochmals einen Aufschwung, so werden bis 1967 noch weitere Anschlussgleise bestellt.

Mit dem Zusammenbruch der DDR verliert die Bahn zunächst ihre hohe Bedeutung als Zubringerbahn nach Oberwiesenthal. Zum 1.1.1996 bestellt der Landkreis Annaberg dann die Leistung im schienengebundenen Personennahverkehr auf der Strecke, sodass die Bahnlinie im Juli 1997 ihr 100-jähriges Bestehen mit Optimismus begehen kann.

Doch die DBAG will die Bahn stilllegen. Zum 1.6.1998 übernimmt daher die BVO Bahn GmbH – das Unternehmen wird zum 9.5.2007 in Sächsische Dampfeisenbahngesellschaft (SDG) umbenannt – die Fichtelbergbahn.

Seit 1998 werden auf der Strecke umfangreiche Sanierungs- und Erneuerungsarbeiten an der Eisenbahninfrastruktur durchgeführt (z. B. Lokschuppenneubau im Kurort Oberwiesenthal, Sanierung des Hüttenbachviaduktes).

Die SDG hält mit 99 773, 99 785, 99 786 sowie 99 794 (alle LKM, Babelsberg, 1952–1956) gleich mehrere Dampflokomotiven betriebsfähig vor, die den gesamten Betrieb abdecken. Bis heute gehört die einstündige Fahrt durch die romantische Landschaft des oberen Erzgebirges im beschaulichen Tempo von 25 km/h zu einer der Attraktionen der Region.

Streckenname	Fichtelbergbahn
Alternative Bezeichnung	-
Relation	Cranzahl–Oberwiesenthal (Thüringen)
Länge	17,3 km
Funktion	Einst Personen- und Güterverkehr, heute nur noch dampfgeführte Personenzüge
Daten zum Bau	Baubeginn: April 1896 Bauzeit (inkl. Planung, bis zur Fertigstellung): 1 Jahr Eröffnung: 19.7.1897 Durchgängig befahrbar ab: 19.7.1897
Spurweite	Schmalspurbahn (750 mm)
Wichtigste Bauwerke	Viadukt Hüttenbachtal (100 m)
Wichtigste Bahnhöfe	Cranzahl, Oberwiesenthal
Wichtigste Anschlusspunkte	Cranzahl: Zschopautalbahn Flöha-Bärenstein (und weiter nach Vejprty (Tschechien)
Besonderheiten	Größte Steigung: 27–33 Promille (zwischen Vierenstraße und Kretscham-Rothensehma) Engster Radius: 100 m Größte Höhe: Oberwiesenthal (892 m) Überwundener Höhenunterschied: 238 m

Preßnitztalbahn

Die 99 1542 dampft im Dezember 2003 bei Schlössel mit ihrem Zug in Richtung Jöhstadt. *Foto: U. Miethe*

Im Preßnitztal bestehen Mitte des 19. Jh. zahlreiche Kleinbetriebe, die Wasserkraft als Energiequelle nutzen, etwa Sägewerke oder Mühlen. Erste Bemühungen für den Bahnbau gibt es schon 1867, dann wesentlich konkreter 1869, als Sachsen eine Hauptbahn Chemnitz–Prag plant und durch das Preßnitztal führen will – allein, das Projekt bleibt unausgeführt. Zwar entstehen mit der Flöhatalbahn (24.5.1875 eröffnet) und der Zschopautalbahn (3.8.1872) in der weiteren Umgebung Bahnanschlüsse, aber das Preßnitztal bleibt weiter auf altertümliche Transportmittel angewiesen.
Nachdem Jöhstadt 1874 um den Anschluss an das seit 1872 im Aufbau begriffene sächsische Sekundär-Bahnnetz bittet, beginnen 1876 erste Planungen zum Bahnbau, doch mangels staatlicher Unterstützung schläft das Projekt wieder ein. Erst als andere sächsische Sekundär-Strecken den Staat überzeugen, wird die Preßnitztalbahn genehmigt.
Im Februar 1891 beginnen die Arbeiten, am 31.5.1892 wird die Eröffnung gefeiert; am 1.6.1892 kann die Strecke von Wolkenstein, wo Anschluss an die Zschopautalbahn besteht, nach Jöhstadt in Betrieb gehen. Am 15.5.1893 erfolgt die Verlängerung der Bahn bis zur damaligen deutsch-österreichischen Staatsgrenze südlich Jöhstadts.
Bis zur Einstellung der Bahn bewältigen Fahrzeuge der Königlich Sächsischen Staatseisenbahnen (KSäStB) den Personen-, Tourismus- und Güterverkehr. Zwar werden Streckenverlängerungen nach Böhmen diskutiert, aber wegen der territorialen Verschiebungen Ende des Ersten Weltkriegs wieder aufgegeben.
Seit den 60er-Jahren gibt es Stilllegungspläne, die etappenweise umgesetzt werden. Am 13.1.1986 fahren die letzten Reisezüge hinauf nach Jöhstadt. Der Restverkehr nach Niederschmiedeberg zur dortigen Kühlschrankfabrik wird am 31.12.1986 gegen den Willen der Bevölkerung eingestellt. Kurz darauf beginnt der Abbau der Strecke, der 1989 vollendet ist.
Seit 1990 arbeiten die Mitglieder der Interessengemeinschaft Preßnitztalbahn e.V. am Wiederaufbau des Teilstückes Jöhstadt–Steinbach, 1991 können von Jöhstadt aus die ersten 100 m Strecke wieder hergestellt werden, Pfingsten 1992 fährt wieder ein Zug. Im Jahr 2000 ist der Streckenbautrupp in Steinbach angekommen. Seit der Aufnahme des öffentlichen Personenverkehrs auf der Preßnitztalbahn am 28.5.1993 sind mittlerweile knapp 0,5 Mio. Fahrgäste mit den Zügen der Museumsbahn gefahren. Aus einem losen Zusammenschluss entwickelte sich die IG Preßnitztalbahn, die die dampfbetriebene Schmalspurbahn als Museumsbahn betreibt, sowie das Eisenbahnverkehrsunternehmen (EVU) Press GmbH.
Die Bahn mit ihren Dampflokomotiven und historischen Schmalspurwagen ist heute Motor des Fremdenverkehrs im Preßnitztal. Zu erleben sind die vereinseigenen IV K-Maschinen, die VI K 99 715 einer Besitzergemeinschaft, die von der IG Preßnitztalbahn erworbene und betriebsfähig aufgearbeitete 99 4511 sowie Gastlokomotiven.

Streckenname	Preßnitztalbahn
Alternative Bezeichnung	-
Relation	Einst Wolkenstein–Jöhstadt, heute noch Steinbach–Jöhstadt (Sachsen)
Länge	Einst 24,3 km, heute noch 9,4 km
Funktion	Einst Personen- und Güterverkehr, heute noch Museumsbahnverkehr
Daten zum Bau	Baubeginn: Februar 1891 Bauzeit (inkl. Planung, bis zur Fertigstellung): 1 Jahr Eröffnung: 31.5.1892 Durchgängig befahrbar ab: 31.5.1892
Spurweite	Schmalspurbahn (750 mm)
Wichtigste Bauwerke	Zahlreiche Brücken über Flüsse Preßnitz und Schwarzwasser
Wichtigste Bahnhöfe	Steinbach, Jöhstadt
Wichtigste Anschlusspunkte	-
Besonderheiten	Inselbetrieb der Museumsbahn Höchster Punkt: Bahnhof Jöhstadt (684 m) Überwundener Höhenunterschied: 141 m

Thüringer Bahn

Im Mai 1993 fanden zwischen Erfurt und Eisenach »Plandampffahrten« statt. 01 1531 zieht im Rahmen diese Programms ihren Schnellzug an Sättelstädt vorbei.
Foto: M. Dahlbeck

Der Bahnpionier Friedrich List sieht in seiner Skizze von 1833 zwei Hauptlinien in Thüringen vor: Leipzig–Weimar–Gotha–Hersfeld sowie eine davon abzweigende Thüringer Wald-Querung nach Bamberg und Nürnberg. Doch die zahlreichen thüringischen Kleinstaaten (zwölf an der Zahl) mit ihren divergierenden Interessen erweisen sich auf dem Weg zum Bahnbau als überaus hinderlich, und das, obwohl Thüringen im Herzen des Deutschen Bundes liegt und seine Funktion als Durchgangs- und Kreuzungsbereich der künftigen deutschen Bahnlinien abzusehen ist.
Am 19.8.1840 wird der Thüringische Eisenbahnverein ins Leben gerufen, dem wichtige Politiker der thüringischen Fürstentümer angehören. Nach langer Diskussion gelingt es, sich auf die Strecke Halle–Erfurt–Gotha–Eisenach–Rothenburg–Kassel als wirtschaftlich wertvollster Linienführung im Hinblick auf eine Nord-Süd-Verbindung zu einigen. Staatsverträge unter Einbeziehung Preußens und Kurhessens (20.12.1841 und 19.4.1844) fixieren die Pläne (gleichzeitig wird ein Streckenabzweig bei Eisenach, die spätere Werrabahn, festgelegt).
Im Spätsommer 1844 beginnen die Arbeiten. Die im selben Jahr gegründete Thüringische Eisenbahngesellschaft eröffnet zunächst am 6.6.1846 den Abschnitt Halle–Weißenfels. In Erfurt kommt die Bahn am 1.4.1847 an, Eisenach ist am 24.6.1847 erreicht. Der letzte Abschnitt Gerstungen–Bebra obliegt der kurhessischen Friedrich-Wilhelms-Nordbahn-Gesellschaft, die die Lücke an 25.9.1849 schließt.
Allein sechs der wichtigsten Städte Thüringens liegen an der Stammbahn genannten Strecke, sie profitieren in hohem Maß von der Bahn.
1946 erfolgen umfangreiche Demontagen der Sowjets. Nachdem der Abschnitt Großkorbetha–Saaleck bereits 1941 elektrifiziert worden ist (und 1946 wieder demontiert wird), geht der Abschnitt Halle–Weißenfels 1959 unter Fahrdraht in Betrieb. Zwischen 1965–1967 werden die übrigen in der DDR liegenden Streckenteile neu bzw. wieder elektrifiziert. Erst am 27.9.1986 erfolgt die Elektrifizierung des auf bundesdeutschem Gebiet liegenden Teils Gerstungen–Bebra (der nach der Grenzziehung erheblich an Bedeutung eingebüßt hat).
Nach dem Fall des Eisernen Vorhangs wird die Stammbahn im Rahmen des Verkehrsprojekts Deutsche Einheit Nr. 7 ab 1990 umfassend modernisiert (u. a. damals zeitgemäße Stellwerkstechnik, Ertüchtigung des Unterbaus für 160 km/h etc.). Im Mai 1995 ist die Strecke durchgängig re- bzw. neu elektrifiziert. Derzeit entsteht parallel zum Ostabschnitt der Thüringer Bahn die neue Schnellverkehrstrasse Erfurt–Leipzig/Halle, deren Fertigstellung für 2015 vorgesehen ist.
Von der Regionalbahn bis zum ICE verkehren derzeit nahezu alle Zuggattungen des Personenverkehrs. Auch der Güterverkehr mit Stützpunkten in Halle, Großkorbetha, Vieselbach, Erfurt, Eisenach, Gerstungen und Bebra besitzt hohe Bedeutung.

Streckenname	Thüringer Bahn
Alternative Bezeichnung	Thüringer Stammbahn
Relation	Halle/Saale–Erfurt–Bebra (Sachsen-Anhalt, Thüringen, Hessen)
Länge	210,3 km
Funktion	Personen- und Güterverkehr
Daten zum Bau	Baubeginn: Spätsommer 1844 Bauzeit (inkl. Planung, bis zur Fertigstellung): 5 Jahre Eröffnung: 6.6.1846 Durchgängig befahrbar ab: 25.9.1849
Spurweite	Vollbahn (1435 mm)
Wichtigste Bauwerke	Brücken über Flüsse wie Weiße Elster, Saale, Ilm, Werra, Weihe, Suhl, Viadukt Apolda (103 m), Viadukt Gotha (122 m), Hönebachtunnel (983 m)
Wichtigste Bahnhöfe	Halle/Saale, Erfurt, Bebra
Wichtigste Anschlusspunkte	Halle/Saale: nach Kassel, Magdeburg–Leipzig Merseburg: nach Leipzig, nach Schafstädt, nach Halle-Nietleben, nach Querfurt Weißenfels: nach Zeitz Naumburg: Unstrutbahn nach Artern, Thüringer Bahn Bebra–Erfurt, Naumburg-Teucherner-Bahn Großheringen: Saalbahn Naumburg-Saalfeld, Pfefferminzbahn nach Straußfurt Eisenach: Werrabahn nach Meiningen Erfurt: Nordhausen-Erfurter-Eisenbahn nach Nordhausen Gerstungen: nach Vacha Bebra: Friedrich-Wilhelms-Nordbahn nach Kassel, nach Fulda, Nord-Süd-Strecke nach Göttingen,
Besonderheiten	Zweigleisige, elektrifizierte Hauptbahn; ab Gerstungen hessisch; erste größere Bahnstrecke Thüringens

Sonneberg–Probstzella

Auf der Strecke zwischen Sonneberg und Probstzella gibt es zahlreiche Steinviadukte. 58 1111 fährt im Februar 1993 über den Viadukt in Lichte. Foto: M. Dahlbeck

Die Glashüttenindustrie bei Lauscha fordert, unterstützt von der Eisen-, Schiefer-, Porzellan- und Spielzeugindustrie in Steinach, 1877 den Bahnanschluss nach Sonneberg (die Stadt hat am 1.11.1858 Anschluss an die Bahn nach Coburg erhalten), um leichter Steinkohle herantransportieren zu können. Am 31.3.1885 werden die Staatsverträge mit der Werra-Eisenbahn AG (WEAG) signiert.

Am 1.5.1885 starten die Bauarbeiten an der Strecke Sonneberg–Lauscha (Steinachtalbahn). Im September 1886 wird die Linie fertiggestellt, am 30.9.1886 fährt der Eröffnungszug in Lauscha ein.

Inzwischen hat die Königlich Preußische Eisenbahnverwaltung im Herbst 1885 die WEAG übernommen und entschieden, die Strecke nach Probstzella (dort Anschluss an die entstehende Frankenwaldbahn und an Saalfeld) durchzubinden. Im November 1886 beginnen die Arbeiten an der Strecke von Probstzella nach Schmiedefeld und Lichte (Zoptetalbahn). Erhebliche Steigungen verlangsamen die Arbeiten, die am 18.1.1899 abgeschlossen werden können.

Am 7.10.1911 schließen die beteiligten Staaten den Vertrag über den Bau der Strecke Lichte über Ernstthal nach Lauscha mit dem Abzweig in Ernstthal nach Neuhaus am Rennweg. Der Bau der Rennsteigbahn beginnt am 1.9.1911. Am 1.11.1913, einen Tag nach der festlichen Eröffnung, fährt der erste reguläre Zug von Coburg bis Ernstthal und dann den Abzweig bis Neuhaus am Rennweg.

Lange Zeit bedingt die Reise über den Rennstieg ein Umsteigen in Ernstthal. Die Grenzziehung nach dem Ende des Zweiten Weltkriegs führt zu einer Abnahme des Verkehrs, die Strecke besitzt aber weiterhin hohe Bedeutung für die Region Sonneberg. 1980 endet die Dampflokbespannung über den Rennsteig (auf der Strecke wurden z. B. BR 95 eingesetzt).

Der Niedergang der Bahnlinie beginnt 1990. Der Anschluss Probstzella–Saalfeld wird 1993 stillgelegt, der Güterverkehr auf der Gesamtstrecke zum 31.12.1994. Mangelnder Streckenunterhalt führt am 22.1.1997 zur befristeten Einstellung des Gesamtverkehrs.

Im Sommer 1998 wird der Streckenabschnitt Sonneberg–Lauscha (Steinachtalbahn) instandgesetzt, modernisiert und ausgebaut. Probstzella–Lauscha wird indessen im Schienenersatzverkehr betrieben. Aber schon zum 3.10.1999 stellt die DB AG den Betrieb auf der Steinachtalbahn ein. Am 1.8.2001 übernimmt die Thüringer Eisenbahngesellschaft (ThE, Erfurt) den Streckenteil Sonneberg–Lauscha–Ernstthal-Neuhaus, am 14.12.2007 geht der Abschnitt wieder in Betrieb (im Einsatz: RegioShuttle). Auch bescheidener Güterverkehr findet wieder statt. Der Abschnitt Probstzella–Ernstthal wird 2006 stillgelegt, eine Reaktivierung ist nicht ausgeschlossen.

Eine Fahrt auf der Strecke gilt im Abschnitt Lauscha–Sonneberg angesichts des kurvenreichen Verlaufs durch das Mittelgebirge als Ausflugstipp.

Streckenname	Sonneberg–Probstzella
Alternative Bezeichnung	Steinachtalbahn (Abschnitt Sonneberg–Lauscha), Rennsteigbahn (Lauscha–Schmiedefeld), Zoptetalbahn (Schmiedefeld–Probstzella)
Relation	Sonneberg–Probstzella (Thüringen), heute nur noch zwischen Sonneberg und Ernstthal am Rennsteig/Neuhaus am Rennweg in Betrieb
Länge	51,9 km
Funktion	Einst Personen- und Güterverkehr, heute nur Nahverkehr
Daten zum Bau	Baubeginn: 1.5.1885 Bauzeit (inkl. Planung, bis zur Fertigstellung): 28 Jahre (mit langjährigen Unterbrechungen) Eröffnung: 30.9.1886 Durchgängig befahrbar ab: 1.11.1913
Spurweite	Vollbahn (1435 mm)
Wichtigste Bauwerke	Viadukt in Lauscha (93 m), Lauschensteintunnel (275 m), Nasse-Telle-Viadukt (145 m)
Wichtigste Bahnhöfe	Sonneberg, Lauscha, Ernstthal am Rennsteig
Wichtigste Anschlusspunkte	Sonneberg: Hinterlandbahn nach Eisfeld, nach Coburg Ernstthal am Rennsteig: nach Neuhaus am Rennweg
Besonderheiten	Nicht elektrifizierte, eingleisige Nebenbahn; Spitzkehrenbahnhof Lauscha Höchster Punkt: Ernstthal am Rennsteig (769 m) bzw. Neuhaus am Rennweg (829 m) Größte Steigung: (34,5 Promille im stillgelegten Teil Gebersdorf–Gräfenthal), 26,5 Promille zwischen Lauscha und Oberlauscha

Saalbahn

1851 formieren sich im Saaletal Interessengruppen, um den Bau einer Bahnstrecke entlang des Flusses und den Anschluss an die 1849 fertig gestellte Thüringische Stammbahn (Thüringer Bahn) Halle–Erfurt–Bebra zu fordern. Allerdings gibt es um den Anschlusspunkt sowie die daraus resultierende Linienführung lange Diskussionen, die sogar zur Neugründung von Bahnkomitees führen, die völlig andere Linienführungen propagieren.
Im Mai 1862 zeichnet sich eine Linie Camburg–Jena–Orlamünde–Saalfeld ab. Am 28.1.1865 reicht das »Central-Comité« in Jena eine entsprechende Petition ein. Allerdings werden dem Projekt »Saalbahn« nach dem preußisch-thüringischen Staatsvertrag vom 18.3.1867, der den Bau der Strecke Gera–Saalfeld bestimmt, nurmehr wenig Chancen eingeräumt. Und das, obwohl die Saalbahn als kürzeste Nord-Süd-Verbindung zwischen Thüringen und Bayern gilt.
Die enorme wirtschaftliche Bedeutung dieser Bahn führt doch noch zu ihrer Verwirklichung: Am 8.10.1870 unterzeichnen die involvierten thüringischen Fürstentümer in Camburg den Staatsvertrag zum Bau der Saalbahn, dem am 14.2.1871 die Gründung der Saal-Eisenbahn-Gesellschaft folgt. Sie erhält am 3.4.1871 die Konzession, der erste Spatenstich erfolgt am 23.10.1871 bei Rothenstein.
Der Abschnitt Saalfeld–Großheringen wird am 30.4.1874 eröffnet (in Großheringen besteht seit 19.12.1846 Bahnanschluss nach Naumburg). Zum 16.7.1895 übernimmt Preußen die erfolgreiche Saalbahn, die der längeren Strecke Gera–Saalfeld den Verkehr abnimmt. Da in Saalfeld Anschluss an die ab 1.10.1885 durchgängig befahrbare Frankenwaldbahn (Saalfeld–Bamberg) besteht, stellt die Saalbahn zusammen mit ihrer »Streckenverlängerung« nach Bamberg eine der wichtigsten Nord-Süd-Verbindungen dar. Am 1.5.1899 geht die Bahn Kösen–Großheringen, die die Verbindung der Saalbahn mit der Thüringer Bahn Bebra–Erfurt herstellt, in Betrieb.
In den Jahren 1903–1914 erfolgt der zweigleisige Ausbau, ab 1939 wird die Saalbahn bis 5.5.1941 elektrifiziert. Im Zweiten Weltkrieg wird die Saalbahn aufgrund ihrer hohen Bedeutung erheblich beschädigt, nach dem Krieg kurzzeitig wiederhergestellt, demontieren die Sowjets ab 29.3.1946 das zweite Gleis und den Fahrdraht.
In der DDR führt die Strecke ein Schattendasein, erst nach der Wiedervereinigung schnellt die Bedeutung der Saalbahn regelrecht wieder hoch. Seit 1991 wird die Strecke saniert und modernisiert, ab 1994 die Fahrleitung neu verlegt, am 28.5.1995 geht die renovierte Bahn wieder an den Start. Damit ist erstmals in der Geschichte der durchgängige Betrieb unter Fahrdraht zwischen Berlin und München möglich.
Die aus dem Dornröschenschlaf erweckte Strecke spielt eine wichtige Rolle im Nord-Süd-Verkehr. Es findet umfangreicher Fern-, aber auch Regionalverkehr statt.

Streckenname	Saalbahn
Alternative Bezeichnung	-
Relation	Saalfeld–Naumburg (Thüringen, Sachsen-Anhalt)
Länge	87,8 km
Funktion	Personen- und Güterverkehr
Daten zum Bau	Baubeginn: 23.10.1871 Bauzeit (inkl. Planung, bis zur Fertigstellung): 2,5 Jahre Eröffnung: 30.4.1874 Durchgängig befahrbar ab: 30.4.1874
Spurweite	Vollbahn (1435 mm)
Wichtigste Bauwerke	Saalebrücke Großheringen (275 m), Saalebrücke Schwarza (114 m)
Wichtigste Bahnhöfe	Naumburg, Jena Saalbahnhof, Saalfeld
Wichtigste Anschlusspunkte	Naumburg: Unstrutbahn nach Artern, Thüringer Bahn Bebra–Erfurt, Naumburg-Teucherner-Bahn Göschwitz: Holzlandbahn Weimar–Gera Orlamünde: Orlabahn nach Pößneck Saalfeld: nach Arnstadt, nach Leipzig und Gera, Frankenwaldbahn nach Bamberg
Besonderheiten	Größte Steigung: 5 Promille

Im Juni 2003 zieht eine Lok der Baureihe 140 ihren Güterzug bei Dornburg (Saale) über die Gleise der Saalbahn. *Foto: T. Estler*

Rennsteigbahn

Regelmäßig kommt auf der Rennsteigbahn die Dampflok 94 1538 vor den Museumszügen zum Einsatz. *Foto: D. Eikhoff*

Rund um Stützerbach und Ilmenau (beide liegen im Herzogtum Sachsen-Weimar-Eisenach) existiert Mitte des 19. Jh. eine umfangreiche Glas- und Porzellanindustrie. Aber um in der Konkurrenz zu anderen Produktionsstandorten bestehen zu können, ist die Bereitstellung ausreichender Transportkapazitäten Voraussetzung. Doch die territoriale Zersplitterung der Region mit ihren vielen partikularistischen Interessen verhindert den Bahnbau.
Zwar besteht seit 1879 eine Bahnverbindung von Ilmenau nach Arnstadt und Erfurt (Strecke Erfurt–Schweinfurt), zugleich ist auch Schleusingen (es gehört zu Preußen) südlich Stützerbachs seit 1888 mit Themar verbunden (von dort dann Anschluss an die am 1.11.1858 eröffnete Werrabahn). Doch wer von Schleusingen aus per Bahn nach Erfurt reisen will, muss große Umwege in Kauf nehmen.
Erst 1891 unternimmt Schleusingen einen neuen Anlauf zum Bau einer Bahn nach Ilmenau, die zugleich die Erfurt-Schweinfurter-Bahn mit der Werrabahn verbinden würde. Ein Hindernis ist der Höhenunterschied zwischen Ilmenau und Schleusingen von über 100 m. Eine Möglichkeit, die erforderliche Steigung zu überwinden, besteht im Ausfahren der Täler – das aber hätte zu viel gekostet.
1899 fällt endlich die Entscheidung zugunsten der Rennsteigbahn. Die Verbindung Ilmenau–Schleusingen soll teilweise als Zahnradbahn ausgeführt werden, der Bau unter Ägide der Königlich Preußischen Eisenbahn-Verwaltung (KPEV) beginnt am 1.4.1903. Die Bahn überquert den Rennsteig zwischen den Stationen Stützerbach und Schmiedefeld. Am Scheitelpunkt der Strecke wird der Spitzkehrenbahnhof (aus betrieblichen Gründen – bei Zahnradbahnbetrieb muss die Lokomotive stets talseitig laufen – wird diese Bauform gewählt) Rennsteig erbaut.
Als erste Zahnradbahn der KPEV wird die Rennsteigbahn am 1.11.1904 eröffnet. Vom Bahnhof Rennsteig zweigt 1913 die Kleinbahn nach Frauenwald ab (sie wird 1965 stillgelegt).
Auf den Zahnradabschnitten kommt das System Abt zur Anwendung. Die vier Zahnradabschnitte mit einer Gesamtlänge von 6,3 km weisen eine maximale Steigung von 61,2 Promille auf. Im Einsatz stehen T26 (Borsig, Berlin) und das Einzelstück T28 (ebenfalls Borsig). Der ab Juni 1923 vorgesehene Einsatz von T20 (BR 95) scheitert, da diese Maschine zu schwer ist. 1927 wird die Zahnstange abgebaut, da der Betrieb von den ausreichend kräftigen Loks der BR 94.5 (ausgerüstet mit Gegendruckbremse) übernommen werden kann (sie werden im Zuge des Traktionswechsels durch die Dieselloks BR 118.2–4 ersetzt und scheiden im Winter 1973/74 aus dem Betriebsdienst aus).
Am 1.1.1970 wird der Güterverkehr zwischen Stützerbach und Schleusingen eingestellt, auf der restlichen Rennsteigbahn zum 31.12.1993. Am 23.5.1998 wird der noch verbliebene Nahverkehr ebenfalls aufgegeben.
Die Rennsteigbahn wird 2003 durch das Eisenbahnverkehrsunternehmen (EVU) Rennsteigbahn GmbH in Stützerbach übernommen, sie führt Museumsbahnfahrten auf der historischen Strecke durch.

Streckenname	Rennsteigbahn
Alternative Bezeichnung	-
Relation	Ilmenau–Schleusingen (Thüringen)
Länge	31,8 km
Funktion	Personen- und Güterverkehr, heute Museumsbahnverkehr
Daten zum Bau	Baubeginn: 1.4.1903 Bauzeit (inkl. Planung, bis zur Fertigstellung): 1,5 Jahre Eröffnung: 1.11.1904 Durchgängig befahrbar ab: 1.11.1904
Spurweite	Vollbahn (1435 mm)
Wichtigste Bauwerke	Bis 1927 vier Zahnstangenabschnitte
Wichtigste Bahnhöfe	Ilmenau, Schleusingen
Wichtigste Anschlusspunkte	-
Besonderheiten	Zahnradbahn größte Steigung: 61,2 Promille (am Rennsteig) sowie 59 Promille auf weiteren Abschnitten größte Höhe: Rennsteig (747 m)

Schwarzatalbahn

Der Triebwagen 641 019 rollt im Juli 2008 auf seiner Fahrt nach Katzhütte oberhalb von Sitzendorf ins Tal. *Foto: U. Miethe*

Das Schwarzatal prägen im 19. Jh. Holz-, Glas- und Porzellanindustrie. Um die weitere Entwicklung dieser Erwerbszweige zu sichern, gründen Fabrikanten der Region Schwarzatal 1872 das »Comitee Schwarza-Eisenbahn«. Es lässt Pläne zum Bau einer Bahn von Schwarza (Saale) durch das Schwarzatal mit Anschluss an die Werrabahn (Eisenach–Coburg, 1.11.1858 eröffnet) ausarbeiten. Doch dieses wie weitere Projekte scheitern an den komplizierten topographischen Gegebenheiten oder am Einspruch von Anliegern.

Erst am 30.1.1895 schließen Preußen (als Vertreter der ausführenden Bahnbehörde) und das Fürstentum Schwarzburg–Rudolstadt (in dessen Territorium das Schwarzatal liegt) einen Staatsvertrag, dem am 8.4.1895 der Bauauftrag folgt. Am 16.12.1899 wird der erste Abschnitt der Schwarzatalbahn von Rottenbach nach Köditzberg eröffnet (gleichzeitig geht die Stichstrecke Köditzberg–Königsee in Betrieb). Der zweite Abschnitt Köditzberg–Sitzendorf folgt am 27.6.1900 ehe das letzte Teilstück bis Katzhütte am 18.8.1900 in Betrieb gehen kann. Die Betriebsführung übernimmt die Königlich Preußische Eisenbahn-Verwaltung (KPEV).

Die Strecke erfüllt die in sie gesetzten Erwartungen, zeitgenössischen Quellen zufolge bedienen sechs Personenzugpaare die Strecke. Am 15.3.1923 erfährt die Schwarzatalbahn durch die Eröffnung der Oberweißbacher Bergbahn (sie zweigt bei Mellenbach-Galsbach von der Strecke ab) eine Ergänzung.

Mitte der 60er-Jahre gilt die Schwarzatalbahn als unrentabel. Am 1.8.1966 folgt die Stilllegung des Personenverkehrs im Abschnitt Köditzberg–Königsee, zum 31.12.1972 wird der Gesamtverkehr ausgesetzt, die Strecke schließlich abgebaut. Auf der Schwarzatalbahn fahren im Winter 1972/73 noch vier bis fünf Personen- und neun bis zwölf Güterzüge pro Tag. Nach der politischen Wende 1989 kommt es zu starkem Verkehrsrückgang.

Der neue Eigentümer DB/DBAG hält den Betrieb aufrecht, doch 1999 rächen sich die unterlassenen Streckenunterhaltungsarbeiten und erzwingen die Einstellung des Gesamtverkehrs auf dem Abschnitt Obstfelderschmiede und Katzhütte. Am 28.5.2000 muss auch die restliche Strecke gesperrt werden. Zum 1.1.2001 wird die »DB RegioNetz, Oberweißbacher Berg- und Schwarzatalbahn« gegründet und beginnt 2002 mit der Streckensanierung. Am 15.12.2002 kann die Wiederinbetriebnahme der Schwarzatalbahn feierlich begangen werden. Heute fahren Triebwagen BR 641 (Alstom LHB, Salzgitter) im Taktverkehr.

Streckenname	Schwarzatalbahn
Alternative Bezeichnung	Der Raanzer (nach den Heilkräutersammlern der Region benannt, die ihre Pflanzen im »Raanzen« auf dem Rücken transportierten)
Relation	Rottenbach–Katzhütte (Thüringen)
Länge	24,9 km
Funktion	Personen- und Güterverkehr, heute nur noch Personennahverkehr
Daten zum Bau	Baubeginn: 8.4.1895 Bauzeit (inkl. Planung, bis zur Fertigstellung): 5 Jahre Eröffnung: 16.12.1899 Durchgängig befahrbar ab: 18.8.1900
Spurweite	Vollbahn (1435 mm)
Wichtigste Bauwerke	-
Wichtigste Bahnhöfe	Rottenbach, Mellenbach-Glasbach, Katzhütte
Wichtigste Anschlusspunkte	Rottenbach: Arnstadt–Saalfeld Mellenbach-Glasbach: Ortsteil Obstfelderschmiede Talstation Oberweißbacher Bergbahn
Besonderheiten	Eingleisige, nicht elektrifizierte Nebenbahn Größte Steigung: 30 Promille Überwundener Höhenunterschied: 120 m

Oberweißbacher Bergbahn

Die Oberweißbacher Bergbahn verbindet den Haltepunkt Obstfelderschmiede der Schwarzatalbahn mit der thüringischen Gemeinde Cursdorf. Die Strecke besteht aus einer 1,3 km langen Standseilbahn zwischen Obstfelderschmiede und Lichtenhain sowie einer 2,6 km langen normalspurigen, elektrifizierten Verbindung zwischen Lichtenhain und Cursdorf.
1919 gründeten der Freistaat Schwarzburg–Rudolstadt und die Gemeinden Lichtenhain, Oberweißbach, Deesbach und Cursdorf die Oberweißbacher Bergbahn-Aktiengesellschaft. Sie hatte sich zur Aufgabe gemacht, die Gemeinden auf der Hochfläche des Thüringer Waldes mit der im Tal verlaufenden Schwarzatalbahn durch eine Bahnlinie zu verbinden. Um die Höhendifferenz effizient überwinden zu können, entschloss man sich zur zweiteiligen Lösung mit Standseilbahn und »normaler« Adhäsionsbahn.
Wolfgang Bäseler lieferte die Pläne und im September 1919 begannen die Bauarbeiten. Nach der Eröffnung der Haltestelle Obstfelderschmiede konnte im Februar 1922 der Güterverkehr aufgenommen werden. Die Eröffnung für den Personenverkehr musste noch bis März 1923 warten, denn einige Sicherheitsvorrichtungen mussten noch nachgerüstet werden.
Auf der Standseilbahnstrecke überwindet die Bahn in knapp 20 Minuten bei einer Steigung von 1:4 einen Höhenunterschied von 323 Metern. In Mitte der Strecke ist eine Ausweiche. Sie hat zwei Weichen der Bauart Abt ohne bewegliche Teile. Sie leitet den einen Wagen immer über das eine Ausweichgleis, den anderen über das andere Ausweichgleis. In der Talstation leitet eine weitere Weiche dieser Bauart den einen Wagen in eine Bahnsteighalle, den anderen an eine Verladerampe. Am dem Seil hängt nämlich an einem Ende ein Personenwagen und am anderen Ende ein Bühne auf der normalspurige Perrsonen- oder Güterwagen befördert werden können.
Nach dem Zweiten Weltkrieg wurde die Bahn verstaatlicht und von der Deutschen Reichsbahn der DDR übernommen. 1966 wurde der Güterverkehr eingestellt und ein zweiachsiger Personenwagen der ehemaligen Schleizer Kleinbahn auf die Bühne aufgesetzt. So können nun mehr Personen befördert werden.
2004 kam die Bahn zur DB AG und ist somit deren einzige Bergbahn. Seit dem Mai 2008 gibt es auch einen »Aufsetzwagen« ohne Dach, der in den Sommermonaten auf die Bühne gestellt wird. So können die Fahrgäste die Aussicht und das schöne Wetter genießen. Die Adhäsionsstrecke zwischen Lichtenhain und Cursdorf hat nur eine Zwischenstation, den Haltepunkt Oberweißbach-Deesbach und ist seit ihrer Eröffnung elektrifiziert. Die Gleichspannung betrug zunächst 500 Volt wurde aber 1982 auf 600 Volt erhöht. Die Bahn hat drei zweiachsige Triebwagen von denen in der Regel einer unterwegs ist. Bei Bedarf werden die Triebwagen aber auch in Doppeltraktion gefahren. Die Fahrtzeit beträgt acht Minuten.

Streckenname	Oberweißbacher Bergbahn
Alternative Bezeichnung	-
Relation	Obstfelderschmiede–Cursdorf (Thüringen)
Länge	3,9 km (2,6 km Vollbahn, 1,3 km Standseilbahn)
Funktion	Einst Personen- und Güterverkehr, heute nur noch Personenverkehr
Daten zum Bau	Baubeginn: September 1919 Bauzeit (inkl. Planung, bis zur Fertigstellung): 4 Jahre Eröffnung: 15.2.1922 Durchgängig befahrbar ab: 1.3.1923
Spurweite	Vollbahn/Breitspurbahn (1435/1800 mm)
Wichtigste Bauwerke	-
Wichtigste Bahnhöfe	Obstfelderschmiede, Cursdorf
Wichtigste Anschlusspunkte	Obstfelderschmiede: Schwarzatalbahn Rottenbach–Katzhütte
Besonderheiten	Adhäsionsstrecke elektrifiziert (600 V DC); seit 1982 unter Denkmalschutz Größte Steigung: 250 Promille (Standseilbahn)

Die Standseilbahn der Oberweißbacher Bergbahn verbindet den Bahnhof Obstfelderschmiede an der Strecke Rottenbach – Katzhütte mit der Strecke Lichtenhain – Cursdorf (kleines Bild) auf dem Kamm des Thüringer Waldes. *Fotos: M. Dahlbeck*

Vom Rhein an den Main

Foto: U. Miethe

Neubaustrecke Köln–Frankfurt/Main

Blick auf den neuen Bahnhof in Montabaur am 11. März 2002: Die Bauarbeiten laufen noch. *Foto: Dr. Bernhard Domagalski*

Die ersten deutschen Bahnstrecken suchen in ihrem Verlauf möglichst viele Städte und Gemeinden zu berühren, gelten sie doch als struktur- und wirtschaftsfördernd; die rasche Verbindung zwischen zwei Orten ist dabei eine angenehme Nebenerscheinung. Betrachtet man den heutigen Bahnstreckenbau, so lässt sich ein Paradigmenwechsel feststellen: Die Zeitersparnis beim Reisen steht nun im Mittelpunkt, die Luftlinie ist die erstrebte Verbindung zweier Orte.

Schon 1965 wird wegen Überlastung der beiden Rheinstrecken im Nord-Süd-Verkehr eine Neubaustrecke zwischen den Räumen Rhein/Ruhr und Rhein/Main erwogen. 1970 wird erstmals ein konkreter Plan einer neuen Verbindung Köln–Frankfurt/Main vorgestellt, die sich aber gegen politischen wie öffentlichen Widerstand nicht durchsetzen lässt.

Erst 1985 meldet die DB – wiederum wegen Überlastung der Rheinstrecken sowie wegen vorgesehener Entlastung des Straßenverkehrs – den Bedarf an einer Neubaustrecke Köln–Frankfurt/Main an, bei der Projektierung schält sich als Zielsetzung eine reine Personenzugverkehrsstrecke heraus (kurzfristig wird auch die Möglichkeit einer Magnetschwebebahn erörtert, aber bald wieder verworfen).

Die 1989 in ein konkretes Stadium eintretende Diskussion über die Linienführung der neuen Schnellbahntrasse legt sich auf den Verlauf rechts des Rheins fest. Der Bundesverkehrsminister entscheidet am 19.9.1989, die Strecke von Köln über Köln/Bonn Flughafen und Limburg nach Frankfurt am Main zu führen. Die DB stellt am 8.3.1991 diese Trassenführung offiziell vor. Bis 1995 sind die für den Baustart notwendigen Planfeststellungsverfahren abgeschlossen (die für den Baufortschritt erforderlichen erfolgen bis Februar 2001).

Noch ehe die letzten Diskussionen über den genauen Trassenverlauf im Rhein-Sieg-Kreis beendet (Mai 1997) sind, erfolgt am 13.12.1995 der erste Spatenstich am Frankfurter Kreuz. Zahlreiche Tunnel sind aufgrund der weithin geraden Streckenführung zu erstellen (Fertigstellung des Siegauentunnels als letztem Tunnel im März 2001). Am 30.5.1999 geht der erste Abschnitt mit dem Flughafenbahnhof Frankfurt in Betrieb. Am 8.6.2000 beginnt die Montage der Oberleitung (Abschluss 30.8.2001). Bautechnisch gilt die Strecke im Dezember 2001 als fertiggestellt.

Das letzte Stück der Neubaustrecke wird auf der Logebachtalbrücke zwischen Bad Honnef und Königswinter am 10.7.2001 verlegt und anschließend gefeiert. Damit können am 22.10.2001 Probefahrten stattfinden, die erste durchgängige Probefahrt erfolgt am 8.1.2002.

Am 25.7.2002 findet mit einer Parallelfahrt zweier ICE 3 von Frankfurt/Main nach Köln die Eröffnungsfeier statt, am 1.8.2002 startet der reguläre Betrieb. Am 15.12.2002 ist die Strecke in das Hochgeschwindigkeitsnetz Deutschlands und Europas komplett integriert. Derzeit verkehren sieben ICE-Linien über die Strecke.

Streckenname	Neubaustrecke Köln–Frankfurt/Main
Alternative Bezeichnung	Schnellfahrstrecke Köln–Frankfurt/Main
Relation	Köln–Frankfurt/Main (Nordrhein-Westfalen, Hessen)
Länge	180 km
Funktion	Personenfernverkehr
Daten zum Bau	Baubeginn: 13.12.1995 Bauzeit (inkl. Planung, bis zur Fertigstellung): 7 Jahre Eröffnung: 30.5.1999 Durchgängig befahrbar ab: 25.7.2002
Spurweite	Vollbahn (1435 mm)
Wichtigste Bauwerke	Hohenzollernbrücke (409,2 m), Tunnel Troisdorf (627 m), Aggerbrücke, Siegauentunnel (2.502 m), Dernbacher Tunnel (3.285 m), Himmelbergtunnel (2.395 m), Limburger Tunnel (2.395 m), Idsteintunnel (2.069 m), Niedernhauser Tunnel (2.765 m), Schulwaldtunnel (4.500 m)
Wichtigste Bahnhöfe	Köln, Frankfurt/Main
Wichtigste Anschlusspunkte	Köln: Schnellfahrstrecke nach Aachen, Linksniederrheinische Strecke nach Neuss, nach Duisburg, zahlreiche S-Bahn-Linien, Nahverkehr Frankfurt/Main: Main-Weser-Bahn nach Gießen, Kinzigtalbahn Fulda–Hanau, Taunuseisenbahn nach Wiesbaden, nach Hanau, Mainbahn nach Mainz, Main-Neckar-Bahn nach Heidelberg, Main-Lahn-Bahn nach Limburg/Lahn, Homburgher Bahn nach Homburg vor der Höhe, zahlreiche S-Bahn-Linien und Nahverkehr
Besonderheiten	Zweigleisige, elektrifizierte Hochgeschwindigkeitsstrecke für bis zu 300 km/h Größte Steigung: 40 Promille

Linke Rheinstrecke

Noch vor der ersten deutschen Eisenbahnfahrt bildet sich in Köln am 3.5.1833 ein Eisenbahn-Komitee mit Ziel, den »Eisernen Rhein« in Form einer Bahn von Köln nach Antwerpen zu bauen. Die Privatfinanziers ergehen sich in Detailstreitereien, bis sich 1837 die Bonn-Cölner-Eisenbahn-Gesellschaft korporiert. Sie erhält am 6.7.1840 die Konzession einer Bahn zwischen den Rheinstädten.

Nachdem im Frühjahr 1843 bei Bonn die Bauarbeiten begonnen haben, erfolgt, da aufwendige Kunstbauten nicht notwendig sind, schon am 15.2.1844 die Einweihung der Strecke Köln–Bonn (in Köln beginnt die Strecke im Südwesten der Stadt am damaligen Bahnhof St. Pantaleon, also räumlich vom Ausgangsbahnhof der Rheinischen Bahn nach Aachen im Nordosten Kölns getrennt).

Am 21.3.1844 formiert sich in Bonn ein neues Komitee, das den Weiterbau nach Koblenz betreibt. Die Entscheidungsträger in Berlin nehmen sich für die Diskussion der Linienführung Zeit, sodass zwischenzeitlich die Hessische Ludwigs-Eisenbahn-Gesellschaft (HLB) am 24.8.1853 in Mainz den Anschluss nach Worms (und kurz darauf zur Pfälzischen Ludwigsbahn Mannheim–Saarbrücken, diese baut dann am 15.11.1853 die Verlängerung Worms–Ludwigshafen) herstellt. Am 21.1.1856 ist die Strecke bis Rolandseck südlich Bonns verlängert.

Die Rheinische Eisenbahn-Gesellschaft (sie übernimmt die Bonn-Cölner Eisenbahn zum 1.1.1857) erhält am 5.3.1856 die Konzession zum Bau der Strecke bis Bingerbrück, die HLB hatte am 3.1. desselben Jahrs die Erlaubnis zur Erweiterung von Bingen bis Mainz bekommen.

Im Sommer 1857 beginnen die Vermessungsarbeiten, am 17.10.1859 ist Bingen–Mainz befahrbar, am 15.12.1859 erfolgt der Lückenschluss Bonn–Bingen. Durch die hohe Bedeutung der Strecke erfolgt der zweigleisige Ausbau frühzeitig in den 60er-Jahren des 19. Jh. Zahlreiche Nebenbahnen entstehen im Umfeld der Linken Rheinstrecke.

In der Zeit nach dem Zweiten Weltkrieg steigt die Linke Rheinstrecke zur wichtigsten Nord-Süd-Verbindung der Bundesrepublik auf, gilt als eine der Schlagadern des Rheinlands und Ruhrgebiets. Der Güterverkehr läuft im Wesentlichen über die Rechte Rheinstrecke.

1959 erfolgt die Elektrifizierung. Durch die hohe Verkehrsbelastung bleibt die Strecke von Rückbauten verschont. Nach Umbauten in den 80er-Jahren ist sie weitgehend für 160 km/h ertüchtigt. Damals fällt auch angesichts weiterer Ausbauten die Entscheidung zugunsten der Neubaustrecke Köln–Frankfurt/Main.

Seit Eröffnung der Neubaustrecke Köln–Frankfurt 2002 hat die Linke Rheinstrecke Verkehr abgegeben, bis dahin war sie die meistbefahrene Strecke Deutschlands. Eingesetzt werden im Nahverkehr (betrieben von DB Regio (Frankfurt/Main) und trans regio (Trier)) BR 425 sowie RE mit Doppelstockzügen. Immerhin befahren seit der Inbetriebnahme der Neubaustrecke mehr Güterzüge die Linke Rheinstrecke.

Die Strecke am oberen Mittelrhein (Bingen–Bonn) gilt als eine der landschaftlich schönsten Eisenbahnstrecken Deutschlands mit zahlreichen Sehenswürdigkeiten, wie z.B. der berühmte Loreleyfelsen bei St. Goarshausen auf der rechten Rheinseite. Das Obere Mittelrheintal zwischen Bingen/Rüdesheim und Koblenz gehört seit 2002 zum UNESCO-Weltkulturerbe.

Streckenname	Rheinstrecke
Alternative Bezeichnung	-
Relation	Köln–Mainz (Nordrhein-Westfalen, Rheinland-Pfalz)
Länge	182,8 km
Funktion	Personen- und Güterverkehr
Daten zum Bau	Baubeginn: Frühjahr 1843 Bauzeit (inkl. Planung, bis zur Fertigstellung): 16 Jahre (mit Unterbrechungen) Eröffnung: 15.2.1844 Durchgängig befahrbar ab: 15.12.1859
Spurweite	Vollbahn (1435 mm)
Wichtigste Bauwerke	Moselbrücke (270 m), Banktunnel (367 m), Betttunnel (236 m), Kammereck-Tunnel (289 m), Nahebrücke
Wichtigste Bahnhöfe	Köln, Koblenz, Mainz
Wichtigste Anschlusspunkte	Köln: Schnellfahrstrecke nach Aachen, Schnellfahrstrecke nach Frankfurt/Main, Linksniederrheinische Strecke nach Neuss, nach Duisburg, zahlreiche S-Bahn-Linien, Nahverkehr Hürth-Kalscheuren: Eifelstrecke nach Trier-Ehrang Bonn: Voreifelbahn nach Euskirchen Remagen: Ahrtalbahn nach Ahrbrück Andernach: Eifelquerbahn nach Kaisersesch Koblenz: Rechte Rheinstrecke (über Lahntalbahn), Moselbahn nach Trier Mainz: Mainbahn nach Frankfurt, nach Alzey, nach Ludwigshafen
Besonderheiten	Zweigleisige, elektrifizierte Hauptstrecke

Auch Deutschlands romantischster Linienflieger, der »Lufthansa-Airport-Express«, rollte durchs Rheintal: Am 17. Oktober 1984 legt sich eine Doppeleinheit des ET 403 bei Oberwesel in die Kurve. *Foto: H. Säuberlich*

Rechte Rheinstrecke

Auf der rechten Rheinseite bleibt der Eisenbahn häufig wenig Platz zwischen dem Ufer und der engen Bebauung. *Foto: M. Werning*

Nachdem die »Linke Rheinstrecke« Köln–Bonn bereits 1844 befahrbar ist, stehen strategische Bedenken dem Bau der Rechten Rheinstrecke entgegen: Zwar engagieren sich ab 1845 Deutz und ab 1852 Neuwied für den Bau einer Bahn von Köln entlang des rechten Rheinufers, aber die Bemühungen sind angesichts der schwer wiegenden militärischen Bedenken vergeblich.

Anders weiter südlich: Die Taunus-Eisenbahn-Gesellschaft eröffnet am 19.5.1840 den durchgängigen Betrieb zwischen Frankfurt/Main und Wiesbaden. Auch hier entstehen Ideen einer Bahn am rechten Rheinufer stromabwärts. Doch die unterschiedliche Interessenpolitik zwischen Preußen und dem Herzogtum Nassau (auf dessen Territorium die tangierte Region liegt) verhindern das Zustandekommen eines Vertrags.

1852 entsteht die Wiesbadener Eisenbahn-Gesellschaft, die durch die Regierung Nassaus am 23.6.1853 die Konzession einer Bahn Wiesbaden–Rüdesheim–Oberlahnstein erhält und am 17.2.1854 mit den Bauarbeiten beginnt. Am 11.8.1856 wird die Strecke bis Rüdesheim eröffnet – und die Bahngesellschaft ist insolvent.

Am 2. bzw. 6.11.1860 ergehen preußisch-nassauische Bahngesetze zum Weiterbau des Streckentorsos durch die Rheinische Eisenbahn-Gesellschaft: 1860/61 werden die Tunnel durch die Loreley und den Roßstein gebaut. Am 22.2.1862 geht Rüdesheim–Oberlahnstein in Betrieb. Am 3.6.1864 wird die Pfaffendorfer Rheinbrücke nach Koblenz eröffnet, sie stellt den Anschluss an die Linke Rheinstrecke her.

Nach der Annexion Nassaus durch Preußen 1866 wird das Projekt wiederbelebt. Die Konzession ergeht am 24.12.1866. Am 27.10.1869 ist Neuwied erreicht, die Verlängerung bis Oberkassel erfolgt am 11.7.1870 (dort besteht bis 1919 eine Trajekt-Fähre nach der linke Rheinseite und der dortigen Rheinstrecke). Am 1.3.1871 ist die Gesamtstrecke befahrbar.

Die Rechte Rheinstrecke entwickelt sich stürmisch weiter, Anschlussbahnen entstehen. Die Bahn wird zum Bindeglied im Nord-Süd-Verkehr im Kaiserreich. Die private Rheinische Eisenbahn-Gesellschaft wird zum 1.4.1881 verstaatlicht. Hauptbedeutung der Strecke liegt von Anfang an im Güterverkehr (Fernreiseverkehr läuft hauptsächlich über die Linke Rheinstrecke). In den Folgejahren 1913–1919 entstehen drei Rheinbrücken zur Verbindung von Rechter und Linker Rheinstrecke (Hindenburg-, Kronprinzen- und Ludendorffbrücke). Projekte eines viergleisigen Ausbaus verhindert der Zweite Weltkrieg. 1961 erfolgt die Elektrifizierung der Rechten Rheinstrecke. Die Fahrdrahtverlegung in den Tunneln bei Loreley und Roßstein verläuft kompliziert, sodass neue Tunnelröhren für das Richtungsgleis Wiesbaden–Oberlahnstein notwendig werden. Am 27.5.1962 hängt der Fahrdraht durchgehend. Die Rechte Rheinstrecke gilt als Bindeglied für den Fernverkehr zwischen den Niederlanden bzw. dem Ruhrgebiet nach Süddeutschland, Österreich und der Schweiz. Heute fahren im Nahverkehr RB (oft mit Doppelstockwagen, im Stundentakt) und RE (mit BR 425 ebenfalls im Stundentakt). Seit Dezember 2010 führt die VIAS (Frankfurt/Main) den Nahverkehr zwischen Koblenz und Wiesbaden durch.

Streckenname	Rechte Rheinstrecke
Alternative Bezeichnung	-
Relation	Köln–Wiesbaden (Nordrhein-Westfalen, Hessen)
Länge	178,3 km
Funktion	Personen- und Güterverkehr
Daten zum Bau	Baubeginn: 17.2.1854 Bauzeit (inkl. Planung, bis zur Fertigstellung): 17 Jahre (mit Unterbrechungen) Eröffnung: 11.8.1856 Durchgängig befahrbar ab: 1.3.1871
Spurweite	Vollbahn (1435 mm)
Wichtigste Bauwerke	Hohenzollern-Brücke (409,2 m), zahlreiche Brücken im Stadt- und Umlandbereich Köln, Siegbrücke, Lahnbrücke, Loreley-Tunnel (zwei Röhren 368 bzw. 417 m), Roßsteintunnel (zwei Röhren 378 bzw. 457 m)
Wichtigste Bahnhöfe	Köln, Wiesbaden
Wichtigste Anschlusspunkte	Köln: Schnellfahrstrecke nach Aachen, Schnellfahrstrecke nach Frankfurt/Main, Linksniederrheinische Strecke nach Neuss, nach Duisburg, zahlreiche S-Bahn-Linien, Nahverkehr Troisdorf: Siegstrecke Köln–Siegen, Schnellfahrstrecke Köln–Frankfurt/Main, Niederlahnstein: Lahntalbahn nach Wetzlar, nach Koblenz Wiesbaden: Schnellfahrstrecke Köln–Frankfurt/Main, Taunuseisenbahn nach Frankfurt/Main
Besonderheiten	Zweigleisige, elektrifizierte Hauptstrecke

Hunsrückbahn

Der Hubertusviadukt ist eines der wichtigsten Bauwerken der Strecke. 213 335 überquert die Brücke mit N 7578 am 22. Mai 1990. *Foto: M. Werning*

Bereits seit 1852 setzen sich Honoratioren Simmerns für den Anschluss der Stadt und des Hunsrücks an das Eisenbahnnetz ein. Doch erst am 6.10.1889 kann das Vorhaben mit Eröffnung der Strecke Langenlonsheim–Simmern umgesetzt werden.

Die Herstellung einer Verbindung aus dem Mittelgebirge an den Rhein bei Boppard steht auf der Wunschliste nicht nur der Bürger von Simmern, sondern wird in der Region breit diskutiert. Am 26.2.1896 werden zwei Projekte zum Bau einer Verbindungsbahn Boppard–Kastellaun vorgestellt. Dieses Datum gilt als Geburtsstunde der Hunsrückbahn. Die Vorarbeiten beginnen am 18.9.1898.

Am 27.10.1901 kann das erste Teilstück der künftigen Hunsrückbahn (sie wird erst sehr viel später so bezeichnet) mit der Relation Simmern–Kastellaun eröffnet. Nach der Inbetriebnahme des Abschnitts Kastellaun–Pfalzfeld (01.10.1906) folgt am 3.8.1908 der letzte Abschnitt Pfalzfeld–Boppard.

Die Bahn wird von Anfang an im Abschnitt Boppard–Buchholz (Steigung 6 Prozent) als Zahnradbahn (Zahnstangensystem Abt) betrieben. Diese wird 1931 beseitigt und der Betrieb mit Dampfloks der BR 94.5 (Steilstreckenversion mit Gegendruckbremse) abgewickelt.

1935–1938 erfolgt neben dem Bau der Hunsrückhöhenstraße auch der Ausbau der Eisenbahnstrecken im Hunsrück. Die Hunsrückbahn bleibt aber eingleisig. 1952 wird der Abschnitt Simmern–Emmelshausen auf Zugleitbetrieb umgestellt, das heißt, der Fahrdiebstleiter kann auf nahezu allen Stellen entfallen.

In den Jahren 1955/56 lösen Schienenbusse VT98 die Dampfloks zwischen Simmern und Boppard ab, die Dieseltriebwagen bleiben auf der Strecke bis zu deren Stilllegung. Im Mai 1962 werden die Signale des Bahnhofs Emmelshausen zurückgebaut und die Teilstrecke Emmelshausen–Buchholz wird fortan im vereinfachten Nebenbahnbetrieb geführt.

Die Stilllegungen beginnen am 27.5.1983, als der Güterverkehr (vor allem Holz) zwischen Emmelshausen–Pfalzfeld eingestellt wird, einen Tag später folgt der Personenverkehr Simmern–Emmelshausen. Dieser Abschnitt wird bis 1.5.2000 in einen Radweg umgewandelt.

Auf der Reststrecke tut sich noch einiges: Am 29.05.1995 wird die »Steilstrecken-V 100«, die BR 213, durch die BR 215 abgelöst; diese wird ihrerseits von der 218 abgelöst (ab 29.09.2001) – eine nicht unproblematische Entscheidung, denn die schweren Loks beanspruchen das Gleis erheblich.

Am 1.6.1995 erfolgt die Einstellung des Güterverkehrs der Relation Simmern–Emmelshausen, im Februar 1998 beginnt der Rückbau des Abschnitts Simmern–Pfalzfeld.

Von Juli 2008–Februar 2009 lässt das Land Rheinland-Pfalz die Strecke Boppard–Emmelshausen sanieren. Auf diesem Abschnitt führt seit 13.12.2009 das Eisenbahnverkehrsunternehmen Rhenus Veniro (Mainz) schienengebundenen Personennahverkehr durch.

Streckenname	Hunsrückbahn (nicht zu verwechseln mit der ehemaligen Hunsrückquerbahn Langenlosheim–Hermeskeil)
Alternative Bezeichnung	
Relation	Boppard–Simmern, heute nur noch Abschnitt Boppard–Emmelshausen betrieben (Rheinland-Pfalz)
Länge	Einst 53,5 km, heute noch etwa 15 km
Funktion	Personen- und Güterverkehr
Daten zum Bau	Baubeginn: 18.9.1898 Bauzeit (inkl. Planung, bis zur Fertigstellung): 10 Jahre Eröffnung: 27.1.1901 Durchgängig befahrbar ab: 3.8.1908
Spurweite	Vollbahn (1435 mm)
Wichtigste Bauwerke	Hubertusviadukt bei Boppard (48,5 m), weitere Tunnel
Wichtigste Bahnhöfe	Boppard, Buchholz, Emmelshausen
Wichtigste Anschlusspunkte	Boppard: Linke Rheinstrecke Köln–Mainz
Besonderheiten	Eine der steilsten Adhäsionsstrecken Deutschlands, langjähriges Einsatzgebiet der BR 213 größte Steigung: 6 Prozent überwundener Höhenunterschied: 300 m

Aartalbahn

Bis zur Einstellung des Personenverkehrs war die Aartalbahn eine Domäne der Akkutriebwagen der Deutschen Bundesbahn. *Foto: T. Estler*

Seit 1845 ist die eisenbahntechnische Erschließung des Westtaunus Thema in Wiesbadener Wirtschaftskreisen, die 1862 erstmals konkrete Pläne einer Bahnverbindung zwischen Rhein und Lahn unter der vorgesehenen Regie der Herzoglich-Nassauischen Staatsbahn präsentieren. Doch die preußische Annexion Hessens 1866 macht die Verkehrspläne zunächst zunichte. Erst 1868 wird das Projekt, nun unter Ägide des Königlich Preußischen Eisenbahndirektoriums in Wiesbaden, wiederbelebt. Die Bauarbeiten vollziehen sich in zwei Etappen: Bis 1870 entsteht eine Stichbahn Diez–unteres Aartal, und dann bis 15.11.1889 erfolgt der Bau des Abschnitts Wiesbaden–Langenschwalbach (heute Bad Schwalbach, bekannt durch die extrem kurvengängigen Langenschwalbacher Waggons).

Das Teilstück Wiesbaden-Chausseehaus–Wiesbaden-Eiserne Hand zählt mit seiner Steigung von 33,3 Promille zu den damals steilsten Bahnstrecken, die ohne Zahnstange befahren werden. Bis 1894 kann auch das mittlere Aartal an die Bahn angeschlossen werden.

Die Linie weist nur wenige Kunstbauten wie den Hohensteiner Tunnel (169 m) und einige Brücken auf, trotzdem ist sie anspruchsvoll trassiert. Durch ihren kurvenreichen Verlauf (bei Fahrten über die Aartalbahn trat einst das typische »Rädersingen« der Schienenbusse in Kurven auf) durch Talwiesen und Waldränder und ab Bleidenstadt durch das Tal der Aar gehört die Bahn sicher zu den schönsten deutschen Mittelgebirgsstrecken.

Hauptaufgabe der Bahn ist der Bäderverkehr Wiesbaden–Langenschwalbach sowie der Güterverkehr zur Bedienung der Eisenwerke und Kalkwerke zwischen Kettenbach und Hahnstätten.

1983 stellt die DB zunächst den Verkehr im Streckenabschnitt Wiesbaden–Bad Schwalbach ein, 1986 folgte die Betriebseinstellung zwischen Bad Schwalbach und Kettenbach, 2000 schließlich die Einstellung des Betriebes zwischen Kettenbach und Diez.

Der hessische Teil der Strecke ist seit 1987 denkmalgeschützt (»Hessens längstes Baudenkmal«) – damit ist erstmals in der Bundesrepublik eine ganze Bahnstrecke mitsamt Betriebsanlagen unter Denkmalschutz gestellt worden. Seit 1985 finden Touristikfahrten statt, die seit 1986 von der Nassauischen Touristik Bahn durchgeführt werden. Der Arbeitskreis Aartalbahn (er bietet u. a. Draisinenfahrten zwischen Diez und Michelbach auf der alten Strecken an) tritt für eine Wiederbelebung der Linie ein. Derzeit laufen Untersuchungen, die Aartalbahn im Rahmen einer Verbindung Limburg–Wiesbaden wieder für den Personenverkehr zu reaktivieren.

Streckenname	Aartalbahn
Alternative Bezeichnung	Taunusquerbahn
Relation	Wiesbaden–Diez (Hessen, Rheinland-Pfalz)
Länge	53,7 km
Funktion	Verbindung Wiesbadens mit Raum Limburg, heute Kulturdenkmal, abschnittsweise Museumsbahn
Daten zum Bau	Baubeginn: 1868 Bauzeit (inkl. Planung bis zur Fertigstellung): 26 Jahre (mit Unterbrechungen) Eröffnung: 1870 (Diez–unteres Aartal) Durchgängig befahrbar ab: 1894
Spurweite	Vollbahn (1435 mm)
Wichtigste Bauwerke	Hohensteiner Tunnel, Adolfsecker Tunnel
Wichtigste Bahnhöfe	Wiesbaden, Bad Schwalbach, Diez
Wichtigste Anschlusspunkte	Wiesbaden: Rechte Rheinstrecke nach Koblenz, Rückershausen: Nassauische Kleinbahn Nasstätten–St. Goarshausen (bis 1962), Flacht und Diez: Lahntalbahn Wetzlar–Koblenz
Besonderheiten	Wiesbaden-Dotzheim Ausgangspunkt der Nassauischen Touristik Bahn; einst Einsatz der Akku-Triebwagen der BR 516 und 517 (»Limburger Zigarre«) größte Steigung: 33,3 Promille (zwischen Wiesbaden-Dotzheim und Hahn-Wehen) höchster Punkt: Eiserne Hand (421 m)

Kahlgrundbahn

Triebwagen VT 304 nach Schöllkrippen ist bei Michelbach Herrnmühle inmitten unterfränkischer Weinberge unterwegs (August 2009). *Foto: U. Miethe*

Die Gemeinden des unterfränkischen Kahlgrunds (Region im nördlichen Spessart, Bayern) reichen im März 1881 eine Petition an den König ein, mit der sie um den Anschluss an das Bahnnetz nachsuchen. Denn viele Menschen aus der Region müssen eine beschwerliche Anreise zur Arbeit in die umliegenden Städte wie Aschaffenburg in Kauf nehmen.

Schließlich erteilt Prinzregent Luitpold am 23.10.1897 dem Ingenieur Hermann Christner aus Hanau eine Konzession, die den Bau einer normalspurigen Bahnstrecke von Kahl am Main – die Stadt liegt an der 1854 eröffneten Main-Spessart-Bahn Hanau–Würzburg – nach Schöllkrippen erlaubt.

Die Bauarbeiten beginnen kurz darauf und nach nur einem Jahr ist die 23 km lange Stichstrecke fertig, am 28.10.1898 kann sie in Betrieb gehen. Damit ist die Kahlgrundregion an den aufblühenden Rhein-Main-Raum angeschlossen, im Volksmund wird die auch Weinbaugebiete durcheilende Bahn bald »Bembel« genannt. Zu Anfang versieht die Kahlgrundbahn nur Personentransport und setzt zu diesem Zweck die beiden Dampflokomotiven »Kahl« und »Alzenau« ein. Mit der Bahn setzt auch ein verstärkter Güterverkehr ein, der die Region wirtschaftlich belebt.

1899 geht die Bahn in den Besitz der neu gegründeten »Eisenbahn- und Industrie Actiengesellschaft« über, fünf Jahre später wird sie in »Kahlgrund-Eisenbahn-Aktien-Gesellschaft« (KEAG) umbenannt.

Erstmals kommen 1937 die rationellen Triebwagen zum Einsatz, allerdings noch ältere Dampftriebwagen; 1943 erscheinen die ersten modernen Dieseltriebwagen. Die Bahn hat den Zweiten Weltkrieg gut überstanden, 1948 ergänzt sie ihren Betrieb durch Omnibuslinien, um auch abgelegene Orte der Region zu erreichen. 1951 geht die KEAG in Konkurs, der Betrieb wird nun von der 1952 gegründeten Kahlgrund-Verkehrs-Gesellschaft mbH (KVG) weitergeführt.

Während die eigentliche Kahlgrundbahn Kahl am Main–Schöllkrippen in der Zuständigkeit Bayerns liegt, wird der Teil der Main-Spessart-Bahn Hanau–Kahl am Main vom Land Hessen verantwortet. Dem Kunden sollte eine durchgehende Fahrt mit der Kahlgrundbahn bis in das hessische Oberzentrum Hanau, mit Anschluss an die dort endende S-Bahn nach Frankfurt (Main) angeboten werden. Seit 1997 fahren die Züge zwischen Hanau und Schöllkrippen und »ignorieren« damit sozusagen den historischen Streckenbeginn in Kahl am Main.

Mit dem Fahrplanwechsel am 11.12.2005 führt die Hessische Landesbahn (HLB) den Verkehr auf der Kahlgrundbahn durch, die dazu von der Bayerischen Eisenbahngesellschaft (BEG) zunächst bis 2015 beauftragt worden ist. Die KVG fungiert weiterhin als Eisenbahninfrastrukturunternehmen und führt derzeit Erneuerungsprogramme auf der Strecke durch. Sie umfassen die Sanierung bzw. den Neubau von Brücken, Gleisen und weiterer Infrastruktur; die Arbeiten erstrecken sich bis 2015 erstreckt. Auf der Strecke führt die Museumseisenbahn Hanau (vormals Dampfbahnfreunde Kahlgrund) von Zeit zu Zeit historische Dampfzugsonderfahrten durch.

Streckenname	Kahlgrundbahn
Alternative Bezeichnung	Bembel
Relation	Kahl am Main–Schöllkrippen (Bayern)
Länge	23 km
Funktion	Personen- und Güterverkehr, eingleisige Nebenbahn, nicht elektrifiziert
Daten zum Bau	Baubeginn: Herbst 1897 Bauzeit (inkl. Planung, bis zur Fertigstellung): 1 Jahr Eröffnung: 28.10.1898 Durchgängig befahrbar ab: 28.10.1897
Spurweite	Vollbahn (1435 mm)
Wichtigste Bauwerke	
Wichtigste Bahnhöfe	Kahl am Main, Alzenau, Schölkrippen
Wichtigste Anschlusspunkte	Kahl am Main: Main-Spessart-Bahn Hanau–Würzburg
Besonderheiten	-

Main-Spessart-Bahn

Die Main-Spessart-Bahn ist sehr stark frequentiert. Vor allem im Maintal (hier bei Wernfeld) rollen die Güterzüge im Minutentakt. *Foto: U. Miethe*

König Ludwig I. von Bayern unterstützt in den 40er-Jahren des 19. Jahrhunderts Kanalbauprojekte, doch der damals einsetzende Siegeszug der Eisenbahn überzeugt auch den Monarchen. Am 23.3.1846 beschließt Bayern seine zweite Hauptbahnlinie: die Ludwigs-West-Bahn von Bamberg über Würzburg nach Aschaffenburg. Von dort soll dann eine Verbindung ins kurhessische Hanau hergestellt werden.

Allerdings kann der Bau erst nach den Wirren der Revolution von 1848/49 beginnen. Der Abschnitt von Bamberg bis Würzburg kann seit 1.7.1854 durchgängig befahren werden, am 1.10.1854 wird der Abschnitt Würzburg–Aschaffenburg–Landesgrenze bei Kahl am Main eröffnet. Dort trifft die Bahnlinie auf die bereits am 22.6.1854 eröffnete Frankfurt-Hanauer-Eisenbahn, damit ist die Fahrt von Würzburg (natürlich schon ab Bamberg) bis Hanau (und Frankfurt) möglich.

Der anspruchsvollste Streckenabschnitt ist die fast 5 km lange Spessartrampe (zwischen Würzburg und Aschaffenburg musste der Spessart überwunden werden; die geringer geneigte Neubau-Rampe (etwa 14 Promille) soll ab 2011 bis 2014 erbaut werden) mit einer durchschnittlichen Steigung von 22 Promille. Sie ist wie die Kunstbauten von Anfang an zweigleisig errichtet worden, die übrige Strecke geht eingleisig in Betrieb und wird bis in die 90er-Jahre des 19. Jahrhunderts erst nach und nach zweigleisig ausgebaut. Die Rampe muss im aufwendigen Schiebedienst (bis Ende der 40er-Jahre mit Loks der BR 96, dann BR 94 und 95, nach der Elektrifizierung E 94, bis vor kurzem 150) bewältigt werden.

Der Abschnitt Würzburg–Veitshöchheim wird ab 10.10.1954 elektrisch betrieben, Veitshöchheim–Aschaffenburg ab 29.9.1857. Die 11,3 km lange Nantenbacher Kurve verbindet seit Juni 1994 die Main-Spessart-Bahn mit der Schnellfahrstrecke Hannover–Würzburg.

Der Nahverkehr dominiert auf der Main-Spessart-Bahn: Mit Beginn des Jahresfahrplans 1992/93 am 31.5.1992 erhalten die Regionen Hanau, Aschaffenburg, Main-Spessart und Würzburg den neuen RegionalSchnell-Bahn-Verkehr. Das Betriebskonzept sieht einen Taktfahrplan vor.

Vom Neubau der Spessartrampe abgesehen, sind derzeit keine Neubauten im Verlauf der Bahnstrecke vorgesehen, allerdings ist der Ausbau des Abschnitts Gemünden–Aschaffenburg zumindest geplant. Der Main-Spessart-Bahn kommt heute hohe Bedeutung als Verbindung des Rhein-Main-Gebiets mit dem Oberzentrum Würzburg und damit auch mit den Metropolregionen Nürnberg und München zu.

Streckenname	Main-Spessart-Bahn
Alternative Bezeichnung	-
Relation	Würzburg–Hanau (Bayern, Hessen)
Länge	112,5 km
Funktion	Heute Personennah- und Güterverkehr, wenige Fernverkehrszüge zwischen Nantenbacher Kurve und Hanau
Daten zum Bau	Baubeginn: 1850 Bauzeit (inkl. Planung, bis zur Fertigstellung): 4 Jahre Eröffnung: 1.10.1854 Durchgängig befahrbar ab: 1.10.1854
Spurweite	Vollbahn (1435 mm)
Wichtigste Bauwerke	Schwarzkopf-Tunnel (926 m) bei Heigenbrücken, Nantenbacher Kurve bei Neuendorf (in deren Verlauf Schönraintunnel 3941 m), Spessartrampe (zwischen Heigenbrücken und Laufach)
Wichtigste Bahnhöfe	Würzburg, Gemünden am Main, Aschaffenburg, Hanau
Wichtigste Anschlusspunkte	Würzburg: Nord-Süd-Verbindung nach Hannover, Frankenbahn nach Stuttgart, nach Nürnberg, nach Bamberg und nach Treuchtlingen Gemünden am Main: Fränkische Saaletalbahn nach Bad Kissingen, Sinntalbahn nach Jossa, Werntalbahn nach Arnstein und Schweinfurt Aschaffenburg: Rhein-Main-Bahn nach Darmstadt Hanau: nach Frankfurt am Main
Besonderheiten	Zweigleisig, elektrifiziert 1954–1957 größte Steigung: 22 Promille Scheitelpunkt: bei Heigenbrücken West (Spessartrampe)

Maintalbahn

Viele Jahre prägten die klassischen Silberlinge der DB das Bild des Nahverkehrs auf der Maintalbahn. *Foto: T. Estler*

Die Süd-Nord-Bahn (zusammengefügt ergeben die einzelnen Abschnitte die Strecke Lindau–Hof) erreicht 1844 Bamberg. Wie in anderen Regionen Bayerns jener eisenbahnbegeisterten Epoche gibt es auch in der oberfränkischen Stadt Wünsche nicht nur der gewerbetreibenden Bevölkerung Bamberg an weitere Städte anzuschließen.
Am 23.3.1846 stimmt die bayerische Abgeordnetenkammer dem Bau einer Staatsbahn von Bamberg bis Aschaffenburg zu, sie wird dem König zu Ehren Ludwigs-West-Bahn genannt. Sie soll sozusagen die Querspange zwischen den beiden wichtigsten deutschen Handelsplätzen Frankfurt am Main und Leipzig bilden.
Im Winter 1849/50 beginnen die Planungen, nachdem die revolutionären Unruhen von 1848/49 die Eisenbahnkonjunktur erheblich beeinträchtigt hatten. Nach zweieinhalb Jahren Bauzeit wird am Sonntag, dem 1.8.1852 der Abschnitt von Bamberg nach Haßfurt eingeweiht. Die Verlängerung nach Schweinfurt Stadt, die gleichzeitig mit dem Bau der Linie Bamberg–Haßfurt vorangetrieben worden ist, kann am 3.11.1852 in Betrieb gehen. Nur das letzte Stück, die Bahnstrecke bis Würzburg, wird erst am 1.7.1854 fertiggestellt (der Abschnitt Würzburg–Aschaffenburg, der nicht mehr zur Maintalbahn gehört, folgt am 1.10.1854, er trifft in Kahl am Main auf die Frankfurt-Hanauer-Eisenbahn).
Seit Juli 1854 ist eine durchgängige Verbindung von Würzburg nach Bamberg hergestellt (zwischen Würzburg und Rottendorf wird die Maintalbahn auch von der Strecke Würzburg–Nürnberg mitbenutzt; der Abschnitt Würzburg–Schweinfurt wird auch von Zügen der Relation Würzburg–Bad Kissingen/Erfurt befahren).
Schon bald nach Betriebsaufnahme erweist sich die Streckenführung östlich Würzburgs (die Bahn zieht sich in weitem Bogen von Bamberg nach Würzburg) als höchst unglücklich, stellt sie doch eine erheblichen Umweg aus dem Nürnberger Raum dar. So entsteht bis 1865 eine direkte Bahnverbindung Nürnberg–Würzburg, die schon elf Jahre nach ihrer Entstehung der Maintalbahn Verkehr entzieht.
Aber: Die Ludwigs-West-Bahn – und somit auch die Maintalbahn – ist ein Erfolg, zieht Verkehr des süddeutschen Bahnnetzes an und hält ihre Bedeutung im Wesentlichen bis heute. Schon 1897 machen Kapazitätsgrenzen einen zweigleisigen Ausbau zwischen Schweinfurt und Waigolshausen nötig. Die restliche Strecke wird 1905–1908 zweigleisig ausgebaut (im Jahre 1984 folgt der dreigleisige Ausbau des Abschnitts Würzburg–Rottendorf).

Ein Einschnitt stellt das Kriegsende dar, als die Relation Würzburg–Schweinfurt (und dann weiter nach Meiningen/Thüringen) nicht mehr von Reisezügen nach Thüringen und Sachsen befahren werden kann.
Der anfängliche Dampf- oder Dieselbetrieb (ab den 50er-Jahren des 20. Jahrhunderts) wird durch die Elektrifizierung abgelöst: Am 03.10.1954 ist Würzburg–Rottendorf mit Fahrdraht überspannt, seit 22.09.1971 auch der Abschnitt Waigolshausen–Bamberg, der »Lückenschluss« findet am 26.05.1972 statt, als die erste E-Lok zwischen Rottendorf und Waigolshausen fährt.
Heute dient die Maintalbahn hauptsächlich dem regionalen Personenverkehr und dem Güterverkehr, Fernverkehr findet keiner mehr statt. Die Fahrt führt durchs schöne fränkische Weinland und zum großen Teil am Main entlang. Im Einsatz stehen 146 mit Doppelstock-Wendezügen und VT 650 der Erfurter Bahn (EB).

Streckenname	Maintalbahn (nicht zu verwechseln mit der Strecke Aschaffenburg–Wertheim)
Alternative Bezeichnung	Mainfrankenbahn
Relation	Bamberg–Würzburg (Bayern)
Länge	100,2 km
Funktion	Personen- und Güterverkehr
Daten zum Bau	Baubeginn: 1850 Bauzeit (inkl. Planung, bis zur Fertigstellung): 4 Jahre Eröffnung: 1.8.1852 Durchgängig befahrbar ab: 1.7.1854
Spurweite	Vollbahn (1435 mm)
Wichtigste Bauwerke	-
Wichtigste Bahnhöfe	Bamberg, Schweinfurt, Würzburg
Wichtigste Anschlusspunkte	Bamberg: nach Nürnberg, nach Hof Schweinfurt: nach Meiningen Rottendorf: Nürnberg–Würzburg Würzburg: nach Treuchtlingen, Frankenbahn nach Stuttgart, Schnellbahnstrecke nach Hannover, Main-Spessart-Bahn nach Hanau
Besonderheiten	Zweigleisig, elektrifiziert, kein Fernverkehr; Teil der einstigen Ludwigs-West-Bahn

Wiesenttalbahn

Bis zum Fahrplanwechsel im Winter 2008 verkehrten zwischen Forchheim und Ebermannstadt Triebwagen der Baureihe 614. *Foto: M. Werning*

Am 1.6.1891 geht die Lokalbahn Forchheim–Ebermannstadt unter Ägide der KBayStsB in Betrieb. Doch die Gemeinden zwischen dem Wallfahrtsort Gößweinstein und Ebermannstadt (in den Städtchen und Dörfern der Region haben sich in den 90er-Jahren des 19. Jahrhunderts mehrere Eisenbahnkomitees gebildet) streiten sich nun heftig über den weiteren Verlauf der Bahn. Während die einen für den Bau der Strecke entlang des Flusses Wiesent plädieren, treten die anderen für eine möglichst kurze Anbindung Gößweinsteins ein.

Während des Streits versucht die Stadt Bayreuth über Hollfeld eine Verbindung nach Ebermannstadt genehmigen zu lassen, aber Bayern lehnt das Ansinnen am 10.5.1909 ab. Gebaut wird aber eine Lokalbahn von Ebermannstadt nach Heiligenstadt in Oberfranken (die sogenannte Leinleitertalbahn, Baubeginn am 1.6.1913). Schließlich entscheidet die bayerische Staatsregierung den Streit am 2.11.1912 und genehmigt den Bau einer Strecke von Ebermannstadt an der Wiesent entlang bis Behringersmühle, die in Gasseldorf (kurz nach Ebermannstadt) aus der Leinleitertalbahn abgeleitet werden soll. Am 4.10.1915 geht der Abschnitt Ebermannstadt–Gasseldorf in Betrieb.

Doch der Erste Weltkrieg und die darauf folgende schlechte Finanzlage des jungen Staats von Weimar führen zu einem etappenweisen Weiterbau, sodass Behringersmühle erst am 4.10.1930 erreicht wird, Lokalbahnen gibt es nicht mehr, die Strecke wird als Nebenbahn bezeichnet.

Der Fremdenverkehr in die Fränkische Schweiz, der seit den 20er-Jahren stetig zunimmt und in den 50er-Jahren sogar Ausflugszüge direkt aus Nürnberg und Bamberg rechtfertigt, sorgt für eine gute Auslastung der Nebenbahn.

In den 60er-Jahren wird die Wiesenttalbahn ein Opfer des zunehmenden Individualverkehrs, die Haupteinnahmequelle Ausflugsverkehr versiegt. Der Personenverkehr zwischen Ebermannstadt und Behringersmühle wird durch die DB am 30.5.1976 eingestellt. Der beabsichtigte Abbau der Gleisanlagen kann durch den Museumsbahnverein »Dampfbahn Fränkische Schweiz« (gegründet 16.4.1974) aber verhindert werden, der Verein setzt sich für die Erhaltung von Schienenweg und Infrastruktur im Wiesenttal ein. Als Museumsbahn wird das Teilstück am 9.8.1980 wieder in Betrieb genommen (im Einsatz sind u.a. 64 491, V 36 123 und V 36 235 sowie V 60 114). Die Strecke Forchheim–Ebermannstadt wird am 27.9.1987 Teil des Verkehrsverbunds Großraum Nürnberg und heute mit Dieseltriebwagen der BR 642 bedient. Es ist vorgesehen, die Linie ab Sommer 2011 durch die agilis Verkehrsgesellschaft (Regensburg) zu betreiben.

Streckenname	Wiesenttalbahn
Alternative Bezeichnung	-
Relation	Forchheim–Behringersmühle (Bayern)
Länge	30,7 km, davon 15,2 km Museumsstrecke Ebermannstadt–Behringersmühle
Funktion	Personen- und Güterverkehr, Museumsbahn
Daten zum Bau	Baubeginn: 1891 Bauzeit (inkl. Planung, bis zur Fertigstellung): 39 Jahre (mit langjährigen Unterbrechungen) Eröffnung: 1.6.1891 Durchgängig befahrbar ab: 4.10.1930
Spurweite	Vollbahn (1435 mm)
Wichtigste Bauwerke	Wiesent-Brücke (44 m, bei Ebermannstadt), Neideck-Brücke (93 m, bei Streitberg), Hindenburgbrücke (155 m, bei Gößweinstein)
Wichtigste Bahnhöfe	Forchheim, Ebermannstadt, Behringersmühle
Wichtigste Anschlusspunkte	Forchheim: Strecke Nürnberg–Bamberg
Besonderheiten	Forchheim–Ebermannstadt von DB betrieben (ab Sommer 2011 durch agilis), Ebermannstadt–Behringersmühle als Museumsbahn von Dampfbahn Fränkische Schweiz (DFS)

Frankenwaldbahn

Ein Güterzug rollte über die 200 Meter lange Trogenbachbrücke bei Ludwigstadt. *Foto: T. Estler*

Es sind die Besitzer der Steinkohlegruben in Stockheim/Oberfranken, die im August 1841 ein Gesuch an die bayerische Staatsregierung richten, ihre Region bei einer abzusehende Fortsetzung des Bahnbaus von Bamberg (die Ludwig-Süd-Nord-Bahn kommt am 1.10.1844 in Bamberg an) zu berücksichtigen. Am 23.10.1853 geht ein erneutes Gesuch nach München – wiederum vergeblich.

Erst als sich die Stadt Kronach einschaltet und mit Freiherr von Cramer Klett (Besitzer der späteren MAN) einen privaten Finanzier auftut, wird am 4.12.1859 der Bau einer Bahn von Hochstadt-Marktzeuln nach Stockheim beschlossen. Am 27.3.1860 wird die Konzession erteilt. Am 20.2.1861 wird Hochstadt-Marktzeuln–Gundelsdorf eröffnet, Stockheim am 1.3.1863 erreicht.

Auf der Nordseite des Frankenwalds baut die Thüringische Eisenbahngesellschaft, wie es im Staatsvertrag (4.12.1867) mit Preußen und den tangierten thüringischen Fürstentümern vorgesehen ist, eine Bahnstrecke von Gera bis Eichicht bei Kaulsdorf. Diese Bahn wird am 20.12.1871 eröffnet.

Nach kurzer Pause gehen die Bahngesellschaften daran, die bestehende Lücke zu beseitigen: Am 8.8.1885 gehen Stockheim–Ludwigsstadt und Eichicht–Probstzella in Betrieb, das letzte Stück zwischen Ludwigsstadt und Probstzella wird dann am 1.10.1885 eröffnet.

Da beim Bau das Planum bereits für zwei Gleise vorgesehen ist, kann der zweigleisige Ausbau zunächst zwischen Rothenkirchen und Probstzella am 22.11.1890 starten. Zwischen 1903 und 1914 erfolgt der zweigleisige Ausbau der gesamten Frankenwaldbahn.

Die Frankenwaldbahn entwickelt sich zu einer bedeutenden Nord-Süd-Verbindung. Sie sieht sogar hochwertigen Fernverkehr, etwa mit der Relation Berlin–München. Zwischen 1935 und 1939 wird die Frankenwaldbahn elektrifiziert. Am 10.5.1939 befährt der Eröffnungszug die Strecke unter Fahrdraht.

In der Nachkriegszeit verliert die Strecke erheblich an Bedeutung. Im Rahmen von Reparationen verliert der nördliche Streckenteil in der sowjetischen Besatzungszone das zweite Gleis und den Fahrdraht. Die DB degradiert die Frankenwaldbahn zur eingleisigen Hauptbahn, die Grenze passieren lediglich Interzonenzüge. 1990 beginnt die umfangreiche Streckensanierung, dabei erfolgt eine Neuelektrifizierung. Seit 2000 benutzen ICE der Relation München–Berlin die Frankenwaldbahn. Die kurvenreiche Linienführung bewältigen dabei Neigetechnikzüge wie der ICE T (BR 411).

Darüberhinaus findet ein umfangreicher Nahverkehr (RB und RE) statt. Der Güterverkehr ist nach wie vor bedeutend, dabei sind auch Privatbahn-Maschinen beim Einsatz zu beobachten.

Streckenname	Frankenwaldbahn
Alternative Bezeichnung	Steilrampe über den Frankenwald
Relation	Bamberg–Saalfeld (Bayern, Thüringen)
Länge	119,9 km
Funktion	Personen- und Güterverkehr
Daten zum Bau	Baubeginn: 1860 Bauzeit (inkl. Planung, bis zur Fertigstellung): 25 Jahre (mit Unterbrechungen) Eröffnung: 20.2.1861 Durchgängig befahrbar ab: 1.10.1885
Spurweite	Vollbahn (1435 mm)
Wichtigste Bauwerke	Trogenbachbrücke (200 m), Taugwitztalbrücke (56 m), Saalebrücke Breternitz (114 m)
Wichtigste Bahnhöfe	Bamberg, Saalfeld
Wichtigste Anschlusspunkte	Bamberg: nach Nürnberg, nach Scheßlitz, nach Würzburg Saalfeld: Saalbahn nach Großheringen, nach Arnstadt, nach Leipzig und Gera
Besonderheiten	Zweigleisige, elektrifizierte Hauptstrecke Größte Steigung: 29 Promille (Scheitelpunkt 594,5 m bei Steinbach am Wald)

Pegnitztalbahn

Bis zu ihrer Ausmusterung verkehrten im Pegnitztal die Triebwagen der Baureihe 614. *Foto: M. Werning*

Bayreuth erhält am 28.11.1853 Anschluss an die Ludwig-Süd-Nord-Bahn und zwar in Form einer Stichbahn. Allerdings muss der Bahnreisende, der von Bayreuth in die Metropole Nürnberg will, einen erheblichen Umweg über Lichtenfels, Bamberg und Forchheim in Kauf nehmen. Daher setzen sich Bayreuther Unternehmer für einen direkten Eisenbahnweg nach Nürnberg ein. Allerdings werden nun vier verschiedene Varianten der Streckenführung diskutiert, und das jahrelang.

1854 plant die Bayerische Ostbahn Aktiengesellschaft die Bahnlinie Nürnberg–Amberg–Regensburg, die im oberen Teil (also bei Nürnberg) im Pegnitztal laufen soll. Am 9.5.1859 geht der Abschnitt Nürnberg–Hersbruck–Pommelsbrunn in Betrieb.

In der Diskussion über die Linie Nürnberg–Bayreuth zeichnet sich erst 1875 eine Lösung ab, schließlich erhält die Linie über Neuhaus und Pegnitz den Zuschlag. Diese Bahnstrecke wird ab 1875 eingleisig erbaut (das zweite Gleis folgt zwischen 1898 und 1899, die Betriebsaufnahme erfolgt aber nach langer amtlicher Prüfung erst im Jahr 1901). Zwischen Nürnberg über Schnabelwaid bis Bayreuth kann die Strecke am 15.7.1877 in Betrieb gehen. Die Betriebsführung obliegt der Königlich Bayerischen Staatsbahn (die Bayerische Ostbahn wird zum 31.12.1875 in die KBayStsB eingegliedert).

Im Pegnitztal existieren nun zwei Bahnlinien, eine links, eine rechts der Pegnitz. Das ist der Grund, warum einige Städte zwei Bahnhöfe erhalten haben, die mit dem Zusatz »links der Pegnitz« (in Flussrichtung gesehen, also an der Strecke in Richtung Regensburg), oder »rechts der Pegnitz« (also in Richtung Bayreuth) versehen werden.

Nachdem Bayreuth erreicht ist, wird die Pegnitztalbahn-Strecke 1877 von Schnabelwaid aus weitergeführt (zählt nicht mehr zur Pegnitzbahn; von hier aus geht es ab 1.11.1883 nach Eger, dem heutigen Cheb in der Tsche-

Für die Neitec-Züge der Baureihe 612 bietet die Pegnitztalbahn ideale Einsatzmöglichkeiten. *Foto: M. Werning*

chischen Republik). Die rechte Pegnitzstrecke trägt die Hauptlast im Fern- und Güterverkehr. Im Pegnitztal fahren S 3/6, BR 01, 44 und 50. Nach der Verdieselung in den 50er-Jahren kommen V 80 und V 200 auf die Bahn.
Der Fall des Eisernen Vorhangs 1989 bringt der seit 1945 in ihrer Bedeutung reduzierten Strecke viele zusätzliche Züge, allein in den Jahren 1991/92 gibt es dreizehn Schnellzugverbindungen durch das Pegnitztal.
Die Eilzüge im malerischen Pegnitztal werden ab 31.5.1992 durch die bis 160 km/h schnellen Dieseltriebwagen der Baureihe 610 mit italienischer Neigetechnik für das bogenschnelle Fahren (Pendolino) abgelöst. Im Winter 2006 wird erstmals der Franken-Sachsen-Express eingesetzt (Relation Nürnberg–Bayreuth–Dresden). Er ersetzt die heute nicht mehr bestehende Interregio-Linie. Im Nahverkehr fahren Regionalbahnen, etwa mit den Triebwagen der Baureihe 612 (RegioSwinger); typisch ist auch der Einsatz der Baureihe 628.

Streckenname	Pegnitztalbahn
Alternative Bezeichnung	Rechte Pegnitzstrecke (im Raum Nürnberg), Fränkische Gotthardstrecke, Teil der Fichtelgebirgsstrecke Nürnberg–Cheb
Relation	Nürnberg–Bayreuth (Bayern)
Länge	93,2 km
Funktion	Personen- und Güterverkehr
Daten zum Bau	Baubeginn: 1875 Bauzeit (inkl. Planung, bis zur Fertigstellung): 2 Jahre Eröffnung: 15.7.1877 Durchgängig befahrbar ab: 15.7.1877
Spurweite	Vollbahn (1435 mm)
Wichtigste Bauwerke	Zahlreiche Brücken über Flüsse wie Pegnitz, Roter Main, Vogelherdtunnel (256 m), Plattetunnel (268 m), Rothenfelstunnel (218 m), Sonnenburgtunnel (185 m), Gotthardtunnel (318 m), Haidenhübeltunnel (170 m)
Wichtigste Bahnhöfe	Nürnberg, Schnabelwaid, Bayreuth
Wichtigste Anschlusspunkte	Nürnberg: nach Crailsheim, nach Augsburg, nach Würzburg, nach Bamberg, verschiedene Nahverkehrslinien, nach Ingolstadt–München, nach Regensburg
	Schnabelwaid: nach Bayreuth
	Bayreuth: nach Weiden, nach Warmensteinach, nach Neuenmarkt
Besonderheiten	Nicht elektrifizierte Hauptbahn Überwundener Höhenunterschied: 160 m

Vogtlandbahn

Die Göltzschtalbrücke ist mit einer Höhe von 78 m und einer Länge von 574 m die größte Ziegelsteinbrücke der Welt. *Foto: S. Bürgel*

Die private »Sächsisch-Baierische Eisenbahn-Compagnie« (SBEC, am 12.6.1841 gegründet) plant den Bau einer Eisenbahnlinie von Leipzig bis nach dem bayerischen Hof. Leipzig ist Teil der ersten deutschen Fernbahnlinie nach Dresden von 1839; Hof ist von Bayern als Endpunkt der noch zu erstellenden Ludwigs-Süd-Nord-Bahn vorgesehen, die Stadt wird am 20.10.1848 an das bayerische Bahnnetz angeschlossen. Der Streckenabschnitt von Leipzig bis Reichenbach ist ab 31.5.1846 durchgängig befahrbar. Danach beginnen die Bauarbeiten der anspruchsvollen Trasse zwischen Reichenbach und Hof. Hinter Reichenbach wird der Bau eines Viadukts über das Göltzschtal nötig, zwischen Jocketa und Jößnitz muss das Elstertal überbrückt werden: Das Göltzschtal-Viadukt (Grundsteinlegung 31.5.1846, Eröffnung 15.7.1851) wie das Elstertal-Viadukt (7.11.1846–15.7.1851) stellen hierbei echte Pionierleistungen dar.
Zu allem Überfluss geht der SBEC 1847 das Geld aus. Unter Ägide des Königreichs Sachsen wird die Bahn schließlich fertiggestellt und betrieben: Der Abschnitt Plauen–Hof geht am 20.11.1848 in Betrieb (das bayerische Hof wird also zunächst an das sächsische Netz angeschlossen, daher prangen noch heute das bayerische wie das sächsische Wappen am Bahnhofsgebäude), das Reststück Reichenbach–Plauen kann am 15.7.1851 mit der Gesamtstrecke in Betrieb gehen.
In der Folgezeit erhält die Strecke einige Streckenverästelungen, etwa Herlasgrün–Eger (Cheb) am 1.11.1865 oder die Linie nach Werdau (29.8.1876, weitergebaut bis Mehlteuer am 15.11.1883).
Die Strecke entwickelt sich zu einer wichtigen Verkehrsachse. Ihre Fortentwicklung aber unterbricht der Zweite Weltkrieg mit der nachfolgenden deutsch-deutschen Grenzziehung.
Pläne, den Abschnitt Hof–Plauen neu zu trassieren, um damit Fahrtzeit einzusparen, entstehen um 1992, werden aber bald wieder zu den Akten gelegt. Die Vogtlandbahn (Neumark) betreibt seit 2000 die Strecke mit Regio-Sprintern. Als Vogtland-Express versieht sie seit 12.6.2005 mit der BR 642 (Desiro) auch die Relation Hof–Reichenbach–Berlin. Mit BR 612 befährt auch die DB AG die Strecke (RE Nürnberg–Dresden, IRE Nürnberg–Chemnitz). Die DB AG bietet zudem seit 1.5.2010 wieder mehr durchgehende Züge zwischen Leipzig und Hof an.
Die Elektrifizierung hat Reichenbach von Leipzig aus bereits 1963 erreicht. Die Elektrifizierung des Streckenabschnitts Reichenbach–Hof, also die der eigentlichen Vogtlandbahn, beginnt am 21.7.2010 und soll bis 2013 (voraussichtliche Kosten 120 Mio. Euro) abgeschlossen sein.

Streckenname	Vogtlandbahn
Alternative Bezeichnung	-
Relation	Hof–Reichenbach (Bayern, Sachsen)
Länge	73,5 km
Funktion	Personen- und Güterverkehr
Daten zum Bau	Baubeginn: 1846 Bauzeit (inkl. Planung, bis zur Fertigstellung): 5 Jahre Eröffnung: 20.11.1848 Durchgängig befahrbar ab: 15.7.1851
Spurweite	Vollbahn (1435 mm)
Wichtigste Bauwerke	Viadukt Göltzschtal (574 m), Viadukt Elstertal (280 m), Viadukt Unterkotzau (174 m)
Wichtigste Bahnhöfe	Reichenbach (Vogtland), Hof
Wichtigste Anschlusspunkte	Plauen (Vogtland): nach Cheb (Tschechien) Mehlteuer: nach Werdau Schönberg (Vogtland): nach Schleiz, nach Hirschberg Hof: nach Bad Steben, nach Bamberg, nach Regensburg
Besonderheiten	Zweigleisige Hauptstrecke, wird derzeit elektrifiziert; verbindet drei Länder: Bayern, Thüringen und Sachsen Größte Steigung: 10 Promille Kleinster Radius: 300 m

Fränkische Höllentalbahn

DB-Nebenbahnromantik pur: Der Schienenbus 796 683 passiert am 8. Juli 1989 die Ortschaft Marxgrün. Foto: M. Werning

Bayern und Preußen sowie das Fürstentum Reuß jüngere Linie schließen am 30.1.1897 einen Staatsvertrag über die Verlängerung der preußischen Eisenbahnlinie von Blankenstein (Strecke Triptis–Ziegenrück–Blankenstein, eröffnet am 15.7.1897) durch das Höllental bis nach dem bayerischen Marxgrün (dort besteht Anschluss zur Strecke Hof–Marxgrün, die am 1.6.1884 eröffnet worden ist und bis 1.6.1898 nach Bad Steben verlängert werden wird).

Am 8.6.1897 ergeht in Form eines preußischen Gesetzes der Bauauftrag, die bereits 1896 begonnenen Vermessungsarbeiten ziehen sich aber in die Länge, sodass erst im Februar 1900 die Bauarbeiten offiziell beginnen. Über 250 Bauarbeiter sind beschäftigt, darunter 117 italienische und österreichische Tunnelbauspezialisten, die den Kanzelfels- und den Kesselfelstunnel zwischen Februar und November 1900 errichten.

Am 15.8.1901 geht die Höllentalbahn zwischen Blankenstein und Marxgrün in Betrieb. Die Bahn erschließt eine Region, die von Holzreichtum, Bodenschätzen und hier gefertigten Textilprodukten lebt. Der Bahnbau beschert der örtlichen Kleinindustrie einen Aufschwung (vor allem die 1883 gegründete Papierfabrik in Blankenstein wächst erheblich).

Der bayerische Bahnhof Marxgrün wird von Preußen mitbenutzt (Verträge vom 26.3./12.5.1904 sowie 3./22.4.1911). Die Eröffnung weiterer Strecken (1907/08 Lobenstein–Hockeroda, 1910 Naila–Schwarzenbach am Wald, 1924 Selbitz–Münchberg) erhöht die Bedeutung der Höllentalbahn.

In den 30er-Jahren verkehren bis zu acht Personenzugpaare und fünf Güterzüge am Tag, der Urlauber- und Ausflugsverkehr nimmt zu (1934 gibt es erstmals eine spezielle Wintersport-Werbebroschüre für die Höllentalbahn).

Als Thüringen am 1.7.1945 von den US-Truppen an die Rote Armee übergeben wird, teilt die künftige Zonengrenze die Strecke.

Die DB fährt auf der Stichstrecke Marxgrün–Lichtenberg (Ofr.) bis 23.5.1971, ehe der Verkehr eingestellt wird. Nur bis zur Ladestelle Wiede (Kohlensäurefabrik) unweit Marxgrüns wird noch ein Güterverkehr abgewickelt.

Am 6.9.1982 erfolgt der Gleisrückbau bis zur Ladestelle Wiede (»Höllensprudelwerk«). Am 30.10.1987 stellt die DB den Gesamtbetrieb ein und entfernt bis 1987 das Gleis. Der Bahnhof Hölle ist bereits 1979 abgebrochen worden. Die Bahnhofsgleise in Marxgrün sind 1999 verschwunden.

Es gab und gibt Versuche die Strecke zu reaktivieren: Anfang der 80er-Jahre soll eine Museumsbahn installiert werden, um die Strecke zu erhalten; kurz nach der Wende treten private Interessengemeinschaften dafür ein, den »Lückenschluss« zwischen Marxgrün und Blankenstein zu verwirklichen – aber alles ist bislang vergebens.

Die Strecke von Saalfeld her über Lobenstein nach Blankenstein (sogenannte Thüringische Oberlandbahn) als auch die Linie von Hof über den ehemaligen Abzweig Marxgrün in das Staatsbad Bad Steben – die Höllentalbahn hatte ja als Querspange gedient – sind bis heute in Betrieb.

Streckenname	Fränkische Höllentalbahn (nicht zu verwechseln mit der Höllentalbahn im Schwarzwald)
Alternative Bezeichnung	-
Relation	Blankenstein–Marxgrün (Thüringen, Bayern)
Länge	5,5 km
Funktion	Einst Personen- und Güterverkehr, heute stillgelegt
Daten zum Bau	Baubeginn: Februar 1900 Bauzeit (inkl. Planung, bis zur Fertigstellung): 1,5 Jahre Eröffnung: 15.8.1901 Durchgängig befahrbar ab: 15.8.1901
Spurweite	Vollbahn (1435 mm)
Wichtigste Bauwerke	Mehrere imposante Steinbogenbrücken, Kesselbergtunnel (160 m), Kanzelfelsentunnel (36 m)
Wichtigste Bahnhöfe	Marxgrün, Blankenstein
Wichtigste Anschlusspunkte	Marxgrün: Hof–Bad Steben
Besonderheiten	Von der KPEV gebaut und betrieben, aber überwiegend auf bayerischem Staatsgebiet liegend, Reaktivierung immer wieder gefordert, aber noch nicht verwirklicht

Hochsommer im Taubertal: Anfang August 1998 brummt eine Lok der Baureihe 218 mit einem Regionalexpress an Hochhausen vorbei. *Foto: T. Estler*

Das abgelegene Taubertal (im Norden des damaligen Großherzogtums Baden gelegen, ein Teil verläuft im Norden des Königreichs Württemberg) hofft im Rahmen einer wirtschaftlichen Aufwertung auf einen Bahnanschluss. Durch die traditionell engen Beziehungen zu Bayern und Württemberg soll mit staatlicher Unterstützung der beteiligten Länder die Verbindung auch tatsächlich hergestellt werden: 1865 schließen Baden und Württemberg den entsprechenden Staatsvertrag.

Als die Vermessungsarbeiten beginnen, steht die Linienführung zwischen dem badischen Wertheim und dem württembergische Crailsheim fest. Als die Bauarbeiten im Oktober 1866 starten, steht Crailsheim kurz vor seinem Bahnanschluss an die Obere Jagstbahn nach Aalen. Der Streckenabschnitt Crailsheim–Goldshöfe wird am 15.11.1866 eröffnet. Während der Bauarbeiten an der Taubertalbahn erhält Crailsheim einen weiteren Anschluss: Die Kocherbahn (Heilbronn–Bayerische Grenze/Ansbach, eröffnet 1.6.1875) kommt am 10.12.1867 in die Stadt.

Im Oktober 1866 beginnt der Bau der Tauberbahn im badischen Abschnitt zwischen Lauda und Wertheim sowie im württembergischen Teil zwischen Crailsheim und Bad Mergentheim. 1867 kann schon der topografisch einfache Streckenteil Lauda–Tauberbischofsheim/Hochhausen in Betrieb gehen. Der notwendige Bau von Tunnel und Tauberbrücken ermöglicht die Inbetriebnahme der Reststrecke Hochhausen–Wertheim allerdings erst gut ein Jahr später. Am 23.10.1869 wird der Betrieb auf der Taubertalbahn aufgenommen.

Weiter Anschlüsse lassen auf sich warten: Am 15.4.1876 ist die Strecke Crailsheim–Nürnberg fertiggestellt, Crailsheim ist damit ein bedeutender Bahnknoten geworden. Erst am 1.10.1912 ist der Anschluss zur Maintalbahn nach Aschaffenburg durchgängig hergestellt.

Die Taubertalbahn führt zu einem wirtschaftlichen Aufschwung der Region, vor allem im Personenverkehr zum Kurbad Mergentheim kommt der Strecke große Bedeutung zu (es gibt in den 30er-Jahren eine Kurswagenverbindung von Berlin, die 1944 eingestellt wird; zwischen 1968 und 1989 kommen Kurswagen aus Hamburg, Dortmund und Duisburg in die Kurstadt).

Den Zweiten Weltkrieg übersteht die Bahn ohne größere Schäden. Im Rahmen der Relation Frankfurt–Ulm kommen in der Nachkriegszeit Eilzugverbindungen auf die Strecke, die erst in den 70er-Jahren eingestellt werden. Stilllegungspläne gibt es seit den 70er-Jahren. Die DBAG lässt 2003 und 2009 Sanierungs- und Modernisierungsmaßnahmen durchführen (z. B. Neuverlegung von Gleisen, Tunnelrenovierung). Am 1.1.2006 geht die Betriebsführung an die DB AG-Tochter WestFrankenBahn (WFB, Teil des Regio-Netz). Im Nahverkehr sind heute Dieseltriebwagen der BR 628 zu sehen. Der Wertheimer Mainhafen sowie einigen kleine Ladestellen werden noch im Güterverkehr bedient.

Die Taubertalbahn nutzen heute auch Radfahrtouristen zwischen Tauber- und Maintal (saisonabhängig werden zu diesem Zweck Fahrradtransportwagen eingesetzt).

Streckenname	Taubertalbahn
Alternative Bezeichnung	-
Relation	Crailsheim–Wertheim (Baden-Württemberg)
Länge	100,3 km
Funktion	Personen- und Güterverkehr
Daten zum Bau	Baubeginn: Oktober 1866 Bauzeit (inkl. Planung, bis zur Fertigstellung): 5 Jahre Eröffnung: 1867 Durchgängig befahrbar ab: 23.10.1869
Spurweite	Vollbahn (1435 mm)
Wichtigste Bauwerke	Niederstettener Tunnel (273 m), Gamburger Tunnel (203 m), Bronnbacher Tunnel (349 m), Reicholzheimer Tunnel (542 m)
Wichtigste Bahnhöfe	Crailsheim, Königshofen (Baden), Wertheim
Wichtigste Anschlusspunkte	Crailsheim: Hohenlohebahn nach Heilbronn, Obere Jagstbahn nach Aalen, nach Nürnberg Königshofen (Baden): Frankenbahn Stuttgart–Würzburg Wertheim: Maintalbahn nach Aschaffenburg
Besonderheiten	Eingleisig, nicht elektrifiziert; nördlicher Teil ab Lauda badisch, südlicher Abschnitt Crailsheim–Bad Mergentheim württembergisch Höchster Punkt: Haltepunkt Kälberbach (heute aufgelassen) 473 m Überwundener Höhenunterschied: 321 m

Main-Neckar-Bahn

Ein Zwischenstopp im Jugendstil-Bahnhof von Darmstadt lohnt sich immer. *Foto: T. Estler*

Gleich drei Staaten haben bereits 1836 Interesse an einer Bahn, die ihre Territorien verbinden soll: Die Großherzogtümer Hessen-Darmstadt und Baden sowie die Freie Stadt Frankfurt/Main genehmigen privaten Unternehmern 1838 eine Eisenbahn von Frankfurt/Main über Darmstadt nach Baden zu errichten (in Baden gibt es Streit zwischen Mannheim und Heidelberg, die beide den Bahnhof dieser Linie stellen wollen). Im selben Jahr beginnen die Vermessungsarbeiten, allerdings stoppen Finanzierungsschwierigkeiten den Bau vorerst.
Erst 1843, nun unter staatlicher Regie, einigen sich die drei Staaten in Staatsverträgen (21. und 23.3.1843) auf den Bau der nun Main-Neckar-Bahn genannten Strecke (Baden kann sich dabei nicht durchsetzen, die neuen Strecke in badischer Breitspur (1600 mm) zu erstellen; der Bau erfolgt in Normalspur). Der Anschluss in Baden soll in Friedrichsfeld erfolgen, das in etwa zwischen Mannheim und Heidelberg (beide Städte sind seit 1840 durch die Rheintalbahn verbunden) liegt.
Der eigentliche Bahnbau startet im Juni 1843 bei Frankfurt/Main, die Bauarbeiten gehen rasch voran, denn die Topographie stellt die Ingenieure kaum vor Herausforderungen. Zunächst wird die Strecke eingleisig erbaut, der Unterbau ist aber für den späteren zweigleisigen Ausbau (er erfolgt bereits 1861, ein Jahr später ist die Strecke durchgängig zweigleisig ausgebaut) vorbereitet.
Als erster Abschnitt geht Langen–Heppenheim am 22.6.1846 in Betrieb. Nach mehreren Etappen findet am 27.7.1846 die erste Bahnfahrt von Frankfurt bis Heidelberg statt. Am 1.8.1846 wird mit dem Lückenschluss Bensheim–Heidelberg die Gesamtstrecke eröffnet.
Mit dem Anschluss der Main-Weser-Bahn (nach Kassel) am 20.11.1851 wird die Main-Neckar-Bahn zu einer damals bedeutenden Nord-Süd-Verbindung.
Den Betrieb (bis 1888 im Linksverkehr) teilen sich die beteiligten Staaten. Die Bahnstrecke wird sofort ein Erfolg mit hohen Zuwachsraten im Personen- und Güterverkehr, die durchfahrenen bislang strukturschwachen Regionen (insbesondere der Odenwald) profitieren von der revolutionären Technik, die Bahn bringt Arbeit.

1902 wird im Zuge der Betriebsvereinfachung die bislang eigenständige Main-Neckar-Bahn aufgelöst und den jeweiligen Staatsbahnen unterstellt. Ab 23.11.1946 findet – nach den Zerstörungen des Zweiten Weltkriegs – wieder durchgängiger Bahnverkehr zwischen Frankfurt und Friedrichsfeld statt. Ab 1956 wird die Strecke bis 19.11.1957 durchgehend elektrifiziert.
Heute ist die Main-Neckar-Bahn an der Grenze ihrer Belastungsfähigkeit (umfangreicher Fernverkehr, erheblicher Güterverkehr, im Nahverkehr S-Bahnen aus Frankfurt (Rhein-Main-Verkehrsverbund RMV sowie Verkehrsverbund Rhein-Neckar) sowie Itinos der Odenwaldbahn ET 425) angelangt. Der Bau der zur Entlastung vorgesehenen ICE-Schnellfahrtrasse Frankfurt (Flughafen)-Mannheim ist für die nähere Zukunft nicht vorgesehen.

Streckenname	Main-Neckar-Bahn
Alternative Bezeichnung	-
Relation	Frankfurt/Main–Mannheim–Friedrichsfeld (Hessen, Baden-Württemberg)
Länge	87,5 km
Funktion	Personen- und Güterverkehr
Daten zum Bau	Baubeginn: Juni 1843 Bauzeit (inkl. Planung, bis zur Fertigstellung): 3 Jahre Eröffnung: 22.6.1846 Durchgängig befahrbar ab: 1.8.1846
Spurweite	Vollbahn (1435 mm)
Wichtigste Bauwerke	Main- und Neckarbrücken
Wichtigste Bahnhöfe	Frankfurt/Main, Darmstadt, Mannheim
Wichtigste Anschlusspunkte	Frankfurt/Main: zahlreiche S-Bahn-Linien sowie Nahverkehrslinien, Main-Weser-Bahn nach Kassel, Taunusbahn nach Wiesbaden, nach Hanau Darmstadt: Rhein-Main-Bahn nach Aschaffenburg, Odenwaldbahn nach Eberbach, Mannheim–Friedrichsfeld: Rheintalbahn nach Basel, Rheinbahn nach Karlsruhe, nach Heidelberg
Besonderheiten	Zweigleisige, 1956/57 elektrifizierte Hauptstrecke

Odenwaldbahn

Im Mai 2008 verlässt ein ITINO-Triebwagen Darmstadt Ost. Im Hintergrund das Wahrzeichen Darmstadts, der »Fünf-Finger-Turm«. *Foto: U. Miethe*

Seit 1860 wird in Darmstadt, der Hauptstadt des Großherzogtums Hessen und zugleich »Tor zum Odenwald«, der Bau einer Eisenbahn in den Odenwald diskutiert. Nach zahllosen Diskussionen legt der Großherzog einen Kompromiss fest: Die künftige Bahnstrecke soll von Darmstadt nach Erbach führen, bei Wiebelsbach ist ein Abzweig nach Babenhausen vorgesehen.
Im Sommer 1868 beauftragt die großherzogliche Regierung die private Hessische Ludwigsbahn (HLE) mit den Bauarbeiten, die im September des gleichen Jahrs am Frau-Nauses-Tunnel beginnen. Am 29.6.1870 wird als erster Abschnitt Babenhausen–Groß Umstadt eröffnet, ab 23.12.1871 ist der Betrieb zwischen Darmstadt und Erbach möglich.
Noch während der Bauarbeiten ist die Verlängerung ins badische Eberbach (dort Anschluss an Neckartalbahn) beschlossen worden. Die HLB erhält die erforderliche Konzession am 3.8.1875. Doch diese Verlängerung stellt die Ingenieure durch die anspruchsvolle Trassierung vor immer neue Herausforderungen. Durch diverse technische Schwierigkeiten wird die Eröffnung in Etappen vollzogen: Erbach–Hetzbach geht am 1.3.1882 in Betrieb, am

Der Bahnhof Darmstadt Ost liegt am Fuße der Rosenhöhe und hieß, als die Odenwaldbahn eröffnet wurde, Station Rosenhöhe (Mai 2008). Foto: U. Miethe

1.5.1882 Hetzbach–Kailbach und die Gesamtstrecke kann am 27.5.1882 mit dem Reststück Kailbach–Eberbach eröffnet werden.
Schon im selben Jahr wird ein Personenzug-Paar Frankfurt–Stuttgart über die Strecke geschickt (dieser Zug wird sich bis 2004 im Fahrplan halten). In den folgenden Jahren erfährt die Odenwaldbahn Erweiterungen: Das Gersprenztal wird über das »Odenwälder Lieschen« Reinheim–Reichelsheim 1887 angeschlossen; 1896 kommt die Rodgaubahn Reinheim–Dieburg hinzu; 1904 die sogenannte Schellekattel (die »bimmelnde Katharina«) Hetzbach–Beerfelden und 1912 geht es von Höchst im Odenwald nach Aschaffenburg.
Kurz nach dem Zweiten Weltkrieg erhält die Strecke weitere Haltepunkte. 1970 verkehren drei Eilzüge nach Stuttgart über die Odenwaldbahn. Damit hat die Bahn ihren Zenit überschritten: 1977 werden die ersten Haltepunkte und Bahnhöfe stillgelegt (z. B. Kailbach), 1979 kommt es zu ersten Rückbaumaßnahmen.
Im Jahr 1993 wird auf der Odenwaldbahn der Stundentakt eingeführt, zudem fährt im Berufsverkehr ein Eilzugpaar »Schneller Odenwälder«. Privatinitiativen erzwingen 1994 die Wiedereröffnung von Haltepunkten und Bahnhöfen für den Personenzugverkehr, etwa Kailbach. Das ändert aber nichts daran, dass die DB AG die Streckenunterhaltung verabsäumt. Langsamfahrstellen sind die Folge, erst auf massive Proteste hin saniert die DB AG die Strecke bis 2001.
Am 11.12.2005 übernimmt die VIAS (Frankfurt) die Strecke und versieht mit modernen Itino-D2-Triebwagen (Bombardier) den Zugverkehr auf der Odenwaldbahn. Ein Streckenausbau ist geplant.

Streckenname	Odenwaldbahn
Alternative Bezeichnung	Hessische Odenwaldbahn (nicht zu verwechseln mit der Badischen Odenwaldbahn Heidelberg–Mosbach–Würzburg), Mümlingbahn
Relation	Darmstadt–Eberbach (Hessen, Baden-Württemberg)
Länge	81,7 km (+ 35 km Groß Umstadt–Wiebelsbach-Babenhausen (und weiter nach Hanau), der zweite Streckenast der Odenwaldbahn)
Funktion	Personen- und Güterverkehr, heute nur noch Personennahverkehr
Daten zum Bau	Baubeginn: September 1868 Bauzeit (inkl. Planung, bis zur Fertigstellung): 14 Jahre (mit Unterbrechungen) Eröffnung: 29.6.1870 Durchgängig befahrbar ab: 27.5.1882
Spurweite	Vollbahn (1435 mm)
Wichtigste Bauwerke	Engelbergtunnel (238 m), Frau-Nauses-Tunnel (1205 m), mehrere Brücken über die Mümling, Krähbergtunnel (3100 m), Haintalviadukt (173 m)
Wichtigste Bahnhöfe	Darmstadt, Eberbach
Wichtigste Anschlusspunkte	Darmstadt: Main-Neckar-Bahn Bensheim–Frankfurt, Rhein-Main-Bahn Mainz–Aschaffenburg Eberbach: Neckartalbahn Heidelberg–Bad Friedrichshall-Jagstfeld
Besonderheiten	Im Wesentlichen eingleisige Hauptbahn (nur kurze Abschnitte zweigleisig), nicht elektrifiziert Größte Steigung: 14 Promille

Zwischen Neckar-strand und Bodensee

Foto: T. Estler

Neckartalbahn

Bei Zwingenberg thront das gleichnamige Schloss hoch über dem Neckar und der Bahnlinie Heilbronn – Heidelberg. *Foto: M. Dahlbeck*

Das Großherzogtum Baden und das Königreich Württemberg achten beim Bahnbau eifersüchtig darauf, dass ihre Strecken nur auf eigenem Territorium laufen. Schließlich stellen die neu gebauten Bahntrassen gute Einnahmequellen dar. In den 50er-Jahren des 19. Jh. verfolgt Baden den Ausbau seines Bahnnetzes entlang des Rheins und nach Konstanz, der als arm geltende Nordosten des Großherzogtums (Bereich Odenwald und Bauland) wird ignoriert.

Als Förderung dieses strukturschwachen Raums versteht man die Entscheidung, die Badische Odenwaldbahn Heidelberg–Würzburg zu bauen (badisch-bayerische Staatsvertrag vom 27.4.1860). Dabei wird der Streckenabschnitt Heidelberg–Neckargemünd am 23.10.1862 eröffnet.

Die beiden Nachbarstaaten bewegen sich im Hinblick auf eine Verbindung der badischen mit den württembergischen Strecken in der Region erst langsam aufeinander zu. Das württembergische Heilbronn besitzt seit 1848 Bahnanschluss, liegt es doch an der württembergischen Zentral- bzw. Nordbahn. 1868/69 bauen die Württemberger die Strecke von Heilbronn über Jagstfeld nach dem badischen Osterburken, um die Badische Odenwaldbahn »anzuzapfen«.

Nun ist auch der Weg frei für den Bau der Neckartalbahn von Heidelberg nach Jagstfeld (Bad Friedrichshall). Am 24.5.1879 kann die Strecke von Neckargemünd über Eberbach, Neckarelz nach Jagstfeld eröffnet werden. Die neue Bahnverbindung gräbt der Badischen Odenwaldbahn merklich Verkehr ab und entwickelt sich zu einer stark frequentierten Bahn, die den Verkehr aus Nordbaden rasch ins württembergische Oberland und von dort weiter nach Stuttgart bringt.

Als im Jahr 1955 der Heidelberger Hauptbahnhof aus der Stadtmitte verlegt wird, muss auch der Verlauf der Neckartalbahn verändert werden. Ab 5.5.1955 führt die Bahnstrecke durch den Königsstuhl-Tunnel (zuvor nur von Güterzügen benutzt). 1975 wird die Elektrifizierung der Strecke abgeschlossen.

Die Bedienung von Bahnhöfen auf der Neckartalbahn im Güterverkehr durch die DB AG wird zum 31.12.2001 eingestellt. Seit Frühjahr 2008 werden aber aus Neckarelz Holzzüge abgefahren. Über die Neckartalbahn fahren vor allem Auto-, Kohle- und Kesselwagenganzzüge (teilweise durch private Verkehrsunternehmen). Verkehrten einst TEE-Züge, IC-Züge sowie hochwertige D-Züge auf ihr, so gibt es seit 1996 keinen Fernverkehr mehr, der Nahverkehr (hierbei v. a. mit moderne Elektrotriebwagen ET 425 als typischem Vertreter des schnellen Regionalverkehrs außerhalb der Ballungsräume) wird im Rahmen des Verkehrsverbunds Rhein-Neckar mit RB- und S-Bahnen (2003 Eröffnung des S-Bahnverkehrs RheinNeckar) bestritten. In weiten Teilen folgt die Neckartalbahn Wasserläufen, schlängelt sich durch Täler und fruchtbare Weinberge und gilt als reizvoller Freizeittipp.

Streckenname	Neckartalbahn
Alternative Bezeichnung	-
Relation	Heidelberg–Bad Friedrichshall-Jagstfeld (Baden-Württemberg; in Abschnitte über hessisches Gebiet führend)
Länge	84 km
Funktion	Personen- und Güterverkehr
Daten zum Bau	Baubeginn: 1860 Bauzeit (inkl. Planung, bis zur Fertigstellung): 19 Jahre (mit Unterbrechungen) Eröffnung: 23.10.1862 Durchgängig befahrbar ab: 24.5.1879
Spurweite	Vollbahn (1435 mm)
Wichtigste Bauwerke	Königstuhl-Tunnel (2487 m), Schlossbergtunnel (341 m), Feuerbergtunnel (966 m), Binauer Tunnel (853 m), Böttinger Tunnel (766 m), Brücken über Flüsse der Regionen (Elsenz, Neckar, Jagst)
Wichtigste Bahnhöfe	Heidelberg, Eberbach, Mosbach–Neckarelz, Bad Friedrichshall-Jagstfeld
Wichtigste Anschlusspunkte	Heidelberg: nach Mannheim, Main-Neckar-Bahn nach Frankfurt, Baden-Kurpfalz-Bahn nach Karlsruhe Eberbach: Odenwaldbahn Darmstadt bzw. Hanau Mosbach-Neckarelz: nach Osterburken Bad Friedrichshall-Jagstfeld: Frankenbahn Stuttgart–Würzburg, Elsenztalbahn von Neckargemünd
Besonderheiten	Elektrifiziert, zweigleisig ausgebaut Größte Steigung: 13 Promille

Gäubahn

Die Gäubahn steigt als »Panoramabahn« noch im Stadtgebiet von Stuttgart aus dem Talkessel auf die Hochfläche des Gäus hinauf. Foto: M. Dahlbeck

Bereits in den 50er-Jahren des 19. Jh. beschäftigen sich die Städte Böblingen, Herrenberg und Freudenstadt mit dem Bahnbau, 1861 reichen sie beim württembergischen Finanzministerium in Stuttgart eine Petition ein, sie doch an das Bahnnetz anzuschließen. Insbesondere fürchtet man dort, durch die geplante Obere Neckartalbahn in den Verkehrsschatten zu geraten. Durch die Obere Neckartalbahn hat Horb seit 1866 Bahnanschluss, Rottweil erreicht die Bahn am 23.7.1868. 1870 stellt Württemberg in Tuttlingen über Immendingen den Anschluss an die Badische Schwarzwaldbahn her.

Zwar gelangt man nun von Stuttgart über die Schwarzwald- und Hochrheinbahn nach Singen (die Stadt hat bereits seit 6.9.1866 Bahnanschluss und zwar über Verbindung nach Engen an die Hochrheinbahn Basel–Konstanz) an die Schweizer Grenze, fährt dabei aber erhebliche Umwege. Um nun die erforderliche Abkürzung zu bauen, ergeht am 22.3.1873 das entsprechende Gesetz zum Bau der Gäubahn Stuttgart–Eutingen–Freudenstadt, im November beginnen die Arbeiten. Am 2.9.1879 wird die Gäubahn Stuttgart–Eutingen–Tuttlingen–Immendingen eröffnet (sie wird namengebend für die heutige Gäubahn).

Die Strecke gewinnt hohe Bedeutung im Güter- und Fernverkehr, bis 1890 erfolgt der – abschnittsweise – zweigleisige Ausbau. Im Ausbauvertrag vom 24.10.1927 zwischen dem Land Württemberg und der Deutschen Reichsbahn-Gesellschaft DRG wird der Streckenausbau vereinbart. Am 15.5.1934 wird die Verbindungskurve Tuttlingen–Hattingen (Baden) eröffnet, damit ist die Gäubahn (ohne den Umweg über Immendingen) durchgängig und Zeit sparend befahrbar. Dadurch kommen weitere Schnellzüge auf die Strecke, etwa die Verbindung Berlin–Mailand (Einstellung 1944).

Nach Demontagen 1946 ist die Gäubahn nur noch in den Abschnitten Stuttgart–Horb sowie Hattingen–Singen zweigleisig. Die durchgängige Elektrifizierung ist 1977 abgeschlossen, seit September 1989 ist die Strecke Schaffhausen–Singen (und somit die Gesamtstrecke) elektrifiziert. 1999 beginnt der Neigetechnikeinsatz (ICE-T-Triebzüge der aus siebenteiligen Einheiten bestehenden Baureihe 411, zur Kapazitätssteigerung gegenüber den fünfteiligen Zügen der Baureihe 415). Auf der Strecke verkehren heute IC Stuttgart–Zürich, zudem findet umfangreicher Nahverkehr statt (auch privater EVU). Bis heute ist die Gäubahn bedeutende Strecke des Nord-Süd-Güterverkehrs.

Durch die geplante Tieferlegung des Stuttgarter Hauptbahnhofs (»Stuttgart 21«) mit Drehung der Gleise um 90 Grad wird eine neue Anbindung der Gäubahn-Strecke erforderlich. Die Gäubahnzüge sollen deshalb über die umgebaute Rohrer Kurve auf die Strecke der Filder-S-Bahn gelenkt und nach Durchquerung von Leinfelden und Echterdingen auf der bestehenden Trasse am Flughafen an die geplante Schnellbahntrasse Stuttgart–Ulm angebunden werden.

Streckenname	Gäubahn (nicht zu verwechseln mit der ebenfalls Gäubahn genannten Strecke Eutingen–Freudenstadt (im Abschnitt Stuttgart–Eutingen mit dieser identisch))
Alternative Bezeichnung	-
Relation	Stuttgart–Singen (Baden-Württemberg)
Länge	171,6 km
Funktion	Personen- und Güterverkehr
Daten zum Bau	Baubeginn: November 1873 Bauzeit (inkl. Planung, bis zur Fertigstellung): 61 Jahre (mit langjährigen Unterbrechungen) Eröffnung: 2.9.1879 Durchgängig befahrbar ab: 15.5.1934
Spurweite	Vollbahn (1435 mm)
Wichtigste Bauwerke	Kriegsbergtunnel (579 m), Mühlener Tunnel (309 m), Neckarbrücke bei Horb (148 m), Sulzer Tunnel (297 m), Tierstein-Tunnel (654 m), Bernburg–Tunnel (269 m), Hattinger Tunnel (900 m)
Wichtigste Bahnhöfe	Stuttgart, Böblingen, Singen
Wichtigste Anschlusspunkte	Stuttgart: Gäubahn nach Singen, Frankenbahn nach Würzburg, S-Bahn bis Plochingen, nach Mannheim, Remsbahn nach Waiblingen, Murrbahn nach Schwäbisch Hall Böblingen: Schönbuchbahn nach Dettenhausen, Rankbachbahn nach Renningen Eutingen: Gäubahn nach Freudenstadt, Nagoldbahn Pforzheim–Horb Tuttlingen: Badische Schwarzwaldbahn nach Offenburg, Donautalbahn Donaueschingen–Ulm, Singen: Hochrheinbahn Basel–Konstanz,
Besonderheiten	Elektrifizierte Hauptbahn, teilweise eingleisig Größte Steigung: 21 Promille

Die Kleinbahn im Höhenpark Killesberg

Außer den Dieselloks »Schwoabapfeil« und »Blitzschwoab« verkehren auch die Dampfloks »Tatzelwurm« und »Springerle« auf der Parkbahn im Stuttgarter Höhenpark Killesberg. *Foto: M. Dahlbeck*

In der zweiten Hälfte der 1930er-Jahre entstand auf dem Gebiet eines Steinbruchs im Stuttgarter Stadtteil Killesberg ein Naherholungsgebiet für die Bewohner der Stadt. 1937 begannen die Arbeiten, in deren Rahmen 500.000 Kubikmeter Boden bewegt wurden. Es wurde ein 15 km langes Wegenetz, eine 29 Hektar große Pflanzfläche und 15 Hektar Rasen angelegt. 50.000 Rosen, 20.000 Büsche, 120.000 Blumenzwiebeln, 800.000 Frühjahrs- und Sommerblumen und 1.000 Bäume wurden gepflanzt und nach über zwei Jahren Arbeit wurde am 22. April 1939 die Reichsgartenschau eröffnet. Als besondere Attraktion war eine 3,5 km lange Parkbahn vorgesehen, die die Besucher auf einem Rundkurs durch das Ausstellungsgelände bringen sollte. Der eingleisige Bahnhof wurde auf dem Gelände der später errichteten und inzwischen wieder abgerissenen Messehallen 1 bis 3 erbaut, dann führte die Strecke in einen Tunnel unter der heutigen »Sarotti-Treppe« hindurch in das Akazienwäldchen zwischen Weg und Freilichtbühne und wieder zurück zum Bahnhof. Die Werkstatt der Kleinbahn wurde als offene Halle in der Nähe der heutigen Abstellhalle errichtet.
1923 entwickelte der Oberingenieur Roland Martens eine Dampflokomotive im Maßstab von 1 : 3,33, die sich mit ihrer Achsfolge 2´C1´ stark an die Einheitslokomotiven der Baureihe 01 der Deutschen Reichsbahn-Gesellschaft anlehnte. 1925 wurden drei dieser Maschinen von der Münchner Lokfabrik Krauss & Co gebaut und im gleichen Jahr auf der Münchner Verkehrsausstellung eingesetzt. Nach dem Ende der Ausstellung kaufte die Leipziger Firma Erich Brangsch die komplette Bahn samt Wagen und Gleisen. Durch den großen Erfolg wurden 1928 fünf weitere Lokomotiven bei Krauss & Co in Auftrag gefertigt. Zwei von ihnen kamen nach Wien, wo sie im Prater ihre Runden zogen. Bis 1950 wurden insgesamt 15 Exemplare der Liliput-Loks gebaut, wobei die beiden heute in Stuttgart eingesetzten Maschinen die letztgebauten Exemplare sind.
Die Lokomotiven und Wagen für die Reichsgartenschau wurden zunächst von Brangsch angemietet und durch die Messegesellschaft betrieben. Die Lokomotiven bekamen die Namen »Ha no!« und »Götz von Berlichingen«.
Das vorzeitige Ende der Reichsgartenschau kam am 1. Septembers 1939, denn mit dem Beginn des Zweiten Weltkriegs wurde auch der Betrieb der Parkeisenbahn eingestellt. Die Lokomotiven wurden an den Vermieter zurückgegeben. Der Wagenpark verblieb auf dem Killesberg. Zwar wurden in den Sommermonaten der Jahre 1940 und 1941 abermals Lokomotiven von Brangsch angemietet, aber der Bahn war kein großer Erfolg mehr beschieden. Nach 1941 wurde der Betrieb ganz eingestellt und nach dem Krieg zunächst auch nicht wieder aufgenommen.
Erst im Rahmen der 1. Deutschen Gartenschau, die in Stuttgart stattfand, war die Aufnahme des Bahnbetriebs wieder vorgesehen, denn der Killesberg wurde als Gelände für die Gartenschau vorgesehen. Die Ausstellung wurde am 3. Juni 1950 durch Bundespräsident Theodor Heuss eröffnet. Zwar hatten die Personenwagen und die Gleisanlagen den Krieg überlebt, aber es waren ja keine eignen Loks vorhanden. Deshalb bestellte die Stuttgarter Messegesellschaft als Betreiber der Bahn bei Krauss-Maffei im Frühjahr 1950 zwei Exemplare der bewährten Martens-Dampflokomotiven. Als Reserve und Einsatzloks in schwächeren Zeiten und in der Nebensaison war eine Diesellok vorgesehen, die bei der Mosbacher Lokfabrik Gmeinder geordert wurde. Die Diesellok – Blitzschwoab genannt – wurde am 27. Mai und die erste Dampflok am 30. Mai 1950 geliefert. Deshalb musste die Gartenschau mit zwei Lokomotiven eröffnet werden, die zweite Dampflok folgte erst am 30. Juni 1950. Die beiden Dampfloks bekamen die Namen Tazzelwurm und Springerle. Sie sind auch heute noch zusammen mit dem Blitzschwoab auf der Strecke unterwegs.
Zur Gartenschau konnte man den Höhenpark Killesberg auch von einer Sesselbahn aus erleben. Sie verkehrte vom Bereich des heutigen Fontänensees unterhalb des Haupteingangs über das »Tal der Rosen« bis zum damaligen »Blindensee« oberhalb der Steinbruchreste. Die Bahn hatte ein kombiniertes Trag- und Zugseil, in das die insgesamt 45 doppelsitzige Gon-

Im August 2009 feierte die Parkbahn mit einem großen Fest ihr 70-jähriges Bestehen. Die beiden Dampfloks bespannten dabei zahlreiche Sonderzüge
Foto: M. Dahlbeck

deln eingehängt werden konnten. Im Oktober 1984 musste die Bahn bei einer völligen Umgestaltung des Haupteingangsbereichs im Rahmen der Messeerweiterung abgebaut werden.
Die größte Veränderung nach dem Zweiten Weltkrieg ergab sich 1955. In diesem Jahr wurde eine neue Ausstellungshalle gebaut und der Bahnhof der Kleinbahn musste an die »Großen Wasserspiele« verlegt werden. Dadurch musste die Streckenführung durch den Tunnel unter der Sarotti-Treppe aufgegeben und die Strecke auf eine Länge von 2,3 km verkürzt werden. Diese Strecke ist bis heute erhalten und wird im Gegenuhrzeigersinn von den Zügen befahren.
1961 wurde Stuttgart abermals für eine Gartenschau ausgewählt. Die nun als »Bundesgartenschau« bezeichnete Veranstaltung fand diesmal außer auf dem Höhenpark Killesberg auch in den Anlagen des Schlossgartens statt. Zu diesem Anlass bekam die Kleinbahn ein neues Abstell- und Werkstattgebäude. Es wird auch heute noch genutzt. Neben einer Fahrzeughalle, in der sich ein Kran und eine Untersuchungsgrube befinden, steht dem Personal eine gut ausgerüstete Werkstatt mit modernen Werkzeugmaschinen und Achssenkanlage zur Untersuchung der Lokomotiven zur Verfügung.
Arbeiten an Kesseln und Lagern, die nicht selbst ausgeführt werden konnten, übernahmen bis zur deutschen Wiedervereinigung 1989 die Werkstätten der Stuttgarter Straßenbahnen AG, danach gingen sie an das Dampflokwerk Meinigen über, das inzwischen auch zwei neue Kessel für die Dampfloks gefertigt hat.
Im Vorfeld der »Internationalen Gartenschau 1993 (IGA)« wurde eine weitere Diesellok beschafft. Lieferant war diesmal die Firma DIEMA in Diepholz. Die Lok wurde auf den Namen »Schwoabapfeil« getauft und im April 1992 an die Kleinbahn ausgeliefert. Zur gleichen Zeit wurde eine neue Signalanlage mit Streckenblock in Betrieb genommen, so dass nun mehrere Züge verkehren können und somit das Platzangebot erhöht werden konnte.
Während der IGA 1993 gab es auf dem Killesberg außer der Parkbahn noch eine Einschienenbahn. Die Panoramabahn des Schweizer Achterbahnherstellers Intamin verband den Killesberg mit den in die Schau einbezogenen Parkanlagen. Die Bahn sollte nach der Ausstellung noch weiter genutzt werden, aber Unstimmigkeiten zwischen dem Betreiber, der Stadt Stuttgart und dem Land führten dazu, dass sie 1994 abgebaut wurde.
Mitte der 1990er-Jahre war eine schwierige Zeit für die Dampfkleinbahn. Die Leitung der Stuttgarter Messe erwog den Verkauf der gesamten Eisenbahn und es lagen auch schon konkrete Angebote einer englischen Museumskleinbahn vor. Aber in letzter Minute wurde die Bahn und ihre gesamte Anlage zum technisch-historischen Kulturdenkmal erklärt und der Förderverein »Freunde und Förderer der Killesberg Kleinbahn e. V.« gegründet. Seitdem unterstützt der Verein den Betrieb der Kleinbahn und die Bahn erfreut sich weiterhin großer Beliebtheit. So konnte sie 2009 unter dem großen Ansturm kleiner und großer Eisenbahnliebhaber ihr 70-jähriges Bestehen feiern.

Streckenname	Parkeisenbahn Stuttgart–Killesberg
Alternative Bezeichnung	Killesbergbahn, Parkeisenbahn im Höhenpark
Relation	Stuttgart–Killesberg (Baden-Württemberg)
Länge	2,3 km
Funktion	Personenverkehr
Daten zum Bau	Baubeginn: 1937 Bauzeit (inkl. Planung, bis zur Fertigstellung): 2 Jahre Eröffnung: 22.4.1939 Durchgängig befahrbar ab: 22.4.1939
Spurweite	Schmalspurbahn (381 mm, also 15 Zoll)
Wichtigste Bauwerke	-
Wichtigste Bahnhöfe	Kleinbahnhof an der Stresemannstraße: Stadtbahnlinie U5
Wichtigste Anschlusspunkte	-
Besonderheiten	Klein- oder Parkeisenbahn, seit 1996 technisches Denkmal

Filstalbahn

Kurz hinter Stuttgart-Bad Cannstatt schwenkt die Filstalbahn zunächst ins Neckartal ein, das sie bei Plochingen wieder verlässt. In Stuttgart-Untertürkheim passiert die Linie die Firmengebäude von Mercedes-Benz. *Foto: M. Dahlbeck*

Am 18.4.1843 ergeht nach langen Diskussionen das württembergische Eisenbahngesetz. Es legt fest, dass auf Staatskosten Eisenbahnen gebaut werden, die den Mittelpunkt des Landes, Stuttgart, mit den übrigen Regionen verbinden sollen. Vor allem dem Einfluss Ulmer Unternehmer und Politiker ist es zu verdanken, dass die Verbindung in den Süden durch das Filstal und nicht, wie eine Variante vorgesehen hat, zunächst durch das Remstal und dann über Aalen nach Süden laufen soll.
Nachdem sich Württemberg für das »englische Maß« – also die bei Vollbahnen üblichen 1435 mm Spurweite – entschieden hat, erfolgt am 26.6.1844 am Pragtunnel bei Stuttgart der erste Spatenstich für die württembergische Zentralbahn mit ihren zwei Ästen Stuttgart–Ludwigsburg bzw. Stuttgart–Cannstatt–Esslingen, zugleich beginnt damit auch der Bau der Filstalbahn (oder auch württembergischen Ostbahn). 20.000 Menschen finden beim Bahnbau Lohn und Brot.
Am 3.10.1845 wird der Abschnitt Cannstatt–Untertürkheim eröffnet (wie die gesamte Filstalbahn von Anfang mit zweigleisigem Unterbau, zunächst werden aber nur zwischen Stuttgart und Cannstatt zwei Gleise verlegt), der Regelbetrieb kann am 22.10.1845 aufgenommen werden. Esslingen ist am 20.11.1845 erreicht, 1846 werden Rosensteintunnel und Cannstatter Neckarbrücke erbaut. Am 26.9.1846 fährt der erste Zug von Cannstatt kommend in den Stuttgarter Bahnhof ein. Am 14.12.1846 ist die Filstalbahn in Plochingen angelangt.
Am 11.10.1847 ist die Fahrt über Göppingen bis Süßen möglich, am 14.6.1849 (die Revolution von 1848 hatte für Unterbrechungen gesorgt) ist Geislingen erreicht. Bereist seit August 1846 wird am Albaufstieg, der Geislinger Steige, gearbeitet. Gleichzeitig beginnen die Arbeiten am Abschnitt Gieslingen–Amstetten–Ulm. Mit der Eröffnung der Steige am 28.6.1850 – die Geislinger Steige gilt als erste Mittelgebirgsüberquerung einer mitteleuropäischen Eisenbahn – ist die Filstalbahn bis Ulm (dort entsteht ein Bahnknoten) durchgängig befahrbar; einen Tag später beginnt der Regelbetrieb. Wenige Jahre später (spätestens 1880) erfolgt der zweigleisige Ausbau.
Die Strecke ist sofort eine der wichtigsten Lebensadern des württembergischen Bahnnetzes mit sehr starkem Verkehr. Die Bahn erzeugt einen Impuls zur weiteren Industrialisierung der Regionen entlang der Fils. Im Jahr 1933 wird die Filstalbahn durchgängig elektrifiziert. Nach wie vor spielt die Strecke eine außerordentliche Rolle im deutschen, aber auch internationalen Nord-Süd-Verkehr (eingeschränkt auch im Ost-West-Verkehr).
Aufgrund der starken Frequentierung der Strecke wird 1985 ein Ausbau im Rahmen des Bundesverkehrswegeplans beschlossen, doch in der Folgezeit gibt es Uneinigkeit über Art und Umfang der vorzunehmenden Erweiterungen. Im Rahmen des Stuttgarter Bahnhofsumbaus »Stuttgart 21« soll die Neubaustrecke Wendlingen–Ulm (beschlossen 2007) die dringend erforderliche Umfahrung der Geislinger Steige gewährleisten.
Auf der Filstalbahn fahren alle Zuggattungen vom ICE über IC bis zur Regionalbahn (v. a. Triebwagen BR 425/426, aber auch BR 143 mit Doppelstockzügen), S-Bahnen kommen bis Plochingen. Seit Dezember 2007 befährt auch der TGV POS die Bahn (nach München).

Streckenname	Filstalbahn
Alternative Bezeichnung	Württembergische Ostbahn
Relation	Stuttgart–Ulm (Baden-Württemberg)
Länge	93 km
Funktion	Personen- und Güterverkehr
Daten zum Bau	Baubeginn: 26.6.1844 Bauzeit (inkl. Planung, bis zur Fertigstellung): 6 Jahre (mit Unterbrechung 1848) Eröffnung: 3.10.1845 Durchgängig befahrbar ab: 28.6.1850
Spurweite	Vollbahn (1435 mm)
Wichtigste Bauwerke	Rosensteintunnel (331 m), Geislinger Steige (5600 m)
Wichtigste Bahnhöfe	Stuttgart, Ulm
Wichtigste Anschlusspunkte	Stuttgart: Gäubahn nach Singen, Frankenbahn nach Würzburg, S-Bahn bis Plochingen, nach Mannheim, Remsbahn nach Waiblingen, Murrbahn nach Schwäbisch Hall Plochingen: Neckar-Alb-Bahn nach Tübingen Amstetten: Albbähnle nach Laichingen, Lokalbahn nach Gerstetten Ulm: Bayerische Maximiliansbahn nach Augsburg und München, Donautalbahn nach Donaueschingen, Illertalbahn nach Memmingen/Kempten, Südbahn nach Friedrichshafen
Besonderheiten	Zweigleisige, elektrifizierte Hauptstrecke; überquert Europäische Wasserscheide zwischen Rhein und Donau Größte Steigung: 23 Promille (Albaufstieg)

Albtalbahn

Zwar ist Ettlingen mit dem Bahnhof Ettlingen West an das Netz der Staatsbahn angeschlossen, der Bahnhof liegt aber so weit von der eigentlichen Stadt entfernt, dass er von den Bürgern nicht besonders gut angenommen wurde. Deshalb setzte sich die Stadt Ettlingen für eine Bahnverbindung vom Bahnhof in die Stadt ein. Für den Betrieb der normalspurigen Strecke waren zwar die Großherzoglich Badischen Staatseisenbahnen verantwortlich, der Bau der Strecke lag aber in der Verantwortung von Ettlingen. Es verkehrten sowohl Züge nur nach Ettlingen West als auch nach Karlsruhe durchgebundene Züge.

Schon 1870 gab es Pläne für den Bau einer Bahnlinie von Karlsruhe über Ettlingen bis nach Herrenalb, denn das Albtal war schon damals ein beliebtes Ausflugsziel der Karlsruher. Ende des 19. Jahrhunderts wurde der Bau einer schmalspurigen Bahn genehmigt und schon Anfang Dezember 1897 konnte der Streckenabschnitt zwischen Karlsruhe und Ettlingen eröffnet werden. 1898 wurde Frauenalb und 1901 Pforzheim erreicht und kurz danach wurde die Strecke nach Herrenalb verlängert.

Obwohl die Albtal-Verkehrs-Gesellschaft im Albtal Stadtbahntriebwagen einsetzt, wird hier nach Eisenbahnbetriebsordnung (EBO) gefahren *Foto: M. Dahlbeck*

Die Albtalbahn wurde von der Westdeutschen Eisenbahn-Gesellschaft (W.E.G.) gebaut, die neu gegründete Tochtergesellschaft Badische Lokal-Eisenbahnen Aktien-Gesellschaft (B.L.E.A.G.) übernahm die Betriebsführung. Zum Einsatz kamen vier Kastendampflokomotiven in den Stadtgebieten von Karlsruhe und Pforzheim, fünf Mallet-Lokomotiven sowie zwei zweifach und zwei dreifach gekuppelte Tenderlokomotiven.

Die Strecke Ettlingen West–Ettlingen Stadt bekam ein Dreischienengleis und wurde in die Albtalbahn integriert. Auf ihr wurde nun aber nur noch Güterverkehr durchgeführt. Damit die Normalspurwagen nicht auf schmalspurige Rollwagen umgesetzt werden mussten, wurde das Dreischienengleis bis zu den Empfängern in Busenbach und Etzenrot weitergeführt.

1898 wurde der Abschnitt Karlsruhe – Ettlingen mit Gleichspannung elektrifiziert, um die Rauchbelästigung durch Dampfloks in den Wohngebieten zu beenden. Dazu kamen sechs Triebwagen und zwei vierachsige Elloks ins Albtal. Der elektrische Betrieb bewährte sich und 1910/11 wurde das gesamte Streckennetz mit Wechselspannung elektrifiziert. Dafür wurden acht vierachsige Triebwagen sowie vier vierachsige Elloks mit Mittelführerständen und symmetrischen Vorbauten beschafft.

1911 wurde der Streckenabschnitt zwischen Brötzingen und Pforzheim Leopoldplatz an die Stadt Pforzheim verkauft. Nach dem Ersten Weltkrieg verschlechterte sich die wirtschaftliche Lage und die Einführung paralleler Buslinien in den 1920er-Jahren verschärfte die Situation weiter. 1932 musste die B.L.E.A.G. Konkurs anmelden und die Deutsche Eisenbahn-Betriebsgesellschaft (DEBG) übernahm die Albtalbahn.

Nach dem Zweiten Weltkrieg wurden umfassende Modernisierungsmaßnahmen notwendig, die DEBG hatte jedoch kein Interesse mehr an der Bahn. Deshalb wurde mit Hilfe des Landes Baden-Württemberg 1957 die Albtal-Verkehrs-Gesellschaft (AVG) gegründet. Sie übernahm 1957 die Bahn und begann mit den Arbeiten. Dazu gehörte auch die Umspurung auf Normalspur und Umstellung auf 750 V Gleichspannung, so dass die direkte Anbindung an das Karlsruher Straßenbahnnetz möglich wurde. So konnten die Fahrgäste ohne Umsteigen bis in die Innenstadt von Karlsruhe gelangen. Als Knotenpunkt dient dabei der Albtalbahnhof im Karlsruher Stadtteil Beiertheim unweit des Hauptbahnhofs. Die Umspurung wurde erst 1975 mit dem Abschnitt Langensteinbach – Ittersbach beendet.

Benötigten die Züge zur Meterspurzeit zwischen Karlsruhe und Herrenalb noch eine Fahrzeit von ca. 70 Minuten, so sind es heute nur noch 38 Minuten. Der planmäßige Verkehr wird im Sommer an einigen Sonn- und Feiertagen zwischen Ettlingen Stadt und Bad Herrenalb durch historische Dampfzüge der Ulmer Eisenbahnfreunde (UEF) ergänzt. Passend zu den historischen Dampfzugfahrten wurde der Bahnhof von Bad Herrenalb Ende der 1970er-Jahre umgestaltet. Die Bahnhofshalle – sie stammt vom Stadtbahnhof Baden-Baden – wurde neu aufgebaut und mit historischen Zugzielanzeigern ausgestattet. Ein Wasserkran, ein Läutewerk sowie ein Formsignal ergänzen das Bild.

Im Jahre 1986 wurde ein Stadtbahnwagen der AVG zum Zweisystemtriebwagen für 750 V Gleichspannung und die bei der DB übliche Einphasen-Wechselspannung mit 16 2/3 Hz und 15 kV umgerüstet. Die Versuche verliefen erfolgreich und ab 1991 wurden Zweisystem-Gelenkwagen geliefert, die planmäßig auf den Streckennetzen der AVG, der Karlsruher Straßenbahn und der DB AG eingesetzt werden. Der Zweisystem-Stadtbahnbetrieb reicht heute weit über das Gebiet von Karlsruhe hinaus und erreicht im Süden Eutingen und Bad Wildbad. Im Nordosten wird über Bruchsal und Heilbronn der Kraichgau erreicht und in der Pfalz fahren die AVG-Wagen bis nach Wörth.

Streckenname	Albtaltalbahn
Alternative Bezeichnung	-
Relation	Karlsruhe–Bad Herrenalb bzw. Busenbach–Ittersbach (Baden-Württemberg)
Länge	41,5 km
Funktion	Einst Personen- und Güterverkehr, heute im Wesentlichen nur noch Personenverkehr
Daten zum Bau	Baubeginn: 1897 Bauzeit (inkl. Planung, bis zur Fertigstellung): 4 Jahre Eröffnung: 1.12.1897 Durchgängig befahrbar ab: 2.7.1901
Spurweite	Einst Schmalspurbahn (1000 mm), heute Vollbahn (1435 mm)
Wichtigste Bauwerke	-
Wichtigste Bahnhöfe	Karlsruhe, Busenbach
Wichtigste Anschlusspunkte	Karlsruhe: Rheintalbahn Mannheim–Basel, Rheinbahn nach Mannheim, nach Mühlacker, Pfälzische Maximiliansbahn nach Neustadt/Weinstraße Busenbach: nach Ittersbach
Besonderheiten	Elektrifiziert (750 V DC) Größte Steigung: 40 Promille Minimaler Radius: 25 m

Oberrheintalbahn

In Rastatt führt die Oberrheintalbahn über die Murg. Im Sommer 2010 wird die alte Konstruktion durch eine neue Bogenbrücke ersetzt. *Foto: M. Dahlbeck*

Schon in den 30er-Jahren des 19. Jahrhunderts, also in der Eisenbahnfrühzeit, fordern badische Unternehmer – zunächst erfolglos – eine Bahnverbindung von der großherzoglichen Residenz Mannheim nach dem schweizerischen Basel durch das Rheintal. Erst 1837 – der Siegeszug der Eisenbahn hat gerade erst begonnen – ändert sich die Haltung des badischen Staats: Man fürchtet die Konkurrenz französischer Bahnen, die eine Strecke Straßbourg–Basel projektieren.

Schon kurz darauf, im September 1838, beginnt der Bau der Rheintalbahn (auch Badische Hauptbahn genannt); am 12.9.1840 wird der erste Streckenabschnitt Mannheim–Heidelberg eröffnet. Karlsruhe wird am 10.4.1843 erreicht (ab hier spricht man von der Oberrheintalbahn). Die große Bedeutung der Strecke führt früh zum zweigleisigen Ausbau (1847–1855).

Die Ereignisse im Zusammenhang mit der gerade in Baden ereignisreichen Deutschen Revolution von 1848/49 behindern die Bauarbeiten. Schließlich kommt man am 22.1.1851 in Haltingen an der Schweizer Grenze an. Die Diskussion um den Endpunkt der Strecke ist langwierig – das schweizerische Basel lässt sich nur schwer mit dem herrschenden Nationalismus vereinbaren –, ehe man sich im badisch-schweizerischen Staatsvertrag am 27.7.1852 doch auf Basel einigt. Am 20.2.1855 geht die Bahn bis Basel durchgängig in Betrieb, bis 18.8.1859 wird sie über das rechte Rheinufer bis Waldshut verlängert. (1855 wird auch die Umspurung der nördlichen Abschnitte beendet: Die Rheintalbahn ist anfangs in der badischen Breitspur (1600 mm) gebaut worden, erst im Lauf der Arbeiten entscheidet sich die großherzogliche Staatsbahn für das sogenannte Normalmaß (1435 mm)).

Parallel zum Bau der Rheintalbahn entstehen zahlreiche Zweigstrecken, die das badische Bahnnetz ausbauen; der Bau der Gotthardbahn 1882 verstärkt das Verkehrsaufkommen auf der Bahnlinie nochmals. 1895 entsteht neben der Rheintalstrecke eine strategische Bahn mit einem nach Westen verlegten Verlauf über Durmersheim, sie entlastet die von Anfang an stark frequentierte Rheintalbahn.

Anfang des 20. Jahrhunderts sind die Personen- bzw. Güterbahnhöfe der Rheintalbahn bereits zu klein geworden und müssen erweitert werden (z.B. Freiburg im Breisgau 1905), dabei entstehen bis 1914 auch sogenannte Güterumgehungsbahnen, etwa bei Karlsruhe.

Edle Züge befahren die Oberrheintalbahn, etwa der Rheingold (1928–1939), der nach dem Zweiten Weltkrieg zunächst als F-Zug, dann als TEE bis 1987 eingesetzt wird. 1949 ist der Betrieb nach Zerstörungen wieder durchgängig möglich, 1952–1957 wird die Rheintalstrecke elektrifiziert. Im Fernverkehr wird die Oberrheintalbahn heute von zahlreichen ICE- und IC-Zügen befahren, darunter auch TGV der Relation Stuttgart–Straßbourg. Im Nahverkehr ergibt sich dasselbe bunte Bild: Mehrere S-, RE- und Regionalbahnen benutzen die Linie. Zudem wird die Oberrheintalbahn als Teil der Rheintalbahn neu bzw. viergleisig ausgebaut. Ziel ist es, die Fahrtzeit durch Höchstgeschwindigkeiten von bis zu 250 km/h zu verkürzen (die neu trassierten Teile verlaufen teilweise direkt neben der alten Trasse). Seit 1993 gehen die ersten Abschnitte in Betrieb, bis 2020 sollen die Bauarbeiten abgeschlossen sein.

Streckenname	Oberrheintalbahn
Alternative Bezeichnung	-
Relation	Karlsruhe–Basel (Baden-Württemberg, Schweiz)
Länge	197,1 km
Funktion	Personen- und Güterverkehr
Daten zum Bau	Baubeginn: August 1838 Bauzeit (inkl. Planung, bis zur Fertigstellung): 17 Jahre (mit Unterbrechungen) Eröffnung: 12.9.1840 Durchgängig befahrbar ab: 20.2.1855
Spurweite	Vollbahn (1435 mm)
Wichtigste Bauwerke	Klotz-Tunnel (242 Meter), Kirchberg-Tunnel (129 Meter), Hartberg-Tunnel (307 Meter)
Wichtigste Bahnhöfe	Karlsruhe, Rastatt, Offenburg, Freiburg im Breisgau, Basel
Wichtigste Anschlusspunkte	Karlsruhe: Rheinbahn Mannheim–Rastatt, Albtalbahn nach Bad Herrenalb, Karlsruhe–Mühlacker, Rastatt: Rheinbahn von Mannheim, Murgtalbahn nach Freudenstadt Offenburg: Badische Schwarzwaldbahn nach Singen/Hohentwiel Freiburg im Breisgau: nach Colmar (nur bis Breisach), Höllentalbahn nach Donaueschingen Basel: Hochrheinbahn nach Konstanz, Wiesentalbahn nach Zell, Schweiz
Besonderheiten	Teil der historischen Badischen Hauptbahn, größtenteils geradlinig trassiert (Ausnahme: zwischen Schliengen und Efringen-Kirchen kurvenreich), eine der meist frequentierten Strecken der Bundesrepublik, Ausbau bis 2020 geplant

Nagoldbahn

In der Regel wird die Nagoltalbahn von Regio-Shutteln RS1 befahren. Im April 1994 war die 52 7596 der Eisenbahnfreuden Zollernbahn auf der Strecke unterwegs.
Foto: M. Dahlbeck

Das Königreich Württemberg blickt seit 1863 neidisch auf die badische Hauptbahn Mannheim–Basel und versucht – letztlich mit Erfolg – konkurrierende Strecken zu entwickeln. Das Großherzogtum Baden und das Königreich Württemberg schließen am 18.2.1865 einen Staatsvertrag über den Bau zweier Bahnstrecken: Neben Pforzheim–Wildbad (Enztalbahn) soll eine Bahn durch das Nagoldtal Pforzheim–Calw (also parallel zu Mannheim–Basel) gebaut werden. Die Württemberger streben nämlich nach der Bahnlinie Calw–Horb–Stuttgart, sozusagen als Alternativstrecke zur 1864 eröffneten Oberen Neckarbahn Stuttgart–Tübingen–Horb.
Am 25.4.1865 ergeht der endgültige Baubeschluss, aber der Krieg von 1866 sowie der Deutsch-Französische Krieg 1870/71 verzögern die Bauausführung, sodass als einziger Teil der Nagoldbahn nur der Abschnitt Pforzheim–Brötzingen am 11.6.1868 in Betrieb gehen kann.
Die Württemberger führen als erstes den Abschnitt Nagold–Calw aus (eröffnet 20.6.1982). Dann ziehen die Badener nach und errichten bis 1.6.1874 den Abschnitt von Brötzingen bis Calw. Am selben Tag weihen auch die Württemberger den Lückenschluss von Horb bis Nagold ein.
Nach der Eröffnung der Gäubahn 1879 fahren Fernzüge nach der Schweiz nicht mehr über die Nagoldbahn, die sie bislang im Abschnitt Calw–Horb benutzt haben. Die Bahn entwickelt sich dadurch nicht zu einer Fernverkehrsstrecke. Eine Ausnahme bildet die Umleitung der D-Züge Karlsruhe–Basel, die die 1923 im Zusammenhang mit der französisch-belgischen Ruhrbesetzung erfolgte kurzzeitige Besetzung Offenburgs notwendig macht. Lediglich der südlichste Abschnitt zwischen Eutingen und Horb (hier nutzt die Gäubahn Stuttgart–Singen dieselbe Trasse) wird bis 1887 zweigleisig ausgebaut.
Mit dem Einbau einer Verbindungskurve zwischen Hochdorf und dem heutigen Bahnhof Eutingen 1933 entfällt der Fahrtrichtungswechsel der Züge in Eutingen. Durch die Folge von Kriegseinwirkungen kann die Nagoldbahn erst 1948 wieder befahren werden, allerdings beginnen in den 50er-Jahren erste Stilllegungen, zunächst betrifft es nur Haltepunkte. In diesem Zeitraum verliert die Nagoldbahn ihre Bedeutung im überregionalen Verkehr.
Der zweigleisig ausgebaute Abschnitt Eutingen–Horb wird bis 1985 eingleisig zurückgebaut, sodass sich Nagoldbahn und Gäubahn auf diesem Abschnitt nicht nur die Trasse, sondern auch das Gleis teilen. Seit 1995 dient die Strecke nur noch dem Nahverkehr. Stetig geht der Güterverkehr zurück. Heute wird nur noch Nagold bedient (BR 294). Einstmals lief der Güterverkehr der 1967 stillgelegten Schmalspurbahn Nagold–Altensteig über Nagold, wo die im Rollbockverkehr beförderten Vollbahn-Wagen auf die Hauptbahn übergingen.
Den Personenverkehr bestreitet seit 2005 DB Regionalverkehr Alb-Bodensee, eine DB AG-Tochtergesellschaft, mit Regio Shuttles RS1. Regionalbahnen werden im Taktverkehr eingesetzt.

Streckenname	Nagoldbahn
Alternative Bezeichnung	Kulturbahn (zusammen mit Obere Neckartalbahn)
Relation	Pforzheim–Horb (Baden-Württemberg)
Länge	69,5 km
Funktion	Personen- und Güterverkehr
Daten zum Bau	Baubeginn: 1865 Bauzeit (inkl. Planung, bis zur Fertigstellung): 9 Jahre (mit Unterbrechungen) Eröffnung: 11.6.1868 Durchgängig befahrbar ab: 1.6.1874
Spurweite	Vollbahn (1435 mm)
Wichtigste Bauwerke	Brötzinger Tunnel (405 m), Weißenstein-Tunnel (371 m), Rudersbergtunnel (471 m), Schlossbergtunnel (280 m), Kengeltunnel (226 m), Wildberger Tunnel (253 m), Hochdorfer Tunnel (1557 m); zahlreiche Brücken über Nagold, Talungen und Einschnitte
Wichtigste Bahnhöfe	Pforzheim, Nagold, Hochdorf, Eutingen, Horb
Wichtigste Anschlusspunkte	Pforzheim: Karlsruhe–Mühlacker, Enztalbahn nach Bad Wildbad Nagold: bis 1967: Altensteigerle Hochdorf: Gäubahn Eutingen–Freudenstadt Eutingen: Gäubahn Stutgart–Singen Horb: Obere Neckarbahn von Tübingen, Gäubahn Stuttgart–Singen
Besonderheiten	Eingleisige, nicht elektrifizierte Hauptbahn; Hochdorfer Tunnel einer der längsten Tunnel der ehemaligen KWStE Größte Höhe: Bahnhof Hochdorf (511 m) Überwundener Höhenunterschied: 238 m

Obere Neckartalbahn

Im Rahmen ihres 30-jährigen Jubiläums setzten die Eisenbahnfreunde Zollernbahn die 01 1100 von Sonderzügen ein. Hier überquert der die Lok den Neckar bei Rottenburg, *Foto: M. Dahlbeck*

Die 31 km lange Obere Neckartalbahn stellt die Verlängerung der Bahnlinie von Plochingen nach Tübingen dar und führt von Tübingen nach Horb.
Die Strecke wurde in den 1860er-Jahren in drei Teilabschnitten gebaut und eröffnet. So gingen die ersten 11 km zwischen Tübingen und Rottenburg 1861 in Betrieb. Der Abschnitt von Rottenburg nach Eyach folgte 1864. Er ist 12 km lang. In Eyach zweigt die 1901 von der »Actiengesellschaft Hohenzollern'sche Kleinbahngesellschaft«, gebaute und betriebene Strecke nach Hechingen ab, die somit das Staatsbahnnetz mit dem privaten Streckennetz auf der schwäbischen Alb verbindet. Der letzte 18 km lange Abschnitt zwischen Eyach und Horb konnte 1866 eröffnet werden. Mit dem Anschluss an die Gäubahn in Horb war die Obere Nackartalbahn vollendet.
Die Strecke wurde zwar als Hauptbahn ausgewiesen mit den entsprechenden zulässigen Radsatzlasten Bogenradien und Steigungen, trotzdem entschied man sich, sie nur eingleisig auszuführen. Bis heute wurde die Strecke weder zweigleisig ausgebaut noch elektrifiziert. Obwohl sie öfter bei Störungen auf der Gäubahn bzw. der unteren Neckartalstrecke als Umleiterstrecke in Betracht gezogen wurde.
Heute wird die Strecke von der DB ZugBus Regionalverkehr Alb-Bodensee (RAB), einer Tochter der Deutschen Bahn AG, als »Kulturbahn« betrieben. Zwischen Tübingen und Rottenburg wird dabei ein Halbstundentakt eingehalten. Auf dem übrigen Streckenabschnitt wird ein Stundentakt angeboten, der mit den Fern- und Regionalzügen zwischen Stuttgart und Singen bzw. Zürich auf der Gäubahn verknüpft ist. Es werden bevorzugt die zweiteiligen Dieseltriebwagen der Baureihe 628 oder die Regio-Shuttle der Baureihe 650 eingesetzt. Als eine der »Stammstrecken« der Eisenbahnfreunde Zollernbahn wird sie aber auch immer wieder von historischen Fahrzeugen, besonders von Dampflokomotiven, befahren. Neben den Leistungen zwischen Tübingen und Horb gibt es auch einige Züge, die über Tübingen hinaus nach Stuttgart und über Horb hinaus nach Pforzheim verlängert werden.
Im Gegensatz zum Personenverkehr ist der Güterverkehr eher unbedeutend. So fahren nur an ein bis zwei Werktagen pro Woche Güterzüge von Tübingen über Eyach in Richtung Hechingen. Zuglok ist eine Dieselmaschine der Hohenzollerischen Landesbahn. Zwischen Eyach und Horb gibt es keinen regelmäßigen Güterverkehr mehr.
Um die Strecke attraktiver zu machen, ist sei längerem geplant, neue Haltepunkte zwischen Tübingen und Rottenburg zu eröffnen bzw. stillgelegte Haltepunkte zu reaktivieren. Dazu müssten aber zweigleisige Abschnitte entstehen. Außerdem gibt es Pläne, die Strecke in eine Regional-Stadtbahn »Neckar-Alb« nach dem Karlsruher Modell zu integrieren. Hierzu wären aber die Elektrifizierung und die Beschaffung neuer Fahrzeuge nötig. Die momentane Finanzlage lässt aber die Durchführung dieser Pläne nicht zu.

Streckenname	Obere Neckartalbahn
Alternative Bezeichnung	-
Relation	Tübingen–Horb (Baden-Württemberg)
Länge	31,5 km
Funktion	Personen- und Güterverkehr
Daten zum Bau	Baubeginn: 1860 Bauzeit (inkl. Planung, bis zur Fertigstellung): 4 Jahre Eröffnung: 1861 Durchgängig befahrbar ab: 1866
Spurweite	Vollbahn (1435 mm)
Wichtigste Bauwerke	Mehrere Neckar-Brücken, Sulzauer Tunnel (493 m)
Wichtigste Bahnhöfe	Tübingen, Horb
Wichtigste Anschlusspunkte	Tübingen: Neckar-Alb-Bahn nach Plochingen und Stuttgart, Zollernalbbahn nach Sigmaringen, Ammertalbahn nach Herrenberg Eyach: nach Hechingen Horb: Gäubahn Stuttgart–Singen, Nagoldtalbahn nach Pforzheim
Besonderheiten	nicht elektrifiziert, eingleisige Hauptstrecke; Elektrifizierung und zweigleisiger Ausbau in der Diskussion

Schönbuchbahn

Die Schönbuchbahn wird von der Württembergische Eisenbahn-Gesellschaft (WEG) betrieben die hier Triebwagen vom Typ Regio-Shutteln RS1 einsetzt.
Foto: M. Dahlbeck

Die Schönbuchbahn verbindet als eingleisige Stichbahn Böblingen mit der 17 Kilometer entfernten Gemeinde Dettenhausen im Schönbuch.
Die Planungen der Württembergischen Staatsbahnen zum Bau dieser Nebenbahn gehen bis zum Ende des 19. Jahrhunderts zurück. 1909 wurde mit dem Bau begonnen. Die Strecke teilt sich hinter Böblingen, von denen der längere Abzweig nach Weil im Schönbuch im Oktober 1910 in Betrieb genommen werden konnte. Die Verlängerung bis nach Dettenhausen ging im Juli 1911 in Betrieb.
Bereits ab 1911 sollte im Anschluss an die Linie nach Dettenhausen der Streckenast über Schönaich und Waldenbuch nach Nürtingen gebaut werden, aber der Erste Weltkrieg verhinderte dies. Erst im April 1922 konnte die Linie dem Betreib übergeben werden. Sie führte aber nur bis Schönaich und war gerade einmal drei Kilometer lang. Waldenbuch wurde 1928 an die Filderbahn angeschlossen.
Die komplette Strecke blieb bis Mitte der 1950er-Jahre in Betrieb, dann wurde der Personenverkehr nach Schönaich eingestellt. Im Sommer 1959 fuhr der letzte Güterzug.
Im Frühjahr 1965 endete auch der Personenverkehr nach Dettenhausen. Allerdings gab es bis 1967 noch einen Güterzug mit Personenbeförderung. 1990 wurde der Güterverkehr auf dem Abschnitt Schönaicher First (heute Böblingen Zimmerschlag) – Dettenhausen beendet. Das Teilstück zwischen Böblingen und Schönaicher First wurde aber weiterhin mit Güterzügen befahren, denn am Schönaicher First sitzt ein Chemiewerk, das seine Rohstoffe und Endprodukte mit der Bahn an- bzw. abfahren ließ.
Die Bahn wurde aber nie stillgelegt und es gab immer wieder Versuche, die Strecke zu reaktivieren. Im Herbst 1992 stimmte das Verkehrsministerium Baden-Württemberg der Wiederinbetriebnahme schließlich zu . Allerdings wurde die Strecke nicht mehr von der DB bedient, sondern es wurde der Zweckverband Schönbuchbahn (ZVS) gegründet, der die Strecke zum symbolischen Preis von 1,- DM kaufte. Gleise und Infrastruktur wurden aufgearbeitet bzw. neu aufgebaut und die Betriebsführung an die Württembergische Eisenbahngesellschaft (WEG) übergeben.
Seit Herbst 1996 sind nun im Stunden- bzw. Halbstundentakt die vierachsigen, Regio-Shuttle-Triebwagen RS1 mit einer Höchstgeschwindigkeit von 80 km/h unterwegs. Bis 2000 waren die Fahrgastzahlen von den prognostizierten 3.500 pro Tag auf über 5.000 angestiegen, so dass die Züge oft überfüllt waren. Weil aber auf der eingleisigen Strecke der Takt nicht mehr verdichtet werden konnte, entschied man sich, die Bahnsteige zu verlängern und in hoch frequentierten Zeiten Dreifach-Garnituren einzusetzen. Aber auch damit konnte die Nachfrage nicht befriedigt werden und die Fahrgastzahlen kletterten bis auf 7.000 Fahrgäste im April 2008. Inzwischen werden Überlegungen laut, die Strecke zu elektrifizieren oder gar zweigleisig auszubauen und so einen 15-Minuten-Takt zu ermöglichen.
Die Fahrzeit zwischen Dettenhausen und Böblingen beträgt 25 Minuten und in Böblingen besteht immer Anschluss an die S-Bahnen der Linie 1 in Richtung Stuttgart oder Herrenberg. In Dettenhausen können die Fahrgäste in einen Bus nach Tübingen umsteigen.

Streckenname	Schönbuchbahn
Alternative Bezeichnung	-
Relation	Böblingen–Dettenhausen (sowie nach Schönaich, nur bis 1954) (Baden-Württemberg)
Länge	17 km
Funktion	Einst Personen- und Güterverkehr, heute nur noch Personenverkehr
Daten zum Bau	Baubeginn: 1909 Bauzeit (inkl. Planung, bis zur Fertigstellung): 23 Jahre Eröffnung: 16.10.1910 Durchgängig befahrbar ab: 29.7.1911
Spurweite	Vollbahn (1435 mm)
Wichtigste Bauwerke	-
Wichtigste Bahnhöfe	Böblingen, Dettenhausen
Wichtigste Anschlusspunkte	Böblingen: Gäubahn Stuttgart–Singen, Rankbachbahn nach Renningen
Besonderheiten	Eingleisige, nicht elektrifizierte Nebenbahn; Elektrifizierung in der Diskussion

Murgtalbahn

Ein Triebwagen der Albtalbahn hat soeben den Gausbacher Tunnel durchfahren. Foto: M. Werning

Erste Ideen für den Bau einer Bahn von Rastatt nach Freudenstadt entlang der Murg reichen bis in das Jahr 1852 zurück. Gedacht ist daran, eine durchgehende Eisenbahnstrecke über Freudenstadt und das württembergische Hochland nach Donaueschingen zu bauen, um so den Hochschwarzwald und die Baar zu erschließen. Doch Württemberg lehnt das Ansinnen aus partikularistischen Gründen zunächst ab.

Daher bildet sich in Gernsbach ein Eisenbahnkomitee und setzt den Bahnbau durch. Nach dem Beginn der Arbeiten am 8.5.1868 – der Deutsche Krieg 1866 hat die für 1865 angesetzten Bauarbeiten verzögert – kann am 31.5.1868 die Strecke Rastatt–Gernsbach eröffnet werden. Eigentümerin ist die »Murgthal-Eisenbahngesellschaft«, den Betrieb führt die Großherzogliche Badische Staatsbahn.

Ein am 10.2.1872 eingereichtes Konzessionsgesuch beschreibt eine Verbindung von Gernsbach nach dem württembergischen Freudenstadt durch eine Schmalspurbahn. Doch Württemberg lehnt wieder ab. Der Staatsvertrag vom Dezember 1873 definiert lediglich den Bau der Kinzigtalbahn.

Erst 1888 belebt die Petition einer Papierfabrik, die eine Bahn von Gernsbach nach Weisenbach bauen will, die Pläne wieder. Nun fürchtet die Murgthal-Eisenbahngesellschaft Konkurrenz und sucht selbst um eine Konzession für den Bau und Betrieb einer Bahnlinie bis Weisenbach nach, die sie am 28.11.1890 erhält. Am 1.5.1894 kann die Strecke bis Weisenbach in Betrieb gehen. Zum 1.7.1904 übernimmt die Staatsbahn die Strecke.

In Württemberg hat indes mit einem Landtagsbeschluss von 1898 ein Umdenken eingesetzt und die Strecke Freudenstadt–Klosterreichenbach (dort befindet sich auch die 50-Promille-Steigung, die bis 1926 durch eine Zahnstange des Systems Abt bewältigt werden musste) zur Anbindung des oberen Murgtals wird am 20.11.1901 eröffnet. Nun bauen beide Bahnen an der Murgtalbahn: Am 14.6.1910 geht der Abschnitt Weisenbach–Forbach in Betrieb, am 4.5.1915 der Abschnitt Forbach–Raumünzach. Erst am 13.7.1928 wird – nun schon unter Ägide der DRG – schließlich die verbliebene Lücke zwischen Raumünzach und Klosterreichenbach geschlossen.

Durch Kriegsschäden kann die Murgtalbahn erst ab 14.5.1950 wieder durchgängig befahren werden. Gerade die schwierige Trassierung verhindert, dass sich auf der Murgtalbahn umfangreicher Durchgangsverkehr entwickeln kann. In den 60er-Jahren wird die Strecke mit V 200 verdieselt. Das verhindert aber nicht, dass in den 80er-Jahren Stilllegungsgerüchte aufkeimen.

2000 einigen sich Landkreise und Kommunen auf eine Sanierung der Strecke. Vorgesehen ist die Umstellung auf den Betrieb mit Elektrolokomotiven und Stadtbahnen der Albtal-Verkehr-Gesellschaft (AVG). Die etappenweise Elektrifizierung wird bis 20.5.2004 durchgeführt.

Streckenname	Murgtalbahn
Alternative Bezeichnung	-
Relation	Rastatt–Freudenstadt (Baden-Württemberg)
Länge	58,2 km
Funktion	Einstmals Personen- und Güterverkehr, heute durch Einsatz der Karlsruher Stadtbahn im Einzugsbereich des Karlsruher Nahverkehrs
Daten zum Bau	Baubeginn: 8.5.1868 Bauzeit (inkl. Planung, bis zur Fertigstellung): 60 Jahre (mit langjährigen Unterbrechungen) Eröffnung: 31.5.1869 Durchgängig befahrbar ab: 13.7.1928
Spurweite	Vollbahn (1435 mm)
Wichtigste Bauwerke	Füllentunnel (215 m, bei Au), Tennetschlucht-Viadukt (183 m, bei Langenbrand), Stiehltunnel (355 m, bei Langenbrand), Haulertunnel (364 m, bei Forbach), Mehderbucktunnel (215 m, bei Schwarzenberg)
Wichtigste Bahnhöfe	Rastatt, Gaggenau, Forbach, Freudenstadt
Wichtigste Anschlusspunkte	Rastatt: Rheintalbahn Karlsruhe Basel, Rheinbahn Mannheim-Karlsruhe Freudenstadt: Gäubahn nach Stuttgart, Kinzigtalbahn nach Hausach
Besonderheiten	Zahlreiche Kunstbauten, bis 1926 Zahnstangenabschnitt zwischen Baiersbronn und Freudenstadt, eingleisig ausgeführt, erst 2002–2004 elektrifiziert größte Steigung: 50 Promille (zwischen Baiersbronn und Freudenstadt)

Kinzigtalbahn

Sommer im Kinzigtal: Ein Triebwagen der Baureihe 627 rollt am 15. August 1998 über die Kinzigbrücke zwischen Alpirsbach und Schenkenzell. *Foto: T. Estler*

Nachdem die Badischen Staatsbahnen 1855 die Rheintalstrecke Mannheim–Haltingen fertiggestellt haben, profitieren Handel und Industrie der an der Strecke liegenden Gemeinden. Das »abgeschnittene« Kinzigtal spielt zunächst keine Rolle in den Überlegungen der großherzoglich-badischen Bahningenieure, obwohl die Gemeinden im Flusstal vor einem drohenden »Verlust des Gewerbefleißes« warnen, wenn kein Eisenbahnanschluss käme.

Während des Baus der Schwarzwaldbahn (1863–1873) schlagen die Kinzigtalgemeinden eine Linienführung über Schiltach ins Württembergische vor, doch die Verantwortlichen lehnen diese »unbadische« Lösung ab, sie wollen eine rein badische Linie. Erst mit Eröffnung der Schwarzwaldbahn 1873 werden neue Pläne erstellt: Eine neu zu erstellende Bahn soll nun die erst projektierte Strecke Eutingen–Freudenstadt (die sogenannte Gäubahn) und die neue Schwarzwaldbahn verbinden und damit den Transitverkehr nach Straßburg vereinfachen.

Nach einem badisch-württembergischen Übereinkommen beginnen 1876 die Bauarbeiten. In Hausach zweigt die Kinzigtalbahn von der Schwarzwaldbahn ab und erreicht am 5.7.1878 Wolfach. Nachdem die Arbeiten drei Jahre lang ruhen – zwischenzeitlich ist die Gäubahn bis Freudenstadt 1879 eröffnet worden –, geht es erst im Oktober 1881 weiter. Der Bahnbau aber gestaltet sich sehr schwierig. Allein auf dem 20 km langen Abschnitt von Freudenstadt nach Schiltach existieren zahlreiche Tunnel und gewaltige Dämme bis 25 m Höhe.

Am 4.11.1886 wird der Abschnitt Schiltach–Freudenstadt eröffnet. »Damit reicht die badische Schwarzwaldbahn ihrer württembergischen Schwester die Hand«, wie zeitgenössische Zeitungen jubeln. Kurz darauf wird weitergebaut: In Schiltach zweigt die 1892–1990 betriebene und heute abgebaute Strecke nach Schramberg ab.

Die Bahn erfüllt jahrzehntelang ihre Aufgaben. Fernverkehr – Relation Stuttgart–Straßburg – findet seit 1999 nicht mehr statt. Ende der 80er-Jahre übernehmen Triebwagen der Baureihe 627.0, später dann 628.2. und 628.4 den Nahverkehr. Der Güterverkehr, zu Bundesbahnzeiten noch recht umfangreich, ist auf einzelne Bedienungsfahrten eines Gleisanschlusses zusammengeschmolzen. Mehrfach ist die Strecke von der Stilllegung bedroht. Am 12.12.2004 übernimmt die Ortenau S-Bahn GmbH (OSB) den Betrieb auf der Strecke, den sie mit RegioShuttles durchführt. Landschaftlich besonders faszinierend ist der Abschnitt Alpirsbach bis Freudenstadt, eine atemberaubende Klettertour durch den Loßburger Scheiteltunnel und über das Lauterbader Viadukt.

Streckenname	Kinzigtalbahn (nicht zu verwechseln mit der hessischen Kinzigtalbahn Fulda–Hanau–Offenbach–Frankfurt)
Alternative Bezeichnung	-
Relation	Hausach–Freudenstadt (Baden-Württemberg)
Länge	39,1 km
Funktion	Personen- und Güterverkehr
Daten zum Bau	Baubeginn: 1876 Bauzeit (inkl. Planung, bis zur Fertigstellung): 10 Jahre Eröffnung: 5.7.1878 Durchgängig befahrbar ab: 4.11.1886
Spurweite	Vollbahn (1435 mm)
Wichtigste Bauwerke	Wolfacher Tunnel (285 m), Schiltacher Tunnel (117 m), Schwenkenhardt-Tunnel (370 m, bei Ehlenbogen), Loßburg-Tunnel (380 m), Lauterbad-Viadukt (213 m, bei Freudenstadt)
Wichtigste Bahnhöfe	Hausach, Schiltach, Freudenstadt
Wichtigste Anschlusspunkte	Hausach: Schwarzwaldbahn Offenburg–Singen Freudenstadt: Murgtalbahn nach Rastatt, Gäubahn nach Eutingen
Besonderheiten	Eingleisig, nicht elektrifiziert; jahrelanger Einsatz der BR 38 und von Schienenbussen größte Steigung: 23 Promille (zwischen Loßburg und Alpirsbach)

Kaiserstuhlbahn

Halt im Bahnhof Achkarren: Über viele Jahren prägten MAN-Triebwagen den Personenverkehr auf der Kaiserstuhlbahn (August 1996). *Foto: T. Estler*

Die Hauptstrecke von Freiburg nach Alt-Breisach in der Region Kaiserstuhl wird 1871 als ein kommunales Unternehmen der beiden Städte eröffnet, 1878 erfolgt die Streckenverlängerung über Neu-Breisach nach Colmar (die Weiterfahrt nach Colmar ist seit 1945 nicht mehr möglich). Die eisenbahntechnische Erschließung des Kaiserstuhls aber erfolgt unter dem Badischen Eisenbahn-Konsortium des Eisenbahnunternehmers Hermann Bachstein, der ab 1893 eine Nebenbahnlinie erbaut.

Es gibt zwei verschiedene Streckenabschnitte: Die Linie von Gottenheim über Riegel nach Endingen am Kaiserstuhl wird am 15.12.1894 eröffnet. Von hier aus besteht Anschluss an die bereits erstellte Bahn von Freiburg nach Colmar. Am 7.9.1895 folgt der Abschnitt Endingen am Kaiserstuhl nach Breisach, wodurch ein direkter Anschluss an die Rheintalbahn über Freiburg nach Offenburg gegeben ist.

Die Strecken gehen zunächst am 1.4.1897 an die Süddeutsche Eisenbahngesellschaft (SEG, Darmstadt), die sie auch betreibt. Interessant ist die frühe Fahrzeugausstattung: Anfangs Dreikuppler entsprechend der preußischen T3 von Jung (Jungenthal), Karlsruhe und Henschel (Kassel); ab 1917 kommen Vierkuppler von Esslingen und Henschel auf die Bahn. 1925 fahren die ersten Verbrennungstriebwagen (van der Zypen & Charlier (Köln-Deutz), MAN), damit gehört die SEG zu den ersten deutschen Bahngesellschaften, die solche Fahrzeuge einsetzt. 1956 kommen neue VT von MAN.

Die SEG verzichtet Ende 1952 wegen der hohen Defizite ihrer Nebenbahnstrecken auf eine Verlängerung der Konzession und übergibt die Kaiserstuhlbahn am 1.1.1953 an das Land Baden-Württemberg. Den Betrieb führt nun die Mittelbadische Eisenbahnen AG in Lahr (MEG). Am 1.10.1971 verschmilzt die MEG mit der heutigen SWEG (seit 1984: Südwestdeutsche Verkehrs-Aktiengesellschaft) mit Sitz in Lahr.

Die SWEG führt als Verkehrsträger im Regio-Verkehrsverbund Freiburg (RVF, der von der SWEG sowie anderen Unternehmen am 1.1.1994 gegründet worden ist) auf der Bahn Personen- und Güterverkehr durch. Im Personenverkehr werden u. a. auch moderne RegioShuttle RS1 (Adtranz) sowie die NE 81 (Waggon Union, Berlin) eingesetzt. Seit dem kleinen Fahrplanwechsel am 10.6.2007 wird auf der westlichen Kaiserstuhlbahn zwischen Breisach und Sasbach-Jechtingen ein erweitertes ÖPNV-Angebot realisiert. Bis 2018 soll die Strecke elektrifiziert werden.

Der 1978 erstmals eingesetzte »Rebenbummler« ist ein Museums-Dampfzug mit historischen Fahrzeugen aus den Jahren 1906 bis 1928. Am 5.3.2007 erhält der Museumszug als technisches Kulturdenkmal von besonderer Bedeutung einen Eintrag ins Denkmalbuch. Die Fahrt durch Rheinauen, Weinberge und Wälder gilt als lohnendes Ausflugsziel, der Abschnitt Riegel–Breisach als eine der schönsten deutschen Museumsbahnlinien.

Streckenname	Kaiserstuhlbahn
Alternative Bezeichnung	-
Relation	Gottenheim–Riegel–Breisach (Baden-Württemberg)
Länge	37,6 km
Funktion	Personen- und Güterverkehr, zudem Museumsbahn »Rebenbummler«
Daten zum Bau	Baubeginn: 1893 Bauzeit (inkl. Planung, bis zur Fertigstellung): 2 Jahre Eröffnung: 15.12.1894 Durchgängig befahrbar ab: 7.9.1895
Spurweite	Vollbahn (1435 mm)
Wichtigste Bauwerke	-
Wichtigste Bahnhöfe	Gottenheim, Riegel Bahnhof, Breisach
Wichtigste Anschlusspunkte	Gottenheim: nach Breisach Riegel Bahnhof: Rheintalstrecke Mannheim–Basel Breisach: nach Freiburg
Besonderheiten	Nicht bundeseigene Nebenbahn, nicht elektrifiziert, aber Elektrifizierung geplant; letzte komplett erhaltene und vollständig im Betrieb befindliche Normalspurstrecke der einstigen Süddeutschen Eisenbahn-Gesellschaft (SEG), Museumszug »Rebenbummler«

Die Schwarzwaldbahn

Die 150 km lange badische Schwarzwaldbahn verbindet Offenburg mit Singen am Hohentwiel. Sie überwindet dabei 650 Höhenmeter und führt durch 39 Tunnel.
Erste Pläne für die Überquerung des Schwarzwalds gehen bereits auf die Mitte des 19. Jahrhunderts zurück. Dort sollt eine Bahnlinie als Zubringer zur Gotthardbahn gebaut werden. Sie sollte in der Nähe von Waldshut in die Schweiz wechseln und durch das Wutachtal führen. Die schwierigen geologischen Formationen und die noch fehlenden technischen Voraussetzungen, diese zu überwinden verhinderten jedoch den Bau dieser Linie.
Die Pläne wurden geändert und eine Bahnlinie zwischen Offenburg und Singen ins Auge gefasst. Dabei standen mehrere Trassenführungen zu Diskussion. So wurde eine Strecke durch das Bregtal über Furtwangen erwogen. Die Alternativen waren eine Strecke über Wolfach, Schiltach und Schramberg oder über Hornberg und Triberg. Nach langen Diskussionen entschied man sich für die letzte Variante. Nicht zuletzt, weil dies Streckenführung vollständig im Großherzogtum Baden verlief und nicht das benachbarte Königreich Württemberg über Schramberg berührte, obwohl eine Trassierung über Schramberg (Württemberg) wesentlich kostengünstiger ausgefallen wäre.

Der Hornberger Viadukt zählt zu den eindrucksvollsten Bauwerken der Schwarzwaldbahn. *Foto: T. Estler*

Der Eisenbahningenieur Robert Gerwig bekam den Auftrag zur Ausarbeitung konkreter Pläne und im April 1865 begann der Bau der Schwarzwaldbahn. Zuerst wurden die Abschnitte von Offenburg bis Hausach und von Engen bis Singen gebaut. Der Streckenabschnitt zwischen Hornberg und Sankt Georgen war wegen der vielen Kehrtunnels bautechnisch am anspruchvollsten. Er wurde deshalb zuletzt in Angriff genommen. Im November 1870 konnte der Verkehr auf der gesamten Strecke aufgenommen werden. Bis 1888 wurde der Streckenabschnitt zwischen Hausach und Villingen zweigleisig ausgebaut.
Die Bahn musste durch Kehren künstlich verlängert werden, um die Steigungen unter 20 Promille zu begrenzen, denn sonst wären die Steigungen mit den damaligen Loks nicht mehr zu bewältigen gewesen und es hätten Zahnstangenabschnitte vorgesehen werden müssen.
Zwischen Hausach und St. Georgen überwindet die Bahn einen Höhenunterschied von mehr als 564 Metern und ist dabei 38 Kilometer lang, obwohl die beiden Orte nur 21 Kilometer Luftlinie voneinander entfernt sind. Auf diesem Abschnitt sind auch 37 der 39 Tunnels zu finden. Zwischen Triberg und St. Georgen steht der 1.697 m lange Sommerauer Tunnel, der die Hauptwasserscheide unterquert.
Bis November 1921 wurden die Streckenabschnitte Offenburg – Hausach und Villingen – Singen zweigleisig ausgebaut und 1924/1925 wurde der Reichenbach-Viadukt komplett erneuert. Am 22. April 1945 musste der Verkehr allerdings eingestellt werden, weil eine Stütze des Viaduktes bei einem Angriff beschädigt wurde. Der Schaden wurde aber bald behoben und Ende Juni 1945 konnte die Strecke wieder befahren werden.
In den 1970er-Jahren wurde die Schwarzwaldbahn elektrifiziert und ab September 1977 wurde mit Elloks gefahren. Die Elektrifizierung war sehr teuer und mit großem Aufwand verbunden, denn in den zahlreichen Tunnels mussten die Gleise tiefer gelegt werden, um Platz für die Oberleitung zu schaffen. Wegen der starken Steigungen wurden zunächst bevorzugt Lokomotiven der Baureihe 139 mit zusätzlicher elektrischer Widerstandsbremse eingesetzt.
1989 wurde der Verkehr durch die Einführung von InterRegio-Verbindungen stark aufgewertet. So fuhren nun IR-Züge im Zwei-Stunden-Takt von Konstanz über Offenburg, Karlsruhe, Heidelberg und Frankfurt (Main) nach Kassel Hbf. Später kamen noch Verbindungen nach Berlin, Hamburg, Lübeck und Stralsund dazu.
Im Jahr 2001 wurden die meisten InterRegio-Züge von DB Reise & Tourismus eingestellt und durch InterRegioExpress-Züge (IRE) von DB Regio zwischen Karlsruhe und Konstanz ersetzt. Die RE wurden ebenfalls im Zuglauf bis Karlsruhe verlängert. Ende 2002 hat man dann die verbliebenen IR-Züge zu InterCity-Zügen (IC) aufgewertet. Die Bahnreform im Jahr 1994 ermöglichte auch privaten Eisenbahngesellschaften den Zugang zum Netz der DB AG. So sind seit dem Mai 1998 die Züge der Ortenau-S-Bahn (OSB), einer Tochter der SWEG, zwischen Offenburg und Hausach im Einsatz. Inzwischen wurden die Züge bis Freudenstadt verlängert, wo sie Anschluss an die DB-Züge nach Eutingen im Gäu und an die AVG-Züge nach Karlsruhe haben. Zwischen Engen und Konstanz schickt die Schweizer Bahngesellschaft Mittelthurgaubahn unter dem Namen »Seehas« ihre Züge auf die Strecke. Sie wurden inzwischen über Konstanz hinaus in die Schweiz verlängert.
Seit Dezember 2006 wird der Verkehr auf der Schwarzwaldbahn mit neuen Lokomotiven der Baureihe 146 und modernen Doppelstockwagen der DB AG abgewickelt.

Streckenname	Schwarzwaldbahn
Alternative Bezeichnung	Badische Schwarzwaldbahn (nicht zu verwechseln mit der Württembergischen Schwarzwaldbahn Stuttgart–Calw)
Relation	Offenburg–Singen (Baden-Württemberg)
Länge	149,1 km
Funktion	Personen- und Güterverkehr
Daten zum Bau	Baubeginn: April 1865 Bauzeit (inkl. Planung, bis zur Fertigstellung): 8 Jahre Eröffnung: Juli 1866 Durchgängig befahrbar ab: 10.11.1873
Spurweite	Vollbahn (1435 mm)
Wichtigste Bauwerke	Niederwassertunnel (558 m), Eisenbergtunnel (792 m), Hippensbachtunnel (365 m), Großer Triberger Tunnel (835 m), Gummambstunnel (365 m), Gremmelsbachtunnel (912 m), Grundwaldtunnel (381 m), Sommerautunnel (1.697 m), Hattinger Tunnel (900 m)
Wichtigste Bahnhöfe	Offenburg, Villingen, Donaueschingen, Immendingen, Singen
Wichtigste Anschlusspunkte	Offenburg: Rheintalbahn Mannheim–Basel Villingen: nach Rottweil Donaueschingen: Badische Höllentalbahn nach Freiburg im Breisgau Immendingen: Donautalbahn nach Ulm Singen: Hochrheinbahn Basel–Konstanz, Gäubahn nach Stuttgart
Besonderheiten	Zweigleisige, elektrifizierte Hauptbahn; zahlreiche Tunnel Überwundener Höhenunterschied: 650 m Höchster Punkt: Sommerau (832 m) Größte Steigung: unter 20 Promille

Höllentalbahn

Die Höllentalbahn verbindet Freiburg im Breisgau mit Donaueschingen durch den landschaftlich reizvollen Schwarzwald. Die eingleisige Strecke überwindet zwischen Freiburg und Hinterzarten auf einer Länge von 25,4 km eine Höhendifferenz von etwa 600 m. Mit 885 m ü. NN ist in Hinterzarten der höchste Punkt der Strecke erreicht. Mit einer Steigung von 5,5 % ist die Höllentalbahn eine der steilsten Bahnlinien in Deutschland, was einige betriebliche Besonderheiten mit sich bringt. So wurde der Abschnitt zwischen Hirschsprung und Hinterzarten als Zahnradstrecke ausgeführt. Zudem mussten die auf der Höllentalbahn eingesetzten Fahrzeuge sowohl mit einer Druckluftbremse als auch mit einer Saugluftbremse ausgerüstet sein. Die Strecke weist mehrere Tunnel auf und auf einem 40 m hohen Viadukt wird die Ravennaschlucht überquert.

Im Mai 1887, fünf Jahre nachdem die Konzession für den Bau der Strecke erteilt worden war, konnte das erste Streckenstück zwischen Freiburg und Neustadt (Schwarzwald) eröffnet werden. Planung und Bau lagen in den Händen des Eisenbahningenieurs Robert Gerwig, der auch den Bau der Rheintalbahn von Waldshut nach Konstanz und der Schwarzwaldbahn leitete. Bertreiber der Bahn waren zunächst die Großherzoglich Badischen Staatseisenbahnen. Später kam die Strecke unter die Verwaltung der Deutschen Reichsbahn, der Deutschen Bundesbahn und seit 1994 gehört sie der Deutsche Bahn AG.

Die fehlende Finanzdecke verhinderte zunächst den Weiterbau der Strecke. Erst kurz vor der Jahrhundertwende war die Finanzierung gesichert und im August 1901 konnte die Strecke bis nach Donaueschingen eröffnet werden. Von Hüfingen bis Donaueschingen wurde die Trasse der rund zehn Jahre zuvor eröffneten und von der Süddeutschen Eisenbahn-Gesellschaft betriebenen Bregtalbahn von Donaueschingen nach Furtwangen mitbenutzt. Die Badische Staatseisenbahn kaufte dafür das für die Höllentalbahn genutzte Teilstück.

Mitte der 1920er-Jahre begann die Deutsche Reichsbahn mit der Modernisierung der Strecke. Zunächst musste der Ravenna-Viadukt ersetzt werden, denn der ständig wachsende Verkehr hatte dem Bauwerk stark zugesetzt. Beim Bau des neuen Viadukts wurde gleich die Strecke in diesem Bereich begradigt und der ehemals 85 Meter lange Ravennatunnel auf 47 Meter verkürzt. Anfang der 1930er-Jahre wurde die Strecke zwischen dem Freiburger

Streckenname	Höllentalbahn
Alternative Bezeichnung	Badische Höllentalbahn (nicht zu verwechseln mit der Fränkischen Höllentalbahn Blankenstein–Marxgrün)
Relation	Freiburg im Breisgau–Donaueschingen (Baden-Württemberg)
Länge	76,2 km
Funktion	Personen- und Güterverkehr
Daten zum Bau	Baubeginn: 1882 Bauzeit (inkl. Planung, bis zur Fertigstellung): 19 Jahre (mit Unterbrechungen) Eröffnung: 23.5.1887 Durchgängig befahrbar ab: 20.8.1901
Spurweite	Vollbahn (1435 mm)
Wichtigste Bauwerke	Brücken über Dreisam und Gutach, Loretto-Tunnel (514 m), Sternwald-Tunnel (302 m), Ravenna-Viadukt (224 m), Finsterrank-Tunnel (248 m), Dögginger Tunnel (535 m)
Wichtigste Bahnhöfe	Freiburg im Breisgau, Donaueschingen,
Wichtigste Anschlusspunkte	Freiburg im Breisgau: Rheintalbahn Mannheim–Basel, Breisacher Bahn nach Breisach Titisee: Dreiseenbahn nach Seebrugg Donaueschingen: Badische Schwarzwaldbahn Offenburg–Singen
Besonderheiten	Elektrifizierte, eingleisige Hauptbahn; eine der steilsten Bahnstrecken Deutschlands Größte Steigung: 57,1 Promille (Abschnitt Himmelreich–Hinterzarten) Größte Höhe: bei Hinterzarten (893 m) Minimaler Radius: 200 m

Hauptbahnhof und Freiburg-Littenweiler so umgebaut, dass sie nun die Rheintalbahn kreuzungsfrei überquert. Aufgrund leistungsfähigerer Bremsen und neuer Dampflokomotiven der Baureihe 85 konnte ab 1933 auf die Zahnstange verzichtet werden. Gleichzeitig wurde die Strecke bis Neustadt im Schwarzwald elektrifiziert. Allerdings entschied man sich nicht für die üblichen 15 kV Wechselspannung mit einer Frequenz von 16 2/3 Hertz, sondern man wählte eine Spannung von 20.000 Volt bei einer Frequenz von 50 Hertz. Damit untersuchte die Deutsche Reichsbahn, ob sich eine Bahnlinie aus dem öffentlichen Stromnetz versorgen ließ. Für den Betrieb lieferten mehrere Lokfabriken insgesamt vier Maschinen, die sich stark an die Baureihen E 44 bzw. E 44.5 anlehnten und die als Baureihe

Halt im Bahnhof Hirschsprung: 1996 kamen auf der Höllentalbahn Loks der Baureihe 143 in der Farbgebung der S-Bahn Rhein-Ruhr zum Einsatz. Foto: T. Estler

E 244 bezeichnet wurden. Die in Titisee von der Höllentalbahn abzweigende Dreiseenbahn wurde 1926 eröffnet und später ebenfalls mit diesem System elektrifiziert.
In den 1950er-Jahren entschloss sich die Deutsche Bundesbahn, das abweichende Stromsystem auf die üblichen 15 kV umzustellen und so das Umspannen der Züge zu beenden, zumal die Badische Hauptbahn inzwischen elektrifiziert worden war. 1960 konnte dann endlich der Fahrdraht der Höllentalbahn unter Spannung gesetzt werden. Nun wurde die Strecke von Elloks der Baureihe 139 und 144 mit elektrischer Widerstandsbremse befahren.
Anfang der 1990er-Jahre wurde der Streckenabschnitt zwischen Neustadt und Freiburg modernisiert. Auch das alte Rollmaterial wurde gegen neues ausgetauscht. Mit der Baureihe 143 kam eine Konstruktion der Deutschen Reichsbahn der DDR auf die Höllentalbahn und die alten »Silberlinge« mussten neuen Doppelstockwagen weichen. Inzwischen fahren die Lokomotiven der Baureihe 146 auf der Strecke. Sie stellen zusammen mit den neuen Wagen im Halbstundentakt ein attraktives Nahverkehrsangebot dar. Dabei fahren die aus Freiburg kommenden Züge ab Titisee abwechselnd nach Neustadt oder über die Dreiseenbahn nach Seebrugg weiter. Inzwischen wurde allerdings in einigen Bahnhöfen zwischen Freiburg und Titisee das dritte Gleis abgebaut. Sodass bei Ausnahmesituationen keine Ausweichmöglichkeit mehr besteht.

München–Ulm

Das Ulmer Münster bildet den beeindruckenden Hintergrund für einen Schnellzug der auf einer Mehrfeldbrücke die Donau auf überquert. Foto: M. Dahlbeck

Nachdem sich der Erfolg der ersten deutschen Eisenbahn zwischen Nürnberg und Fürth abzeichnet, gründen sich in Augsburg und München sowie an anderen Orten Bahnkomitees, um für einen Weiterbau der Eisenbahn zu werben. Am 28.9.1836 erlässt Bayern die sogenannten Fundamentalbestimmungen für sämtliche Eisenbahnstatuten in Bayern, die rechtliche wie technische Fragen des künftigen Bahnbaus im Königreich regeln. Am 23.7.1837 gründet sich die München-Augsburger Eisenbahn-Gesellschaft (MAE), die Anfang 1838 mit dem Bau der zweiten bayerischen Bahnstrecke, die von München nach Augsburg führt, beginnt.

Am 1.9.1839 geht der erste Abschnitt München–Lochhausen in Betrieb, am 4.10.1840 kann bis Augsburg durchgefahren werden. Am 1.6.1846 geht die MAE in den 1844 gegründeten Königlich Bayerischen Staats-Eisenbahnen auf.

Die rasche Fertigstellung der württembergischen Südbahn Stuttgart–Ulm–Friedrichshafen am 29.6.1850 bringt Bayern an seiner Westgrenze in Zugzwang: Um nicht vom übrigen entstehenden Bahnnetz isoliert zu bleiben, muss das Königreich auf den von Württemberg propagierten Vorschlag eines Bahnanschlusses in Ulm eingehen. Bayern will anfangs die Verbindung nach Ulm nicht, sondern strebt nach einer Linie, die über Nördlingen weiter nach Norden führen soll. 1851 schließen beide Länder schließlich einen den Bahnbau betreffenden Vertrag.

1852 beginnen bei Augsburg und an der Donaubrücke bei Ulm/Neu-Ulm die Bauarbeiten, als erste Abschnitte gehen Neu-Ulm–Burgau und Dinkelscherben–Augsburg am 26.9.1853 in Betrieb. Am 1.5.1854 ist mit Fertigstellung der Donaubrücke Ulm/Neu-Ulm und dem Lückenschluss Burgau–Dinkelscherben die dem bayerische König zu Ehren Maximiliansbahn genannte Strecke durchgängig befahrbar und entwickelt sich in der Folgezeit zu einer wichtigen Verkehrsachse im deutschen Süden. Der zweigleisige Ausbau erfolgt bis 1892, im Mai 1933 kann der elektrische Betrieb durchgängig aufgenommen werden.

Aus Anlass der Verkehrsausstellung in München (Juni–Oktober 1965) befahren Loks der BR 103 die Strecke zwischen Olching und Augsburg-Hochzoll mit 200 km/h. 1977 wird in diesem Abschnitt erstmals in Deutschland der 200-km/h-Betrieb fahrplanmäßig aufgenommen.

Die Linie München–Ulm ist Teil der Europa-Magistrale Paris–Budapest/Bratislava. Gegenwärtig werden einzelne Abschnitte zwischen Augsburg-Hochzoll und Olching viergleisig ausgebaut, einzelne Teile sind schon dem Verkehr übergeben worden. Ziel des Ausbaus ist es, langsamere Güterzüge auf eigener Trasse fahren zu lassen, wo sie dem schnellen Personenverkehr nicht behindern. Auf den Personenzuggleisen sollen 230 km/h möglich sein. Die Bahnstrecke wird von ICE- und IC-Zügen befahren. Darüber hinaus werden RE- und RB-Züge eingesetzt.

Streckenname	München–Ulm
Alternative Bezeichnung	Bayerische Maximiliansbahn
Relation	München–Ulm (Bayern, Baden-Württemberg)
Länge	146,9 km
Funktion	Personen- und Güterverkehr
Daten zum Bau	Baubeginn: 1838/1852 Bauzeit (inkl. Planung, bis zur Fertigstellung): 16 Jahre (mit Unterbrechungen) Eröffnung: 1.9.1839/26.9.1853 Durchgängig befahrbar ab: 4.10.1840/1.5.1854
Spurweite	Vollbahn (1435 mm)
Wichtigste Bauwerke	Zahlreiche Brücken über Flüsse wie Würm, Paar, Lech, Wertach, Schmutter, Zusam, Donau
Wichtigste Bahnhöfe	München, Augsburg, Ulm
Wichtigste Anschlusspunkte	München: zahlreiche Nahverkehrslinien, S- und U-Bahn, nach Ingolstadt, nach Landshut, nach Mühldorf, nach Salzburg, nach Garmisch-Partenkirchen, Allgäubahn Augsburg: nach Buchloe, Paartalbahn nach Ingolstadt, nach Nürnberg Ulm: Brenztalbahn Aalen–Ulm, Donautalbahn nach Donaueschingen, Filstalbahn nach Stuttgart, Illertalbahn nach Memmingen/Kempten, Südbahn nach Friedrichshafen
Besonderheiten	Zweigleisige, elektrifizierte Hauptstrecke; abschnittsweise erfolgt der viergleisige Ausbau

Das Albbähnle

In Amstetten (Württ.) zweigt die Schmalspurstrecke nach Laichingen ab. Sie wird heute nur noch von Museumszügen bis Oppingen befahren. Foto: M. Dahlbeck

In den 70er-Jahren des 19. Jahrhundert plädieren Bürger Laichingens, Merklingens und Nellingens dafür, ihre Orte an das Eisenbahnnetz anzuschließen. Unterstützung finden sie durch die Leinen- und Bettwäscheindustrie der Region, die auf kostengünstige und sichere Transportmöglichkeiten angewiesen ist.

Doch erst 1888 entsteht ein Eisenbahnkomitee, das die verschiedenen Forderungen – so existieren verschiedene Vorschläge zu Linienführung (z.B. Kirchheim/Teck–Laichingen–Blaubeuren oder Amstetten–Oppingen–Laichingen) und Anschlussbahnhof (z.B. Beimerstetten oder Lonsee) – strukturiert und ein Hannoveraner Planungsbüro beauftragt, den Anschluss an die Hauptstrecke Ulm–Stuttgart (Filstalbahn) zu projektieren. Doch die Königlich Württembergische Staats-Eisenbahn (KWStE) lehnt aus wirtschaftlichen Erwägungen den Bahnbau ab.

Erst mit Gründung der Württembergischen Eisenbahn-Gesellschaft (WEG, 13.5.1899) werden die Pläne umgesetzt, aus wirtschaftlichen Gründen kommt aber nur eine Schmalspurbahn (1000 mm) infrage: Die WEG übernimmt die Betriebsführung, erhält am 24.10.1899 die Konzession und beginnt im Juni 1900 mit den Bauarbeiten. Am 22.6.1901 können Arbeitszüge bereits bis Laichingen fahren, am 20.10.1901 findet die offizielle Eröffnung statt.

Von Anfang an macht sich die WEG keine Illusionen: Ein großer wirtschaftlicher Erfolg wird der Bahn Amstetten/Württ.–Laichingen trotz des Einsatzes von Rollböcken zum flexiblen und Zeit sparenden Gütertransport nicht beschieden sein. Allein während des Autobahnbaus der in der Weimarer Zeit projektierten, aber erst von den Nationalsozialisten umgesetzten A8 (1936/37) steigt die Transportleistung der Bahn bei Materiallieferungen kurzzeitig an.

1954 kommt der erste Dieseltriebwagen (ein umgebauter Omnibus) auf die Strecke, mit dem 60-jährigen Betriebsjubiläum 1961 endet die Zeit der Dampfloks auf der Bahn. 1968 erscheint der WEG-Triebwagen 35 (Fuchs, Heidelberg, 1955), der bis 1976 eingesetzt wird. Triebwagen der 1972 eingestellten Härtsfeldbahn Aalen–Dillingen (darunter der T 33 (Waggonfabrik Wismar, 1933, Auwärter-Umbau von 1964), T 37 (MAN, 1960) sowie die Triebwagen T 30 und 31 (Fuchs, Heidelberg, 1956) ergänzen 1973–1976 den Fuhrpark der Strecke. Die WEG sucht den Betrieb Anfang der 80er-Jahre zu rationalisieren und saniert die Strecke grundlegend, auch Verbesserungen an der Infrastruktur (z. B. eine neue Lokhalle in Laichingen) erfolgen. Doch der zurückgehende Güterverkehr und die Senkung von Zuschüssen machen einen Weiterbetrieb nicht mehr möglich: Am 31.8.1985 wird der Personenverkehr, am 14.9. der Güterverkehr eingestellt, im September 1985 beginnt der Abbau der Gleise zwischen Laichingen und Oppingen.

Seit 14.7.1990 betreiben die Ulmer Eisenbahnfreunde auf dem nicht abgebauten Teil der Strecke, also zwischen Amstetten/Württ. und Oppingen, einen Museumsbahnverkehr. Eingesetzt wird die Dampflok 99 7233 (Borsig, 1904), die einst auf der Schmalspurbahn Mosbach–Mudau zu Hause war.

Streckenname	Albbähnle
Alternative Bezeichnung	-
Relation	Amstetten/Württ.–Laichingen (Baden-Württemberg), heute nur noch Amstetten–Oppingen
Länge	Einst 19 km, heute noch 5,3 km
Funktion	Einst Personen- und Güterverkehr, heute Museumsbahn der Ulmer Eisenbahnfreunde (UEF)
Daten zum Bau	Baubeginn: Juni 1900 Bauzeit (inkl. Planung, bis zur Fertigstellung): 1 Jahr Eröffnung: 20.10.1901 Durchgängig befahrbar ab: 22.6.1901
Spurweite	Schmalspurbahn (1000 mm)
Wichtigste Bauwerke	-
Wichtigste Bahnhöfe	Amstetten/Württ., Oppingen
Wichtigste Anschlusspunkte	Amstetten: Filsbahn Ulm–Stuttgart und Lokalbahn Amstetten/Württ.–Gerstetten
Besonderheiten	Museumsbahn größte Steigung: 1.35 minimaler Radius: 140 m überwundener Höhenunterschied: 123 m

Hohenzollerische Landesbahn (HzL)

Die Oberstadt des Städtchens Haigerloch unterquert die Strecke Eyach–Hechingen der HzL in einem 146 m langen Tunnel. *Foto: J. Krantz*

Im Jahr 1899 wird die »Actiengesellschaft Hohenzollernische Kleinbahngesellschaft« (AHK) gegründet. Unternehmensziel ist die Erschließung des seit 1850 zu Preußen gehörenden Regierungsbezirks Sigmaringen, der inmitten des Königreichs Württemberg liegt. Bislang hat die Königlich Württembergische Staats-Eisenbahn (KWStE) lediglich die Hohenzollern-Städte Hechingen und Sigmaringen über die bis 1879 erbaute Zollernalbbahn an ihr Bahnnetz angeschlossen.
Ab 1900 erstellt die AHK von der Zollernalbbahn im Hohenzollern-Territorium ausgehend Zweig- und Stichstrecken. Am 28.3.1900 geht z. B. die Bahnstrecke Sigmaringendorf-Bingen durch das Laucherttal in Betrieb, am 18.3.1901 folgt die Bahn Hechingen–Burladingen, am 7.6.1901 die Strecke Eyach bei Eutingen nach Stetten und schließlich am 7.11.1901 stellt sie die Verbindung zwischen Kleinengstingen (hier Anschluss an die Schwäbische Albbahn nach Ulm) mit Gammertingen her.
Am 18.6.1907 erfolgt die Umbenennung der AHK, die inzwischen weitere Strecken projektiert, in »Hohenzollerische Landesbahn AG« (HzL). Am 6.12.1908 wird die Strecke Burladingen–Gammertingen–Bingen (dort über Sigmaringendorf–Bingen Anschluss an Donautalbahn Ulm–Tuttlingen) in Betrieb genommen, am 5.10.1910 der Abschnitt Hanfertal–Sigmaringen. Mit Eröffnung des Abschnittes Stetten–Hechingen am 24.12.1912 hat das HzL-Stammnetz bis auf einige, in den nächsten Jahren folgende Ergänzungen seine heutige Ausdehnung (123 km) erreicht.
Nach verschiedenen Gesellschaften, denen die Betriebsführung obliegt, führt die HzL seit 1.7.1933 den Betrieb auf dem Stammnetz selbst.
Im Jahr 1947 erweitert die Bahn ihr Angebot und richtet die erste Omnibuslinie Bingen–Riedlingen–Gammertingen ein. Damit setzt die schrittweise Einstellung des Personenverkehrs auf dem Streckennetz ein. Seit 1973 führt die HzL nur noch zwischen Hechingen und Sigmaringen schienengebundenen Personenverkehr durch.
1970 endet der planmäßige Einsatz von Dampflokomotiven auf HzL-Gleisen, die Maschinen werden ausgemustert. Die Dampfloks 11 und 16 sind bei der Gesellschaft zur Erhaltung von Schienenfahrzeugen (GES, Stuttgart) erhalten geblieben und fahren im Museumsverkehr auf der Tälesbahn zwischen Nürtingen und Neuffen.
Der Bahnhof Sigmaringendorf wird 1992 durch den Bau einer Verbindungskurve in Richtung Ulm überflüssig, 1994 der Landesbahnhof in Sigmaringen aufgelassen (Die Züge fahren seitdem direkt in den DB-Bahnhof Sigmaringen ein). 1997 entsteht in Hechingen ein zweites Verbindungsgleis, um den HzL-Personenzügen die Einfahrt in den DBAG-Bahnhof zu ermöglichen.
1990 übernimmt die HzL den schienengebundenen Nahverkehr auf der Donautalbahn (Sigmaringen–Tuttlingen) – Auftakt zu weiteren ähnlichen Leistungen der HzL (z. B. 1997: Tübingen–Aulendorf, 2003: 3er-Ringzug Landkreise Schwarzwald-Baar, Rottweil und Tuttlingen, 2006: Seehäsle Stockach–Radolfzell). Am 1.7.1993 übernimmt sie die Betriebsführung der BOB (Bodensee-Oberschwaben-Bahn) in der Relation Aulendorf–Friedrichshafen.
Erfolg auch im Güterverkehr: Seit 1991 führt die HzL z. B. die Salzzüge (Stetten–Ulm–Burghausen) ab Sigmaringendorf bis Ulm, seit 2010 für Holcim Ganzzüge nach der Schweiz und leistet einen Beitrag im Flächengüterverkehr der Region Tübingen/Sigmaringen/Bad Saulgau/Alb. Verbindungen zur DBAG sind in den Bahnhöfen Eyach, Kleinengstingen, Hechingen, Sigmaringen und am Abzweig Sigmaringendorf vorhanden.

Streckenname	Hohenzollern-Bahn
Alternative Bezeichnung	-
Relation	Stammnetz: Hechingen–Gammertingen, Eyach (Eutingen)–Hechingen, Kleinengstingen–Sigmaringen, Sigmaringendorf–Hanfertal (Baden-Württemberg)
Länge	123 km eigenes Netz (zusammen mit den befahrenen Strecken der DBAG über 600 km)
Funktion	Personen- und Güterverkehr
Daten zum Bau	Baubeginn (Stammnetz): 1899/1900 Bauzeit (inkl. Planung, bis zur Fertigstellung): 12 Jahre Eröffnung: 28.3.1900 Durchgängig befahrbar ab: 24.12.1912
Spurweite	Vollbahn (1435 mm)
Wichtigste Bauwerke	Haigerloch-Tunnel (146 m)
Wichtigste Bahnhöfe	Eyach (Eutingen), Hechingen, Gammertingen, Kleinengstingen, Sigmaringen
Wichtigste Anschlusspunkte	Eyach (Eutingen): Obere Neckarbahn Tübingen–Horb Hechingen: Zollernalbbahn Tübingen–Sigmaringen Gammertingen: Kleinengstingen–Sigmaringen Kleinengstingen: Schwäbische Albbahn Schelklingen–Ulm Sigmaringen: nach Krauchenwies
Besonderheiten	Eine der größten nichtbundeseigenen Eisenbahngesellschaften in Baden-Württemberg,

Trossinger Eisenbahn

Mitte des 19. Jahrhunderts begann die Fertigung von Mundharmonikas in Trossingen und schon kurze Zeit später wurde die Anlieferung von Werkzeugen und Rohstoffen ebenso zum Problem wie der Abtransport der fertigen Instrumente.

Zwar wurde im August 1869 eine Bahnlinie zwischen Rottweil und Villingen eröffnet. Sie führt aber so weit an Trossingen vorbei, dass der Bahnhof fünf Kilometer vom Dorf entfernt gebaut werden musste. Der Trossinger Gewerbeverein ließ deshalb eine Straße vom Dorf zum Bahnhof Trossingen bauen, auf der Fuhrunternehmen Zubringerdienste übernahmen. Diese Straße war aber schon bald überlastet und der Gewerbeverein regte den Bau einer Bahn zwischen dem Bahnhof und dem Ort an. Im November 1893 stimmte der Gemeinderat dem Projekt zu.

Im Sommer 1897 wurde die Baugenehmigung erteilt und im September 1897 wurde die »Aktiengesellschaft Elektrizitätswerk und Verbindungsbahn Trossingen« gegründet. Am 14. Dezember 1898 wurde der Betrieb mit zwei neu beschafften Triebwagen und einem Beiwagen aufgenommen. 1902 war das Güteraufkommen so groß, dass zur Beförderung der Staatsbahn-Güterwagen eine eigene Ellok beschafft werden musste.

Im Juli 1909 ging die Aktiengesellschaft in den Besitz der Gemeinde Trossingen über und Anfang 1914 wollte der Württembergische Staat die Bahn übernehmen. Der Ersten Weltkrieg ließ diese Pläne aber scheitern.

Mitte der 1920er-Jahre wurde die Bahn saniert. Die hölzernen Fahrleitungsmasten wurden durch Stahlgittermasten ersetzt und die Gleise und Weichen erneuert. Im Juli 1939 ging ein neuer Triebwagen in Betrieb. Er war so stark, dass er eher als Lok für den Güterverkehr als für die Beförderung von Fahrgästen eingesetzt wurde.

Im April 1945 rückten die französischen Truppen in Trossingen ein und die Bahn musste ihren Betrieb einstellen. Aber schon im Juni 1945 konnte der Betrieb nach notwendigen Reparaturarbeiten wieder aufgenommen werden.

Im Januar 1973 wurde die »Konzession zum Bau und Betrieb der Trossinger Eisenbahn« zwar bis Ende Dezember 2022 verlängert, aber schon bald bescherten Absatzschwierigkeiten bei den Musikinstrumenten einen starken Rückgang des Güteraufkommens. Der Trossinger Eisenbahn drohte die Stilllegung.

1988 legte die Deutsche Bundesbahn für die Region Villingen/Rottweil ein neue Nahverkehrs-Konzept vor, in dass die Trossinger Eisenbahn einbezogen wurde. So konnten nun die Züge beider Bahnverwaltungen mit der gleichen Fahrkarte genutzt werden.

Im Juni 1993 kündigte die DB an, den Güterverkehr nach Trossingen einzustellen. Zwar wurde versucht eine Lösung für dieses Problem zu finden, aber im Juni 1996 beschließt der Gemeinderat, den Betrieb der Trossinger Eisenbahn Ende 1996 bzw. zum Fahrplanwechsel im Mai 1997 einzustellen, falls nicht ein anderer Betreiber gefunden würde.

1994 wurde abermals ein neues ÖPNV-Konzept vorgelegt, in dem eine »Ringzug«-Lösung vorgestellt wurde. Auch in dieses Konzept wurde die Strecke der Trossinger Eisenbahn wieder aufgenommen. Nach Prüfung des Konzepts beschließt der Gemeinderat im September 1996, den Stilllegungsbeschluss. Der Betrieb konnte über den Stilllegungstermin hinaus bis Ende 1998 weiter geführt werden und im September 1997 wurde die gesamte Strecke der Trossinger Eisenbahn komplett aufgearbeitet.

Im Oktober 1999 gewann die Hohenzollerische Landesbahn (HzL) gegen vier weitere Anbieter die europaweite Ausschreibung für den Betrieb des Ringzuges. Anfang 2002 standen 20 neue Dieseltriebwagen für den Betrieb des Ringzuges zur Verfügung und die alten elektrischen Triebwagen der Trossinger Eisenbahn konnten abgestellt werden. Am 11. Juli 2003 endete der planmäßige Schienenverkehr der Trossinger Eisenbahn und am 1. September 2003 startete der Ringzug auf der Strecke Bräunlingen – Villingen – Rottweil – Tuttlingen – Immendingen. Weil die Gleise der Trossinger Eisenbahn noch nicht fertig saniert waren, musste zunächst ein »Schienenersatzverkehr« eingerichtet werden.

Im Mai 2005 wurden mit den alten Triebwagen erste Museumsfahrten vom »Freundeskreis der Trossinger Eisenbahn e.V.« durchgeführt. Die alte Fahrleitung durfte nämlich im Rahmen der Sanierung nicht abgebaut werden, weil sie unter Denkmalschutz steht. Sie wird betriebsfähig erhalten und versorgt die alten E-Triebwagen weiterhin mit Energie.

Die Trossinger Eisenbahn setzte bis zu ihrer Eingliederung in den »Ringzug« alte Triebwagen auf ihrer mit 800-V-Gleichspannung elektrifizierten Strecke ein. *Foto: M. Dahlbeck*

Streckenname	Trossinger Eisenbahn
Alternative Bezeichnung	-
Relation	Trossingen Bahnhof–Trossingen Stadt (Baden-Württemberg)
Länge	5 km
Funktion	Einst Personen- und Güterverkehr, heute nur noch Personenverkehr sowie Museumsbetrieb
Daten zum Bau	Baubeginn: 1897 Bauzeit (inkl. Planung, bis zur Fertigstellung): 1 Jahr Eröffnung: 14.12.1898 Durchgängig befahrbar ab: 14.12.1898
Spurweite	Vollbahn (1435 mm)
Wichtigste Bauwerke	Tunnel Westtangente (15 m)
Wichtigste Bahnhöfe	Trossingen Bahnhof
Wichtigste Anschlusspunkte	Trossingen Bahnhof: Rottweil-Villingen
Besonderheiten	Elektrifizierte (600 V DC), nicht bundeseigene Strecke

Die »Sauschwänzlebahn«

Die strategische »Sauschwänzlebahn« ist heute eine reine Museumsbahn, die von der schweizerischen EUROVAPOR unterhalten und betrieben wird. Foto: M. Dahlbeck

Die Wutachtalbahn verläuft am südöstlichen Rand des Schwarzwalds und verbindet Waldshut an der Hochrheinbahn mit Immendingen an der Schwarzwald- und Donautalbahn. Wegen ihres kurvenreichen Verlaufes heißt sie auch »Sauschwänzlebahn«.

Schon 1857 gab es erste Überlegungen, eine Bahnlinie durch das Wutachtal zu bauen. Beim Bau der Verbindung zwischen Mannheim nach Konstanz orientierte man sich am Verlauf des Rheins und hätte so die Strecke zwei Mal über Schweizer Gebiet führen müssen. Eine Streckenführung durch das Wutachtal hätte eine Umfahrung der Schweiz bei Schaffhausen ermöglicht, wurde aber wieder verworfen.

Die Gemeinden entlang der Wutach waren aber weiterhin an einem Eisenbahnschluss interessiert. Erst als ein Anschluss Südbadens an die Gotthardbahn in Erwägung gezogen wurde, war der Bau einer Bahnstrecke entlang der Wutach wieder aktuell. Die Strecke sollte von Oberlauchringen entlang der Wutach bis nach Donaueschingen führen und dort den Anschluss an die Schwarzwaldbahn und die Neckartalbahn herstellen.

Das erste Teilstück der Strecke zwischen Oberlauchringen und Stühlingen wurde am 16. April 1875 eröffnet. Ein Jahr später, am 15. Oktober 1876, wurde die Strecke bis nach Weizen verlängert. Der Weiterbau in Richtung Donaueschingen wurde dann wegen geologischer Probleme storniert und das Projekt wurde beendet.

Einige Jahre später zeigte das Militär an einer Bahn durchs Wutachtal Interesse. Der deutsche Generalstab überlegte in den 1880er-Jahren, wie man im Fall eines Kriegs gegen Frankreich Truppen und Gerät schnell mit der Eisenbahn nach Westen bringen könnte. Trotz hoher Kosten und dem geringen zivilen Nutzen konnte das Militär den Bau durchsetzen. 1887 begann man mit dem Weiterbau der eingleisigen Wutachtalbahn von Immendingen in Richtung Südwesten. Die Steigung der Strecke durfte 10 Promille nicht überschreiten.

Aufgrund dieser Vorgabe mussten wegen der Höhenunterschiede des Geländes zwischen Weizen und Zollhaus-Blumberg mehrere offene Kehren, ein Kehrtunnel und Deutschlands einziger Kreiskehrtunnel gebaut werden. Außerdem mussten Quertäler mit vier Viadukten und Brücken überspannt werden. Sie haben eine Höhe von bis zu 30 Metern und eine Länge von 100 bis 250 Metern. Für die statische Bemessung der Brücken waren die damals schwersten Kanonen der Firma Krupp mit einem Gewicht von 140 Tonnen maßgebend. Im Rahmen der strategischen Aufgaben war auch der zweigleisige Ausbau vorgesehen, was heute noch an Widerlagern und Pfeilern der Brücken zu sehen ist.

Am 20. Mai 1890 wurde die Wutachtalbahn dem Verkehr übergeben. Zu Beginn fuhren drei Personenzugpaare und ein kombinierter Güter- und Personenzug.

Während der französischen Besetzung der Stadt Offenburg 1923/24 diente die Wutachtalbahn als Umleitungsstrecke für die unterbrochene Rheinstrecke. Die Züge fuhren dabei über die Hochrheinstrecke, die Wutachtalbahn und die Gäubahn,

Die Fahrpläne und Kursbücher weisen während der gesamten Betriebszeit der Strecke nicht mehr als fünf Personenzüge und einen Güterzug aus.

Nach dem Zweiten Weltkrieg war die Strecke mit ihrem immensen Instandhaltungsaufwand eine große Belastung für die junge Bundesbahn. Am 22. Mai 1955 wurde der durchgehende Verkehr zwischen Lausheim-Blumegg und Zollhaus-Blumberg eingestellt. Bereits zu diesem Zeitpunkt versuchte der Präsident der Eurovapor Ferdinand Mollet erfolglos, die Wutachtalbahn in eine Museumseisenbahn umzuwandeln.

Mit dem Schienen-Straßen-Omnibus versuchte die DB den Betrieb noch einmal effizienter zu gestalten. Der Bus umfuhr den aufwendigen Teil der Strecke auf der Straße. Auf den weniger problematischen Teilen wurde er auf der Schiene eingesetzt. Diese Maßnahme brachte aber auch nicht den gewünschten Erfolg und der Bus wurde schon bald wieder abgezogen.

1962 bis 1965 ließ die NATO die Strecke auf eigene Kosten sanieren. Trotz des Aufwands in Millionenhöhe wurde die Strecke nicht mehr befahren, obwohl das Bundesministerium der Verteidigung bis 1974 den Unterhalt der Strecke zahlte.

Der Personenverkehr zwischen Zollhaus-Blumberg und Hintschingen wurde am 28. Mai 1967 eingestellt, der Abschnitt zwischen Lauchringen-Lausheim und Blumegg folgte am 25. September 1971. Am 1. Januar 1976 legte die DB den gesamten Abschnitt zwischen Weizen und Zollhaus-Blumberg still.

Am 21. Mai 1977 wurde auf der Strecke unter Federführung der Eurovapor ein Museumseisenbahnbetrieb eingerichtet, der aber nur im mittleren Streckenabschnitt zwischen Weizen und Zollhaus-Blumberg verkehrte. 1988 erhielt die Strecke den Rang eines technischen Denkmals von nationaler Bedeutung. Umfangreiche Renovierungen sichern den Betrieb auch zu Beginn des 21. Jahrhunderts. 1997 übernahm die Wutachtalbahn (WTB) e. V. den Betrieb von der Eurovapor.

Mitte der 1990er-Jahre gab es erste Überlegungen, zumindest Teile der Wutachtalbahn wieder für den Regelbetrieb zu reaktivieren. Eine 1998 erstellte Studie empfahl dabei den südlichen Abschnitt von Weizen bis Lauchringen zu reaktivieren und umsteigefrei über die Hochrheinbahn mit Basel Badischer Bahnhof zu verbinden. Mangels politischer Unterstützung wurde die Reaktivierung des südlichen Wutachtalbahn-Abschnitts aber nicht weiterverfolgt.

1995 begannen Überlegungen, den Schienennahverkehr in der Region Schwarzwald-Baar-Heuberg neu zu strukturieren. Die Studie, die Landkreise Tuttlingen, Rottweil und Schwarzwald-Baar mittels eines Ringzugs zu verbinden, verzichtete zunächst noch auf eine Reaktivierung der nördlichen Wutachtalbahn. Die Wutachtalbahn wurde erst mit eingeschlossen, als das ursprüngliche Konzept eines geschlossenen Rings durchgeführt werden konnte. So wurde am 12. Dezember 2004 der Abschnitt von Immendingen bis Zollhaus-Blumberg nach fast 40 Jahren reaktiviert. Werktags fahren die Züge der Hohenzollerischen Landesbahn in einem annähernden Stunden-Takt. Sie verkehren aber nur bis Leipferdingen. Hier besteht Busanschluss von und nach Blumberg. An den Wochenenden wird im Zwei-Stunden-Takt auf der Schiene bis Blumberg gefahren.

Auf dem südlichen Abschnitt zwischen Lauchringen und Weizen richtete die DB 2003 einen auf die Fahrtzeiten der Museumsbahn abgestimmten Zubringerverkehr von Waldshut an der Hochrheinbahn nach Weizen ein. Die Museumszüge selbst verkehren seit 1997 auf dem mittleren Streckenstück zwischen Weizen und Zollhaus-Blumberg. Sie werden überwiegend von Dampfloks bespannt, die dem Verein selbst gehören oder die als Gastloks von anderen Vereinen ins Wutachtal kommen.

Streckenname	Wutachtalbahn
Alternative Bezeichnung	Sauschwänzlebahn
Relation	Lauchringen–Immendingen (Baden-Württemberg)
Länge	61,5 km
Funktion	Einst Personen- und Güterverkehr, heute nur noch Museumsbahnverkehr sowie Nahverkehr im nördlichen Abschnitt Immendingen–Zollhaus-Blumberg
Daten zum Bau	Baubeginn: 1874 Bauzeit (inkl. Planung, bis zur Fertigstellung): 16 Jahre (mit Unterbrechungen) Eröffnung: 16.4.1875 Durchgängig befahrbar ab: 20.9.1890
Spurweite	Vollbahn (1435 mm)
Wichtigste Bauwerke	Kehr-Tunnel im Grimmelshofer Weiler (1205 m), Kreiskehrtunnel Großer Stockhalde-Tunnel Grimmelshofen (1700 m), Tunnel am Achdorfer Weg (540 m), Epfenhofer Viadukt (264 m), Biesenbach-Viadukt (252,5 m), Buchbergtunnel (805 m)
Wichtigste Bahnhöfe	Lauchringen, Immendingen
Wichtigste Anschlusspunkte	Lauchringen: Hochrheinbahn Basel–Konstanz Immendingen: Donautalbahn nach Ulm, Schwarzwaldbahn Offenburg–Singen
Besonderheiten	Zahlreiche Kurven, ein Kehrtunnel und ein Kreiskehrtunnel Minimaler Radius: 300 m Höchstgelegener Punkt: Buchbergtunnel (705 m), dort Überquerung der Wasserscheide Rhein/Donau

Seehas

Einfahrt eines RE nach Konstanz: Hier teilt sich der Seehas die Gleise mit der DBAG-Tochter ZugBus Alb-Bodensee. *Foto: M. Dahlbeck*

Der Seehas (das ist der Name eines Fabeltiers der Region; im Rahmen einer Umfrage unter den Fahrgästen wurde es als Namensgeber ausgewählt) ist ein Nahverkehrsangebot im Raum Konstanz. Er erschließt heute im 30-Minutentakt die Städte und Gemeinden Engen, Singen, Radolfzell, Allensbach, Reichenau und Konstanz. Auf der Strecke zwischen Konstanz und Engen bedient der Zug 16 Haltestellen und bewältigt die Strecke von 44 km in nur 50 Minuten.
Der Seehas befährt im Abschnitt Konstanz–Singen/Hohentwiel die Hochrheinbahn, die aufgrund eines badisch-schweizerischen Staatsvertrags von 1852 gebaut wird. Deren erster Teil zwischen Basel Badischer Bahnhof und Bad Säckingen geht am 4.2.1856 in Betrieb. Der etappenweise Weiterbau – dabei führen immer wieder einzelne Abschnitte über Schweizer Territorium – führt über Waldshut (30.10.1856) und erreicht am 15.6.1863 Konstanz. Als Besonderheit untersteht der Betrieb – trotz der »Schweizer Abschnitte« – der Großherzoglich Badischen Staatsbahn und geht dann auf die nachfolgenden deutschen Bahnen über – das ist bis heute so geblieben.
Die Strecke wird nach dem Zweiten Weltkrieg bis zum Jahr 1987 fast vollständig zweigleisig ausgebaut, der Abschnitt Konstanz–Schaffhausen ist elektrifiziert. Im Abschnitt zwischen Engen und Singen/Hohentwiel rollt der Seehas dann auf der – ebenfalls elektrifizierten – Schwarzwaldbahn (durchgängig befahrbar seit 10.11.1873).
Seit 1994 eingesetzt, befördert der Seehas rund zwei Millionen Fahrgäste im Jahr. Die Betriebsführung liegt bei der SBB GmbH, einer Tochter der Schweizer Bundesbahnen.
Da anfangs Fahrzeuge (ABDe 536 und RBDe 566, Stadler Rail, Bussnang, Schweiz) der Mittelthurgaubahn den Seehas bedienen und damit in einem grenzüberschreitenden Verkehr den Schweizer Kanton Thurgau mit der Region Konstanz verbinden, gilt das Nahverkehrsangebot als vorbildlich.
Im Jahr 2003 geht die Mittelthurgaubahn in Konkurs. Die 2002 gegründete Thurbo AG (Kreuzlingen, Hauptaktionäre SBB und Kanton Thurgau) übernimmt den Seehas-Verkehr in der Schweiz, die EuroThurbo als Teil der Thurbo den Betrieb in Deutschland. Zum 1.1.2005 fusioniert die EuroThurbo mit der SBB GmbH zur heutigen SBB GmbH und führt seitdem den Betrieb des Seehas. Seit diesem Datum fährt der Seehas nur noch zwischen Konstanz und Engen.
Seit September 2006 sind auf dem Seehas die neuen FLIRT-Fahrzeuge (Flinker leichter innovativer Regional Triebwagen, Stadler Rail) – bisweilen in Doppeltraktion – im Einsatz. Der Seehas ist nicht nur bei Pendlern, sondern auch bei Touristen und Ausflügler beliebt: Eine Fahrt gewährt Ausblick auf den Bodensee und die von Vulkanen geprägte Hegau-Landschaft.

Streckenname	Seehas
Alternative Bezeichnung	–
Relation	Konstanz–Engen (Baden-Württemberg)
Länge	44 km
Funktion	Personenverkehr (über die Strecke läuft aber auch Güterverkehr)
Daten zum Bau	Baubeginn: Hochrheinbahn 1855 Bauzeit (inkl. Planung, bis zur Fertigstellung): 8 Jahre Eröffnung: 4.2.1856 Durchgängig befahrbar ab: 15.6.1863
Spurweite	Vollbahn (1435 mm)
Wichtigste Bauwerke	Rheinbrücke in Konstanz
Wichtigste Bahnhöfe	Konstanz, Radolfzell, Singen/Hohentwiel, Engen
Wichtigste Anschlusspunkte	Konstanz: nach Kreuzlingen, Weinfelden und Zürich (Schweiz), Hochrheinbahn nach Basel Radolfzell: Seehäsle nach Stockach, Bodenseegürtelbahn nach Lindau Singen/Hohentwiel: Gäubahn nach Stuttgart, nach Schaffhausen und Zürich (Schweiz), Hochrheinbahn Basel–Konstanz Engen: nach Stuttgart, Schwarzwaldbahn nach Offenburg
Besonderheiten	Seehas elektrifiziert, Hochrheinbahn verläuft teilweise auf Schweizer Gebiet

Brenzbahn

Das Planum der Brenzbahn wurde bereits beim Bau für den zweigleisigen Ausbau vorbereitet. *Foto: M. Werning*

Im gewerbereichen Brenztal macht sich seit etwa 1810 das Fehlen einer leistungsfähigen Beförderungsmöglichkeit in steigendem Maß bemerkbar. Der Gewerbeverein Heidenheim (in der Stadt bestehen damals allein 21 Fabriken) wendet sich 1853 an den württembergischen König mit der Bitte, eine Bahnstrecke Heidenheim–Wasseralfingen (bei Aalen)–Nördlingen zu prüfen. Nachdem mit dem Königreich Bayern am 21.2.1861 ein Staatsvertrag geschlossen worden ist – die durch verkehrspolitische Erwägungen Bayerns erzwungene Brenztalbahnklausel (bis 1874 darf Württemberg keine Verbindung von Wasseralfingen nach Ulm herstellen, da der Verkehr zum Bodensee in diesem Fall nicht über das bayerische Lindau, sondern über die kürzere Brenztalbahn abgelaufen wäre; damals ein ökonomischer wie prestigeträchtiger Grund) – wird mit dem königlichen Gesetz vom 10.1.1862 die Verbindung des Brenztals von Heidenheim bis Wasseralfingen (dort arbeiten mehrere Hüttenwerke) mit dem Eisenbahnnetz beschlossen, im Mai 1862 beginnen die Bauarbeiten.
Geplant wird die Strecke zweigleisig (sie soll Teil einer europäischen Magistrale werden), gebaut zunächst nur eingleisig (an den zu breiten Widerlagern der Brücken ist das vorgesehene »zweite Gleis« heute noch sichtbar). Am 12.9.1864 wird die Strecke Heidenheim–Wasseralfingen eröffnet, der reguläre Betrieb beginnt drei Tage später. Die Bahnhofsbauten dieses Abschnitts sind im gründerzeitlichen Stil aus massivem Jurastein errichtet worden.
Durch die ungünstige Verkehrslage, der Brenztalbahnklausel und die nahegelegene bayerische Grenze unterbleibt der Weiterbau. Zudem entwickeln sich die 1862 prognostizierten Verkehrsströme völlig anders als vorgesehen, vom zweigleisigen Ausbau ist keine Rede mehr.
Das Dasein der Brenztalbahn als Stichstrecke endet mit dem Gesetz vom 16.3.1872, der eine Verlängerung der Linie von Heidenheim bis Langenau und nach Ablauf der Sperrklausel auch bis Ulm vorsieht. Nach Baubeginn im Frühjahr 1873 werden die Abschnitte Heidenheim–Niederstotzingen am 25.7.1875 und Niederstotzingen–Langenau am 15.11.1875 eröffnet. Mit der Inbetriebnahme des letzten Abschnitts Langenau–Ulm ist die Brenzbahn am 5.1.1876 durchgängig befahrbar. Bis heute ist sie nicht elektrifiziert.

Die Bahnhöfe des jüngeren Streckenteils bestehen überwiegend aus Backstein. Die Strecke besitzt nur wenige Kunstbauten: einen Tunnel, den Brünneleskopf-Tunnel zwischen Schnaitheim und Itzelberg, und lediglich einige Brücken über Brenz.
Bis heute führt die Bahn ein Schattendasein. In verkehrstechnischer Hinsicht würde sich die Brenzbahn als Entlastungsstrecke für die Hauptstrecke Stuttgart–Ulm eignen, was aber eine Elektrifizierung voraussetzt.

Streckenname	Brenztalbahn
Alternative Bezeichnung	Brenzbahn
Relation	Aalen–Ulm (Baden-Württemberg)
Länge	72,5 km
Funktion	Personen- und Güterverkehr
Daten zum Bau	Baubeginn: Mai 1862 Bauzeit (inkl. Planung, bis zur Fertigstellung): 23 Jahre Eröffnung: 12.9.1864 Durchgängig befahrbar ab: 5.1.1876
Spurweite	Vollbahn (1435 mm)
Wichtigste Bauwerke	Brünneleskopf-Tunnel (ca. 250 m lang) zwischen Schnaitheim und Itzelberg, Brenzbrücke (ca. 40 m) bei Herbrechtingen
Wichtigste Bahnhöfe	Aalen, Heidenheim, Ulm
Wichtigste Anschlusspunkte	Aalen: Härtsfeldbahn (schmalspurig) nach Dillingen (bis 1972), Jagstbahn nach Crailsheim, Remsbahn nach Stuttgart, Riesbahn nach Nördlingen Sontheim: Donautalbahn nach Gundelfingen (bis 1956) Ulm: Bayerische Maximiliansbahn nach Augsburg und München, Donautalbahn nach Donaueschingen, Filstalbahn nach Stuttgart, Illertalbahn nach Memmingen/Kempten, Südbahn nach Friedrichshafen
Besonderheiten	Zweigleisig geplant, aber nur eingleisig ausgeführt; nicht elektrifiziert größte Steigung: 1:118,5 größte Höhe: Seegartenhof (507,5 m)

Südbahn

Die Südbahn ist nicht elektrifiziert. Hier werden deshalb außer Triebwagen überwiegend Diesellokomotiven der Baureihe 218 und 225 eingesetzt.
Foto: M. Dahlbeck

Am 18.4.1843 erlässt Württemberg sein erstes Eisenbahngesetz, das die Bahnlinien projektiert, die zusammengenommen das Königreich von Heilbronn über Stuttgart und Ulm bis Friedrichshafen erschließen. Dabei ist die endgültige Linienführung der im Projektierungsplan als Südbahn bezeichneten Strecke von Friedrichshafen über Biberach/Riß nach Ulm bereits festgelegt (der Begriff »Südbahn« hat sich bis in die heutige Zeit hinübergerettet). Dennoch werden Varianten erschöpfend diskutiert.
Der Bau der Südbahn verläuft kurios: Weil das Königreich den Wettlauf zum Bodensee gegen Bayern gewinnen will, beginnt der Bau der Südbahn von den Ufern des Sees aus (anstatt den Bau der Filstalbahn bis Ulm abzuwarten). Am 9.2.1846 erfolgt der erste Spatenstich der Linie Friedrichshafen–Ravensburg. Sämtliches Baumaterial muss umständlich auf dem Landweg herangeschafft werden. Am 8.11.1847 wird die erste Teilstrecke der württembergischen Südbahn von Ravensburg nach Friedrichshafen im Inselbetrieb eröffnet.
Am 26.5.1849 folgt der Abschnitt von Ravensburg bis Biberach/Riß, schließlich wird am 1.6.1850 mit der Strecke Biberach/Riß–Ulm der Anschluss an das bestehende württembergische Bahnnetz hergestellt, die Südbahn ist vollendet (am 1.7.1850 kann die Gesamtstrecke von Friedrichshafen nach Heilbronn in Betrieb gehen).
In Meckenbeuren zweigt seit dem 4.12.1895 die Strecke nach Tettnang ab, den Betrieb führt die LAG (München). Diese Zweigstrecke wird – im Gegensatz zur Südbahn – von Anfang an elektrisch betrieben und gilt als erste Normalspurstrecke in Deutschland mit elektrischem Betrieb.
Die Südbahn entwickelt sich erfolgreich, sodass zwischen 1905–1913 der zweigleisige Ausbau erfolgen muss. Als 1929 der Trajektbetrieb für Autos zwischen Friedrichshafen und Romanshorn eingeführt und am 6.10.1930 der neue Rangierbahnhof in Friedrichshafen eröffnet wird, erfährt die Südbahn nochmals Verkehrszuwachs.
Nach dem Zweiten Weltkrieg erfolgen erste Verkehrseinschränkungen. Am 29.5.1976 wird der Trajektverkehr Friedrichshafen–Romanshorn eingestellt, am 30.5.1976 auch der Reisezugverkehr auf der Zweigstrecke Meckenbeuren–Tettnang. Die Schließung des Rangierbahnhofs Friedrichshafen (31.5.1980) und die nachfolgende Umwandlung in einen Knotenpunktbahnhof leitet auch die Auflösung des Bw Friedrichshafen ein (zum 1.1.1982).
Nachdem Mitte der 90er-Jahre noch InterRegios auf der Südbahn verkehrten, sieht die Strecke heute noch einen Fernverkehrszug: den IC 119 Münster–Innsbruck. Neben IRE und RB fahren hier vor allem Nahverkehrszüge des Donau-Iller-Nahverkehrsverbunds (DING, Relation Ulm–Aulendorf) und des Bodensee-Oberschwaben Verkehrsverbunds (bodo, Relation Aulendorf–Friedrichshafen). Im Güterverkehr besitzt die Strecke noch einige Bedeutung. Die Elektrifizierung der Südbahn ist geplant.

Streckenname	Südbahn
Alternative Bezeichnung	-
Relation	Friedrichshafen–Ulm (Baden-Württemberg)
Länge	104 km
Funktion	Personen- und Güterverkehr
Daten zum Bau	Baubeginn: 9.2.1846 Bauzeit (inkl. Planung, bis zur Fertigstellung): 23 Jahre Eröffnung: 12.9.1864 Durchgängig befahrbar ab: 5.1.1876
Spurweite	Vollbahn (1435 mm)
Wichtigste Bauwerke	-
Wichtigste Bahnhöfe	Ulm, Biberach/Riß, Aulendorf, Ravensburg, Friedrichshafen
Wichtigste Anschlusspunkte	Ulm: Filstalbahn nach Stuttgart, Brenztalbahn nach Aalen, Donautalbahn nach Tuttlingen, nach Augsburg und München, Illertalbahn nach Kempten und Oberstdorf Biberach/Riß: bei Warthausen Anschluss an Öchsle Aulendorf: Württembergische Allgäubahn nach Memmingen, Zollernalbbahn nach Tübingen Ravensburg: Straßenbahn Ravensburg–Baienfurt Friedrichshafen (Stadtbahnhof): Bodensee-Gürtelbahn Lindau–Radolfzell Friedrichshafen (Hafenbahnhof): Eisenbahnfähre nach Romanshorn (Schweiz)
Besonderheiten	Zweigleisige, nicht elektrifizierte Hauptbahn

Öchsle

Am 20. Juni 1978 rollt noch ein planmäßiger Güterzug mit 251 903 an der Spitze bei Goppertshofen durch Oberschwaben. *Foto: J. Krantz*

Seit 1873 gibt es Pläne einer Transitbahn Memmingen–Herbertingen, die von Ochsenhausen über Biberach nach Buchau geführt werden soll. Seit 1889 unterstützt ein Eisenbahnkomitee der beteiligten Gemeinden den Plan. Die Königlich Württembergische Staats-Eisenbahn (KWStE) aber betreibt seit 1880 die Erschließung des ländlichen Raums mit Nebenbahnen und die Gemeinden bitten erstmals am 15.4.1891 (es folgen weitere Eingaben) um eine entsprechende Genehmigung. Die KWStE aber plant aus Kostengründen eine 750-mm-Schmalspurbahn und erteilt am 19.9.1898 den Bauauftrag über die Strecke Biberach–Ochsenhausen (das Öchsle ist ursprünglich nicht als Stichbahn, sondern als ein Teilstück eines württembergischen Schmalspurnetzes geplant; diese Pläne werden allerdings um 1925 aufgegeben). Im Januar 1899 beginnt der Bau.

Am 29.11.1899 eröffnet die KWStE das Teilstück Warthausen–Ochsenhausen, am 1.3.1900 die Strecke Biberach/Riß–Warthausen. Den Betrieb wickeln zunächst württembergische Mallets der Reihe Tssd (Esslingen, 1899) ab. Von Anfang an wird Rollbockverkehr durchgeführt (die Rollbockgrube lag in Warthausen). Der Güterverkehr besteht anfangs vor allem aus Holztransporten aus der waldreichen Gegend. Während des Ersten Weltkriegs hat sich das Güteraufkommen so gut entwickelt, dass in Ochsenhausen ein Güterbahnhof außerhalb der Ortschaft gebaut werden muss. 1928 lösen sächsische VI K die betagten Tssd ab.

Am 12.9.1945 wird der Betrieb wieder aufgenommen, nachdem er bei Kriegsende einbgestellt werden musste. 1954 setzt der Niedergang der Bahn ein, als bestimmte Zugverbindungen durch Busse ersetzt und Haltepunkte aufgelassen werden. 31.5.1964 wird der Personenverkehr auf der Gesamtstrecke eingestellt. Gleichzeitig erfolgt die Stilllegung und der Abbau des Streckenabschnitts Warthausen–Biberach. Damit entfällt die Kreuzung mit der Südbahn Ulm–Friedrichshafen (bekannt durch das Zugunglück vom 6.1.1944, bei dem der Hauptbahnzug Friedrichshafen–Ulm mit dem Schmalspurzug zusammenstößt und zwölf Menschenleben fordert).

Der Güterverkehr kann aufrecht erhalten werden: 1964 wird er mit der neuen Diesellok V 51 902 (später BR 251 902, Gmeinder, Mosbach) rationalisiert. Noch bis 31.3.1983 sichert das Transportaufkommen des Kühlschrankwerks Liebherr (Ochsenhausen) den Güterverkehr nach Warthausen. Dann endet der Betrieb auf der letzten Bundesbahn-Schmalspurbahn des Festlands.

Doch bereits 1982 hat sich ein Kreis von Eisenbahnfreunde zusammengefunden, um das Öchsle als technisches Denkmal zu erhalten und gründet den Verein »Öchsle Schmalspurbahn«. Am 26.6.1985 wird mit Museumszugverkehr die Bahn wieder eröffnet, nach kurzer Unterbrechung 1991–1996 bzw. 2000/2001 wieder aufgenommen.

Heute gibt es zwischen Mai und Oktober Museumsfahrten mit der 99 716 (genannt »Rosa«, sächsische VI K von Hartmann, Chemnitz, Baujahr 1927, baugleich mit den Öchsleloks ab 1928) und der 99 788 (»Berta«, sächsische VII K-Nachbau von LKM, Babelsberg, 1957); Sonderfahrten ergänzen das Angebot.

Streckenname	Öchsle
Alternative Bezeichnung	-
Relation	Biberach–Ochsenhausen (Baden-Württemberg), heute verbliebener Streckenteil: Warthausen–Ochsenhausen
Länge	Ursprünglich 22,5 km, heute 19 km
Funktion	Personen- und Güterverkehr, heute Museumsbahn
Daten zum Bau	Baubeginn: Januar 1899 Bauzeit (inkl. Planung, bis zur Fertigstellung): 1 Jahr Eröffnung: 29.11.1899 Durchgängig befahrbar ab: 1.3.1900
Spurweite	Schmalspurbahn (750 mm)
Wichtigste Bauwerke	-
Wichtigste Bahnhöfe	Warthausen, Ochsenhausen
Wichtigste Anschlusspunkte	Warthausen: Biberach (dort: Südbahn Ulm–Friedrichshafen)
Besonderheiten	Als letzte bundesdeutsche Schmalspurbahn des Festlands bis 1983 betrieben, Tssd 99 633 soll aufgearbeitet werden größte Steigung: 25 Promille (zwischen Wennedach und Reinstetten; dort auch höchster Punkt der Strecke (595 m)) überwundener Höhenunterschied: 73 m kleinster Radius: 120 m

Bodensee-Gürtelbahn

Der Bodenseedamm in Lindau verbindet die Insel mit dem Festland. Der 628 337 rollt im Juli 2009 in Richtung Friedrichshafen. *Foto: U. Miethe*

1845 erfährt das württembergische Finanzministerium, dass Bayern mit dem Bau der Ludwigs-Süd-Nord-Bahn von Hof kommend das Allgäu erreicht hat – der Weiterbau an den Bodensee ist absehbar. Um die drohende Abwanderung der Verkehrsströme nach Bayern zu verhindern, will Württemberg als erstes deutsches Land den Bodensee eisenbahntechnisch erreichen. Daher beginnt am 9.2.1846 der Bau der Südbahn Friedrichshafen–Ravensburg vom See aus (die Strecke ist vom übrigen württembergischen Bahnnetz völlig isoliert und erst nach Fertigstellung der Geislinger Steige am 29.6.1850 ist die Fahrt Stuttgart–Bodensee durchgängig möglich) und geht am 8.11.1847 in Betrieb.

Bayern aber ist nicht untätig: Am 12.10.1853 erreicht die Ludwigs-Süd-Nord-Bahn in Aeschach bei Lindau den Bodensee. Da sich der Bau des Seedamms nach Lindau technisch aufwendig gestaltet, erreicht der erste Zug die bayerische Stadt erst am 1.3.1854.

Baden beabsichtigt bereits 1838 den Bau einer Bodenseebahn, aber Streit über die endgültige Linienführung verzögert den Baubeginn. Schließlich werden 1853 Verträge geschlossen und bis 15.6.1863 mit der Hochrheinbahn in Konstanz der Bodensee erreicht.

Die nächste Etappe zur Gürtelbahn ist die Eröffnung der badischen Linie von Radolfzell bis Stahringen (6.9.1873) und weiter bis Stockach (Hegau-Ablachtal-Bahn) und Mengen (dort Anschluss Donautalbahn nach Ulm), mit der Baden Verkehr von der württembergischen Südbahn abziehen will. Diese Erwartung erfüllt sich nicht, aber die – noch gar nicht beabsichtigte – Gürtelbahn ist bis Stahringen gewachsen.

Noch gibt es keine Verbindung zwischen Friedrichshafen und Lindau, und partikularistische Politiker in Württemberg und Bayern denken auch gar nicht daran eine Verbindung herzustellen. Die allgemeine Verkehrsentwicklung und öffentlicher Druck lässt der Politik aber keine Wahl: Baden

Der Bodenseedamm in Lindau verbindet die Insel mit dem Festland. Der 628 337 rollt im Juli 2009 in Richtung Friedrichshafen. *Foto: U. Miethe*

zweigt 1894 in Stahringen eine Stichbahn bis Überlingen ab (Betriebsaufnahme 18.8.1895). 1895 schließen die Bayern und Württemberg einen Staatsvertrag, am 1.10.1899 geht die Linie Friedrichshafen–Lindau in Betrieb.
Schließlich überwinden sogar Württemberg und Baden ihre Animositäten und vollziehen am 2.10.1901 den Lückenschluss zwischen Überlingen und Friedrichshafen. Damit ist die Bodensee-Gürtelbahn vollendet.
Zur Bodensee-Gürtelbahn zählen auch die schweizerische Bodenseestrecke Schaffhausen–Kreuzlingen–Romanshorn–Rorschach (»Seelinie«) sowie die österreichischen Bodenseestrecken Lindau–Lochau, Hörbranz–Bregenz–Hard und Fußach–Lustenau–St. Margrethen (sie gehören zur Vorarlbergbahn). Zusammen mit einigen Zweigstrecken sind das knapp 175 km (heute sind aber bereits einige solcher Zweigstrecken – etwa die aus militärischen Überlegungen 1940 gebaute »Mussolinikurve« als Verbindung zwischen Rotenmoos und Seewald (vor Friedrichshafen), mit der von der Südbahn auf die Strecke Friedrichshafen–Lindau gewechselt werden konnte – stillgelegt).
Heute verkehren zwischen Radolfzell und Friedrichshafen Regio Shuttle RS1 im Nahverkehr sowie IRE-Züge der Relation Ulm–Basel Badischer Bahnhof. Zwischen Friedrichshafen und Lindau werden RB und IRE (Relation Ulm–Lindau) eingesetzt. Derzeit befährt der IC 119 Münster–Innsbruck die Bodensee-Gürtelbahn im Abschnitt Friedrichshafen–Lindau.

Streckenname	Bodensee-Gürtelbahn
Alternative Bezeichnung	-
Relation	Radolfzell–Lindau (Baden-Württemberg, Bayern)
Länge	82,6 km
Funktion	Personen- und Güterverkehr
Daten zum Bau	Baubeginn: 9.2.1846 Bauzeit (inkl. Planung, bis zur Fertigstellung): 55 Jahre (mit zum Teil langjährigen Unterbrechungen) Eröffnung: 2.10.1901 Durchgängig befahrbar ab: 2.10.1901
Spurweite	Vollbahn (1435 mm)
Wichtigste Bauwerke	Mehrere Brücken über Flüsse der Region wie Rotach, Schussen, Argen, Bodenseedamm bei Lindau, Brandbühl-Tunnel (255 m), Überlinger West-Tunnel (948 m), Überlinger Ost-Tunnel (615 m)
Wichtigste Bahnhöfe	Radolfzell, Friedrichshafen, Lindau
Wichtigste Anschlusspunkte	Radolfzell: Hochrheinbahn Konstanz–Basel Stahringen: Hegau–Ablachtal-Bahn nach Stockach Friedrichshafen (Stadtbahnhof): Südbahn Ulm–Friedrichshafen (Hafen) Lindau: Allgäubahn nach München, Vorarlbergbahn nach Bludenz (Österreich)
Besonderheiten	Folgt in großen Teilen dem Bodenseeufer, im Wesentlichen eingleisig, teilweise elektrifiziert

Vom Allgäu bis nach Norditalien

Foto: U. Miethe

Bayerische Allgäubahn

Vom Bodensee windet sich bei Bodolz ein Arriva-Länderbahn-Express (ALEX) die Allgäubahn hinauf in Richtung Hergatz (Juli 2009). Foto: U. Miethe

Schon 1833 sieht der Eisenbahnvisionär Friedrich List in seinem Plan eine Verbindung von Augsburg nach Lindau vor. In Lindau gründet sich darob 1835 ein Komitee, das den Bau einer Eisenbahnlinie nach Augsburg vorbereiten soll. Dieses Vorhaben wird vom bayerischen Landtag am 6.1.1836 genehmigt. Aber 1840 entzieht der Staat dem Lindauer Komitee die Konzession wieder, weil der Staat sich das absehbare Geschäft mit der Bahn nicht entgehen lassen will.

Nach den Bestimmungen des Bahngesetzes vom 25.8.1843 baut Bayern die Ludwigs-Süd-Nord-Bahn, die einmal Hof mit Lindau verbinden soll. In ihrem Südteil wird sie zweigleisig geplant, der Unterbau auch entsprechend vorbereitet, zunächst aber nur eingleisig ausgeführt. Als erstes Teilstück der künftigen Allgäubahn geht der Abschnitt Buchloe–Kaufbeuren nach einjähriger Bauzeit am 1.9.1847 in Betrieb – erstmals schnauft ein Zug durch das Allgäu.

Erst am 1.4.1852 – der Bau gestaltet sich durch die Topographie des Allgäus kompliziert, Erddämme müssen aufgeschüttet werden, Brücken wie die Illerbrücke bei Kempten entstehen – erreicht die Bahnstrecke den Kemptener Endbahnhof. Am 1.5.1853 geht es schon bis Immenstadt, Kempten ist nun Durchgangsbahnhof.

Mit der Fertigstellung des Oberstaufener Tunnels erreicht die Bahn am 1.10.1853 Oberstaufen. Der erste offizielle Zug erreicht den Bodensee und eröffnet damit den Gesamtbetrieb zwischen Augsburg und Lindau–

Aeschach am 12.10.1853. Am 1.5.1854 kann der reguläre Zugverkehr von Hof bis Lindau aufgenommen werden (erst am 13.7.1854 eröffnet König Maximilian II. von Bayern sozusagen rückwirkend den Lindauer Bodenseedamm).
In Kempten erhält die Allgäubahn am 1.7.1863 den Anschluss über Memmingen nach Ulm. Noch aber steht die Verbindung zur Landeshauptstadt München aus (bislang fahren die Züge von Lindau über Buchloe nach Augsburg von dort nach München). So geht Buchloe–Kaufering am 1.11.1872, München–Kaufering am 1.5.1873 in Betrieb. Die Allgäubahn wird sehr erfolgreich, das Verkehrsaufkommen übertrifft alle Erwartungen. 1907 wird die Bahn zweigleisig ausgebaut.

Ein Triebwagenzug der BR 612 hat vor wenigen Minuten Immenstadt verlassen und ist bei Martinszell in Richtung Kempten unterwegs. Foto: U. Miethe

Die Strecke ist bekannt für hochwertige Zugläufe hinter berühmten Dampflokomotiven, etwa der bayerischen S 3/6 (BR 18.4); 1965 kommt die V 200 auf die Strecke und verdrängt nach und nach die Dampfloks. Bekannt sind auch die Testfahrten mit der V 232 (Henschel, Kassel) 1963 oder der Einsatz des Schi-Stra-Busses 1954–1958.
Die Bayerische Allgäubahn gilt als Domäne der BR 218, die zuweilen in Doppeltraktion z. B. den EC 196/197 München–Zürich befördert. Typische Vertreter des Regionalverkehrs sind Triebwagen der BR 612, 628 und 642. Seit 9.12.2007 verkehrt der ALEX, der Arriva-Länderbahn-Express (Betreiber: Vogtlandbahn, Neumark) im Taktverkehr.
Heute spielt der Güterverkehr nurmehr eine untergeordnete Rolle. Es gibt aber noch einige Betriebe an der Allgäubahn, die angefahren werden.
In einigen Jahren soll die Allgäubahn elektrifiziert werden. Damit wird die Strecke ihr Gesicht deutlich verändern. Bislang sind nur die Abschnitte Geltendorf–Buchloe (26 km) und Hergatz–Lindau (23 km) mit Fahrdraht überspannt.

Streckenname	Bayerische Allgäubahn (nicht zu verwechseln mit Württembergischer Allgäubahn Aulendorf–Hergatz)
Alternative Bezeichnung	Südlicher Teil der Ludwig-Süd-Nord-Bahn
Relation	München–Lindau (Bayern)
Länge	220,9 km
Funktion	Personen- und Güterverkehr
Daten zum Bau	Baubeginn: 1846 Bauzeit (inkl. Planung, bis zur Fertigstellung): 27 Jahre (mit langjährigen Unterbrechungen) Eröffnung: 1.9.1847 Durchgängig befahrbar ab: 1.5.1873
Spurweite	Vollbahn (1435 mm)
Wichtigste Bauwerke	Oberstaufener Tunnel (189 m), Ellhofertobelbrücke (163 m), Bodenseedamm
Wichtigste Bahnhöfe	München, Buchloe, Lindau
Wichtigste Anschlusspunkte	München: Hauptstrecke nach Augsburg und Salzburg, S-Bahn nach Herrsching am Ammersee, S-Bahn nach Garmisch-Partenkirchen Buchloe: nach Augsburg, nach Memmingen Lindau: Vorarlbergbahn nach Bludenz, Bodenseegürtelbahn nach Friedrichshafen
Besonderheiten	Zweigleisige, nicht elektrifizierte Hauptstrecke (Ausnahme der Abschnitt München–Geltendorf); sehr kurvenreich

Nürnberg–München

Ein Regional-Express bei Otting-Weilheim: Die Lok der Baureihe 110 und die Wagen dokumentieren drei verschiedene Farbkonzepte (August 2001). *Foto: T. Estler*

Anfang 1838 beginnen die Arbeiten an der Bahnstrecke Augsburg–München, am 4.10.1840 ist Betriebseröffnung. Im Rahmen der Ludwigs-Süd-Nord-Bahn entsteht die Verbindung von Nürnberg bis Augsburg, die am 20.11.1844 zwischen Oberhausen (bei Augsburg) und Nordheim eröffnet wird. Am 1.10.1849 kann die Gesamtstrecke Nürnberg–Augsburg (und von dort bis nach München) in Betrieb gehen.

Das ist eine Strecke über insgesamt mehr als 230 km. Sie spiegelt in ihrem kurvenreichen, vor allem aber möglichst viele Orte berührenden Charakter die damaligen Erfordernisse wider: Die Bahn soll wirtschaftlichen Aufschwung auch in bislang strukturschwache Regionen bringen, den Verkehr zu Handel und Wandel beleben und – nicht zu unterschätzen – in einer dritten, politischen Zielsetzung »den Nutzen des Vaterlandes mehren«, also Bayern in vielerlei Hinsicht stärken.

Allerdings sind die Zeitgenossen bereits 1863 geneigt, das Thema Zeitersparnis stärker in den Vordergrund zu rücken, als die ersten Bahnpioniere: In diesem Jahr tauchen Fachaufsätze auf, die ein direkte, also kürzere Verbindung zwischen Nürnberg und München empfehlen.

1863 genehmigt der Landtag das folgende »Staatsbahnbaupaket«, darunter auch die Herstellung einer Verbindung München–Ingolstadt–Treuchtlingen–Gunzenhausen. Damit ist die Anbindung Südbayerns an den nördlichen Landesteil neu konzipiert, die teilweise umständliche Trassierung der Ludwigs-Süd-Nord-Bahn wird nun modernisiert. Im November 1867 geht München–Ingolstadt in Betrieb, der Abschnitt Treuchtlingen–Pleinfeld entsteht am 2.10.1869, Ingolstadt–Treuchtlingen am 12.4.1870 (die Verbindung Nürnberg–Pleinfeld ist bereits am 1.10.1849 entstanden). Damit ist eine um über 30 km kürzere Verbindung nach Nürnberg hergestellt, bis 1906 wird der Abschnitt Nürnberg–Ingolstadt nochmals verkürzt.

In den 80er-Jahren des 20. Jh. ist die Trasse Nürnberg–München im Hinblick auf die maximal zu erzielenden Geschwindigkeiten an ihre Grenze gestoßen. Am 3.8.1983 wird ein erster Vorschlag zum Streckenaus- und Neubau bekannt. Nach langjährigen Diskussionen über den genauen Verlauf der Neubautrasse, entscheidet sich die bayerische Staatsregierung am 19.7.1988 für den Neubau der Strecke Nürnberg–Ingolstadt.

Die endgültige Planung beginnt im Mai 1991, Baustart ist am 15.7.1994 bei Nürnberg–Altenfurt. Am 13.5.2005 erfolgt bei Kinding der Lückenschluss, am 13.5.2006 wird die Neubaustrecke eröffnet. Der Südteil des Abschnitts München–Ingolstadt wird zwischen 2000 und 2006 für höhere Geschwindigkeiten ertüchtigt. Die anderen Streckenteile warten noch auf den Ausbau.

Heute benutzen ICE- und IC-Züge zwischen München und Hamburg, Hannover bzw. Berlin die Neubautrasse über Ingolstadt. Hohe Bekanntheit erlangt der Taurus III (EuroSprinter 64 U4, Siemens), der am 2.9.2006 mit 357 km/h bei Hilpoltstein einen neuen Geschwindigkeits-Weltrekord für konventionelle Elektrolokomotiven aufstellt.

Streckenname	Nürnberg–München
Alternative Bezeichnung	Heute Schnellfahrstrecke Nürnberg–München
Relation	Nürnberg–München
Länge	170,8 km
Funktion	Personen- und Güterverkehr
Daten zum Bau	Baubeginn: Anfang 1838 Bauzeit (inkl. Planung, bis zur Fertigstellung): 11 Jahre Eröffnung: 20.11.1844 Durchgängig befahrbar ab: 1.10.1849
Spurweite	Vollbahn (1435 mm)
Wichtigste Bauwerke	Göggelsbuchtunnel (2287 m), Offenbautunnel (1333 m), Euerwangtunnel (7700 m), Irlahülltunnel (7260 m), Denkendorftunnel (1925 m), Geisbergtunnel (3289 m), Audítunnel (1258 m), Brücken über Flüsse wie Altmühl, Donau, Paar, Ilm, Amper
Wichtigste Bahnhöfe	Nürnberg, Ingolstadt, München
Wichtigste Anschlusspunkte	Nürnberg: zahlreiche Nahverkehrslinien (Roth, Feucht etc.), nach Augsburg, nach Bamberg, nach Crailsheim, nach Regensburg, nach Schwandorf, nach Cheb (Tschechien) Ingolstadt: nach Treuchtlingen München: Hauptstrecke nach Augsburg und Salzburg, S-Bahn nach Herrsching am Ammersee, S-Bahn nach Garmisch-Partenkirchen
Besonderheiten	Hochgeschwindigkeitsausbau im Südteil bis 2013 vorgesehen

München–Salzburg

Im April 2004 rollte eine Lok der Baureihe 111 mit einem Regional-Express über die Salzachbrücke bei Salzburg. *Foto: T. Estler*

Der rasche württembergische Bahnbau zwingt Bayern eine Reaktion auf: In Ulm will Bayern den Anschluss seiner Ludwigs-Süd-Nord-Bahn an die württembergische Filstalbahn herstellen (bayerisch-württembergischen Staatsvertrag vom 25.4.1850). 1851 entschließt sich Bayern, zugleich auch eine Ost-West-Eisenbahnverbindung nach Österreich herzustellen. Man erhofft sich einen Anteil an der daraus entstehenden Verkehrsachse Paris–Wien. Diese Bahnstrecke wird dem bayerischen König Maximilian II. zu Ehren Maximiliansbahn genannt.

Die Bahn nach Österreich, also der östliche Streckenabschnitt der Bayerischen Maximiliansbahn, soll nach Salzburg (und von dort weiter nach Wien) sowie nach Kufstein führen. In dieser Hinsicht hofft Bayern auf einen lukrativen Anschluss an den österreichischen Adriahafen in Triest (über den Semmering, denn Österreich treibt bereits den Bau der Linie Wien–Triest sowie Innsbruck–Verona voran). Da die Schweiz noch keine Alpenbahnstrecken gebaut hat, muss der Verkehr nach Osteuropa über die Maximiliansbahn rollen. 1851 schließt das Königreich einen entsprechenden Vertrag mit der Donaumonarchie (und legt dabei auch den Bau weitere Verbindungen nach Böhmen und Tirol fest).

Den Bau des östlichen Streckenteils München–Salzburg legt das bayerische Eisenbahngesetz vom 7.5.1852 fest. Vorgesehen ist bis 1.3.1856 eine Bahn München–Salzburg (mit Verbindung zur Semmeringbahn) sowie eine Zweiglinie Rosenheim–Kufstein (mit Anschluss an Brennerbahn bei Innsbruck) herzustellen.

Zwar wird 1852 mit den Bauarbeiten begonnen, aber die Fertigstellung der Strecken verzögert sich: Der Abschnitt München–Großhesselohe wird am 24.6.1854 eröffnet, Rosenheim ist am 31.10.1857 erreicht. Bis Traunstein geht es ab 7.5.1860. Das Reststück Traunstein–Landesgrenze Richtung Salzburg kann am 1.8.1860 eröffnet werden.Der erwartete Erfolg stellt sich tatsächlich ein. Die Bahn ist so stark frequentiert, dass schon 1862 der Abschnitt München–Rosenheim zweigleisig ausgebaut werden muss. Bis 1910 ist die Strecke für eine Achslast von 16 to ausgerüstet, bis 1916 ist die Strecke elektrifiziert.Heute betreibt die Bayerische Oberlandbahn (BOB, Holzkirchen) den Nahverkehr München–Holzkirchen. Zwischen München und Salzburg verkehren im Stundentakt Regionalzüge (RB oder RE) sowie die S-Bahn Salzburg (bis Freilassing). Im Fernverkehr befahren EC-Züge (Relation Frankfurt/Main–Salzburg) im Zweistundentakt die Maximiliansbahn im Ostabschnitt bis Salzburg. Die ÖBB stellen ebenfalls im Taktverkehr die Verbindung Salzburg–Rosenheim sicher. Seit 2007 befahren die ICE der Relationen Wien–Salzburg–München bzw. Wien–Salzburg–Bregenz die Strecke, seit 2008 auch der hochmoderne Railjet der ÖBB. Die östliche Maximiliansbahn ist Teil des Transeuropäischen Netzes (Linie 17) der Relation Paris–Budapest.

Streckenname	München–Salzburg
Alternative Bezeichnung	Bayerische Maximiliansbahn
Relation	München–Salzburg (Bayern–Österreich)
Länge	153,4 km
Funktion	Personen- und Güterverkehr
Daten zum Bau	Baubeginn: 1852 Bauzeit (inkl. Planung, bis zur Fertigstellung): 8 Jahre Eröffnung: 24.6.1854 Durchgängig befahrbar ab: 1.8.1860
Spurweite	Vollbahn (1435 mm)
Wichtigste Bauwerke	Zahlreiche Brücken über Flüsse wie Mangfall, Inn, Tiroler Ache, Saalach, Salzach
Wichtigste Bahnhöfe	München, Rosenheim, Traunstein, Salzburg
Wichtigste Anschlusspunkte	München: Hauptstrecke nach Augsburg und Salzburg, S-Bahn nach Herrsching am Ammersee, S-Bahn nach Garmisch-Partenkirchen Rosenheim: Mangfalltalbahn nach Holzkirchen, nach Mühldorf/Inn, München–Kufstein, nach Frasdorf Traunstein: nach Ruhpolding, Traun–Alz-Bahn Traunstein–Garching, nach Waging am See Salzburg: Salzburg-Tiroler-Bahn nach Wörgl, Westbahn nach Wien
Besonderheiten	Zweigleisig ausgebaut und elektrifiziert Abschnitt München–Rosenheim benutzt dieselbe Trasse wie die Verbindung München–Kufstein

Chiemgaubahn

Anschluss in Aschau: Die Schienenbusse in den ehemaligen Regionalbahn-Farben prägten über einige Jahre den Verkehr auf der Chiemgau-Bahn.
Foto: A. Papazian

Bayern beschreitet mit dem ersten Dotationsgesetz vom 29.4.1869 den Schritt in Richtung preisgünstigem Eisenbahnbau (insgesamt werden bis 1876 vier ergänzende Gesetze erlassen; sie sind nicht zu verwechseln mit den Lokalbahngesetzen ab 1884 – eine Vizinalbahn ist keine Lokalbahn!). Dieses Gesetz legt den Bau sogenannter Vizinalbahnen fest, also »Bahnen von lokaler Wichtigkeit«, wie es damals heißt. Ziel des bayerischen Staats ist es, sich nicht durch längerfristige Kredite beim Bau solcher Vizinalbahnen zu binden. Daher sind Privatinvestoren ausdrücklich erwünscht.
Der Münchner Kaufmann und Industrielle Theodor von Cramer-Klett (u. a. Eigner der Maschinenbau AG Nürnberg) – er gilt um 1870 als reichster Mann Bayerns – erwirbt 1875 Schloss Hohenaschau (bei Aschau im Chiemgau) sowie weiteren Grundbesitz im Tal der Prien. Auf Basis des Vizinalbahngesetzes erklärt er sich bereit, den Bau einer Eisenbahn von Prien am Chiemsee bis Aschau privat zu finanzieren. Diese Eisenbahn soll das Priental an die Hauptstrecke München–Salzburg anschließen.
Nach nur knapp halbjähriger Bauzeit wird die Strecke am 18.8.1875 eröffnet (Bayern errichtet im Rahmen des Vizinalbahngesetzes insgesamt 15 staatliche Vizinalbahnen). Die Chiemgaubahn entwickelt sich im Reiseverkehr zur wichtigen Verbindung im Alpenvorland. Der Güterverkehr spielt kaum eine Rolle.
Doch die Bahnstrecke wirft – wie die Masse der anderen Vizinalbahnen – entgegen den Erwartungen kaum Gewinn ab. Daher wird am 28.4.1882 das Zweite Vizinalbahngesetz erlassen, das Einsparungen festlegt und darüber hinaus bestimmt, das System der Vizinalbahn zu verlassen.
So überdauert die Chiemgaubahn zwar ohne umfassende Modernisierung, aber als wichtige Anbindung der Region an die Hauptbahnwelt die Zeiten.
Erst Anfang der 80er-Jahre des 20. Jh. tut sich einiges: Um das Angebot auf der Chiemgaubahn attraktiver zu gestalten, beginnt die DB den Fahrplan der Strecke zu verdichten und setzt innen wie außen umgestaltete Schienenbusse (VT 98) ein. 1987 erhalten sie die mintgrün-weiße Neulackierung in den modernen Nahverkehrsfarben der DB. Diese modernisierten Triebwagen gehören später zu den letzten bei der DB AG eingesetzten Schienenbussen, die erst am 30.3.1996 außer Dienst gestellt werden.
Ihre Ablösung sind Triebwagen der BR 628.4. Sie versehen als Regionalbahnen den heutigen Personenverkehr auf der Chiemgaubahn. Auf der Chiemgaubahn fährt ausschließlich Nahverkehr, die Züge orientieren sich sowohl am Nah- als auch am Fernverkehr der Hauptstrecke.
Die Stilllegung ist seit den 80er-Jahren des 20. Jh. schon obligatorisches Ziel neuzeitlicher Bahnstrategen, die Bevölkerung der Region verhindert aber immer wieder die Umsetzung und tritt für den Fortbestand der Chiemgaubahn ein. So können am 15.6.2003 die Feierlichkeiten zum 125. Streckenjubiläum stattfinden.

Streckenname	Chiemgaubahn (nicht zu verwechseln mit der Chiemseebahn)
Alternative Bezeichnung	-
Relation	Prien am Chiemsee–Aschau (Bayern)
Länge	9,6 km
Funktion	Personen- und Güterverkehr, heute nur noch Personenverkehr
Daten zum Bau	Baubeginn: Frühjahr 1875 Bauzeit (inkl. Planung, bis zur Fertigstellung): 0,5 Jahre Eröffnung: 18.8.1875 Durchgängig befahrbar ab: 18.8.1875
Spurweite	Vollbahn (1435 mm)
Wichtigste Bauwerke	-
Wichtigste Bahnhöfe	Prien am Chiemsee, Aschau
Wichtigste Anschlusspunkte	Prien am Chiemsee: München–Salzburg, Chiemseebahn Prien Chiemseebahnhof–Stock
Besonderheiten	Eingleisige, nicht elektrifizierte Nebenstrecke

Tegernseebahn

Ein Integral-Triebwagen hat Schaftlach mit Ziel Tegernsee verlassen. *Foto: C. Schröfl*

Der Tegernsee im oberbayerischen Voralpenland gilt im 19. Jh. aufgrund der Nähe zu München, aber auch durch die reizvolle Lage als Anziehungspunkt für Sommerfrischler und Urlauber. Um den Bau einer Bahn an den See zu finanzieren, gründen Unternehmer um Ferdinand von Miller 1880 ein Konsortium. 1882 erteilt der bayerische König Ludwig II. der »Eisenbahn-Actiengesellschaft Schaftlach-Gmund« (EASG) die Konzession zum Bau und Betrieb einer 7,6 km langen Eisenbahnverbindung von Schaftlach nach Gmund.

1882 beginnen die Bauarbeiten, am 1.8.1883 geht die Strecke Schaftlach–Gmund in Betrieb. Der Tourismus nimmt in der Folgezeit stark zu, auch Unternehmen (etwa Papierfabrik Louisenthal in Gmund) profitieren vom Bahnanschluss. Daher kommt rasch der Wunsch auf, die Strecke zu verlängern. Doch es sind die auf Sparsamkeit bedachten Behörden und stolze örtliche Grundbesitzer, die den Weiterbau boykottieren.

Zwar beginnt 1896 der Bau an der Streckenverlängerung nach Tegernsee, aber Baustopps und Streitereien erzwingen immer wieder Baupausen. Schließlich wird Tegernsee erst am 1.5.1902 erreicht.

Von Anbeginn setzt die Bahn eigene Lokomotiven und Waggons ein, darunter die heute noch erhaltene, derzeit nicht fahrbereite TAG 7 (Krauss-Maffei, München, 1936; heute im Besitz des Bayerischen Localbahnvereins). 1942 wird aus der EASG die Tegernsee-Bahn Aktiengesellschaft.

1983 erfolgt die Ausgliederung der Sparte Bahnbetrieb in die neue Tochtergesellschaft Tegernsee-Bahn Betriebsgesellschaft mbH (TBG), das »Eisenrad« wird das bekannte Logo des Unternehmens.

Am 28.11.1998 stellt die TBG den Fahrbetrieb ein, der Zuschlag für den Betrieb des Schienenverkehrs im bayerischen Oberland geht an die Bayerische Oberlandbahn (BOB, Holzkirchen). Seit 29.11.1998 ist der Fahrbetrieb für die Dauer von 15 Jahren an die BOB verpachtet, diese nutzt auch die Infrastruktur der Tegernsee-Bahn weiter. Zum Einsatz kommen dabei Integral- (Integral Verkehrstechnik, Jenbach, Österreich) und Talent-Triebwagen (BR 643/943). Die TBG fungiert nur noch als reiner Infrastrukturanbieter. 1999 veräußert sie den gesamten Fuhrpark. Im Mai 2002 erwirbt die TBG für Arbeiten zur Streckenunterhaltung, Schneepflugfahrten und Bauzugeinsätze eine Kleinlokomotive (Gmeinder, Mosbach, 1965), eine ehemalige DB-Köf 3, die sie als TAG 15 bezeichnet. Die Tradition des Eisenrades soll damit in bescheidenem Umfang weiterleben. Die 12,4 km lange Gleisstrecke wird umfassend modernisiert und den Erfordernissen des modernen Schienenverkehrs angepasst.

Mit der Beendigung des eigenen Bahnbetriebes hat die TBG (heute eine Gesellschaft im Konzern der TAG Tegernsee Immobilien- und Beteiligungs-AG, eine börsennotierte Immobilien-Aktiengesellschaft) nunmehr ausschließlich die Aufgaben eines Infrastrukturunternehmens übernommen.

Streckenname	Tegernseebahn
Alternative Bezeichnung	-
Relation	Schaftlach–Tegernsee (Bayern)
Länge	12,4 km
Funktion	Einst Personen- und Güterverkehr, heute von der BOB im Personennahverkehr betrieben
Daten zum Bau	Baubeginn: 1882 Bauzeit (inkl. Planung, bis zur Fertigstellung): 20 Jahre (mit teilweise langjährigen Unterberchungen) Eröffnung: 1.8.1883 Durchgängig befahrbar ab: 1.5.1902
Spurweite	Vollbahn (1435 mm)
Wichtigste Bauwerke	Mangfall-Brücke bei Gmund
Wichtigste Bahnhöfe	Schaftlach, Tegernsee
Wichtigste Anschlusspunkte	Schaftlach: Holzkirchen–Lenggries
Besonderheiten	Eingleisig, nicht elektrifiziert

Die Chiemsee-Bahn

Der Dampfzug der Chiemseebahn erreicht im Mai 2007 von Stock kommend den Bahnhof Prien am Chiemsee. Foto: U. Miethe

Im Bahnhof Stock am Chiemsee wartet der Zug in unmittelbarer Nähe der Dampferanlegestellen auf seine Fahrgäste. *Foto: U. Miethe*

Die nur 1,9 Kilometer lange, schmalspurige Chiemsee-Bahn verbindet seit 1887 den Bahnhof von Prien am Chiemsee mit dem Ortsteil Prien-Stock. In Stock legen die Schiffe der Chiemsee-Flotte an. Die kleine Bahn erspart also den Touristen, die mit der großen Bahn angereist sind, einen knapp zwei Kilometer langen Fußmarsch.

Denn Prinzregent Luitpold ließ die Bauarbeiten am Schloss Herrenchiemsee von Ludwig II nach dessen Tod einstellen und machte das Schloss der Öffentlichkeit zugänglich. Viele Nutzen diese Möglichkeit und setzten auf die Herreninsel über. Schon bald nach dem ersten großen Andrang auf die Herreninsel beantragten der Schifffahrtbetreiber Ludwig Feßler und Kommerzienrat Georg Krauss aus München 1886 den Bau der Bahn. Die Bauarbeiten begannen schon im Mai 1887 und nach nur 70 Tagen Bauzeit konnte die Bahn Anfang 9. Juli 1887 mit einer Dampflok und mehreren kleinen zweiachsigen Personenwagen eröffnet werden. Es gab die 1. Klasse mit einem Fahrpreis von 60 Pfennig und die 2. Klasse. Hier kostete die Fahrt immerhin noch 30 Pfennig.

Im Winter 1887/88 wurde in Prien ein Umladegleis zur Staatsbahn gebaut und das Gleis in Stock bis zum Landungssteg verlängert. Mit zwei neuen offenen Güterwagen wurde Kohle für die Lokomotive, die Dampfschiffe und für eine Brauerei auf der Herreninsel befördert. Der Güterverkehr wurde 1966 von LKW übernommen und die beiden Güterwagen abgestellt, die Umladegleise wieder abgebaut.

Zunächst wurde die Bahn von der Chiemseebahn Fessler & Companie Prien betrieben. Sie wurde 1965 in die Chiemsee-Schifffahrt Ludwig Feßler KG eingegliedert. Im Dezember 1980 wurde die Chiemsee-Bahn vom Bayerischen Landesamt für Denkmalpflege unter Denkmalschutz gestellt und im Juni 1986 verlängerte der bayerische Staat die Betriebskonzession um weitere 50 Jahre.

Die Fahrt in dem kleinen grünen Zug dauert etwa 8 Minuten. Nach Fahrplan wird nur von Mai bis Oktober gefahren. Dann ist der Zug an Samstagen, Sonn- und Feiertagen von 9:30 Uhr bis 18:23 Uhr bis zu zehnmal unterwegs. Meist ist dabei die 1887 von der Lokomotivenfabrik Krauss, München + Linz, gebaute Tramway- bzw. Kastenlokomotive mit der Fabrikationsnummer 1813 unterwegs. Ist die Dampflok nicht einsatzbereit oder sind nur wenige Bedarfsfahrten durchzuführen, kommt die 1982 beschaffte Diesellok zum Einsatz. Sie wurde von der Eisenwarenfabrik Halberger Hütte GmbH (Nr. 22) gefertigt, und in ihrem Aussehen der Dampflok angeglichen um eine einheitliches Zugbild zu erreichen.

Für die Reisenden stehen noch neun zweiachsige Originalwaggons von 1887 und 1888 zur Verfügung. Sie werden bei starkem Andrang alle in den Zug eingestellt. Besonders hervorzuheben ist der Salonwagen (Wagen 1). Es war 18 Jahre lang im Besitz des Technischen Museums in Marxzell bei Karlsruhe, wurde nach seiner Rückkehr zwei Jahre lang restauriert und ist seit 29. April 1995 wieder betriebsbereit. 1961 bekamen die Wagen eine Druckluftbremse der Firma Knorr, damit entfiel das Bremsen per Hand. Die beiden Güterwagen wurden leider verschrottet.

Streckenname	Chiemseebahn
Alternative Bezeichnung	-
Relation	Prien Chiemseebahnhof–Prien-Stock (Bayern)
Länge	1,9 km
Funktion	Personen- und Güterverkehr, heute nur noch Personenverkehr
Daten zum Bau	Baubeginn: Mai 1887 Bauzeit (inkl. Planung, bis zur Fertigstellung): 2 Monate Eröffnung: 9.7.1887 Durchgängig befahrbar ab: 9.7.1887
Spurweite	Schmalspurbahn (1000 mm)
Wichtigste Bauwerke	Zahlreiche Straßenquerungen
Wichtigste Bahnhöfe	Prien Chiemseebahnhof
Wichtigste Anschlusspunkte	Prien (Bahnhof): Chiemgaubahn nach Aschau, München–Salzburg
Besonderheiten	Weltweit älteste ununterbrochen in Betrieb stehende Dampfstraßenbahn (Steamtramway), seit 1980 unter Denkmalschutz Größte Steigung: 2,5 Promille Minimaler Radius: 60 m

Ammergaubahn

Auf der Ammergaubahn pendeln heute ausschließlich Triebwagen der Baureihen 425/426: der 426 034 im Juli 2009 bei Unterammergau. *Foto: U. Miethe*

Im Mai 1879 hat die Bahn mit der Eröffnung der Strecke München–Murnau das Ammertal erreicht, 1889 erfolgt die Inbetriebnahme der Verbindung Murnau–Garmisch-Partenkirchen (betrieben von der Lokalbahn AG, München (LAG)). Ende 1892 erhält die »Interessengemeinschaft Ammertaler Realitätenbesitzer« – also Geschäftsleuten – die Konzession für den Bau einer Bahnstrecke von Murnau nach Altenau – jedoch unter dem ausdrücklichen Hinweis, dass mit staatlicher Unterstützung nicht zu rechen sei. Schließlich gewinnen die Geschäftsleute die Unterstützung der »Actiengesellschaft Elektricitätswerke, vormals O. Kummer, Dresden, Sitz München«, die die Strecke Bad Aibling–Feilnbach betreibt. Am 24.1.1897 wird die Konzession erteilt, am 5.4.1900 die Lokalbahn Murnau–Kohlgrub–Oberammergau (LMKO) eröffnet. Ausgangspunkt ist zunächst der Murnauer Lokalbahnhof, der unweit des heutigen Bahnhofs liegt und am 3.5.1960 aufgelassen wird. Probleme mit der jungen Drehstromtechnik verzögern den von Anfang an geplanten elektrischen Betrieb und machen den Einsatz von Dampfloks (bayerische Gattung D XI, spätere BR 98.4–5) notwendig.

Auf einem Teil der Strecke, hier bei Jägerhaus, stehen noch die alten Fahrleitungsmasten aus LAG-Zeiten. *Foto: U. Miethe*

Am 1.10.1901 geht die LMKO in Insolvenz und bis zur Betriebsübernahme durch die LAG (1.1.1904) führt die KBayStsB die Linie. Unter der LAG wird die Elektrifizierung umgesetzt, der elektrische Betrieb beginnt am 23.9.1904 mit Testfahrten der elektrische Triebwagen (LAG 674–677). Nach der offiziellen Eröffnung (1.1.905) kann der elektrische Betrieb in vollem Umfang am 24.1.1905 aufgenommen werden.
Die Bahn wird mit Einphasen-Wechselstrom (5,5 kV 16 Hz) betrieben, die Ammergaubahn ist damit die erste derart betriebene Eisenbahn in Deutschland und fungiert als Vorbild für das heute übliche Stromsystem auf dem DB-AG-Netz (15 kV 16,7 Hz). Am 19.2.1906 wird mit der LAG 1 (später E 69 01) die erste E-Lok in Dienst gestellt. Zwischen 1909 und 1933 folgen vier weitere E 69-Maschinen.
Die Bahn entwickelt sich vor allem im Personenverkehr zum bedeutendsten regionalen Verkehrsmittel. Auch der Güterverkehr, vor allem Holztransporte, floriert zunächst. Am 1.8.1938 übernimmt die DR den Betrieb (Gesetz über die Verstaatlichung der LAG vom 16.6.1938). 1954/55 rüstet die DB die Strecke auf die üblichen 15 kV 16,7 Hz um, ein Umbau der Loks folgt.
Die eingleisige elektrifizierte Nebenstrecke erschließt eine touristisch beliebte Region im bayerischen Voralpenland. Neben dem Kurort Bad Kohlgrub stellen die weltbekannten Passionsspiele in Oberammergau (sie finden alle zehn Jahre statt, zuletzt 2010) eine Attraktion dar.
Der Güterverkehr wird in den 80er-Jahren eingestellt. In den zurückliegenden Jahren ist die Strecke umfangreich modernisiert worden, das umfasst allerdings auch Rückbauten an der Infrastruktur. Den Personenverkehr bewältigen heute vor allem Triebwagen der BR 425/426

Streckenname	Ammergaubahn
Alternative Bezeichnung	Ammertalbahn
Relation	Murnau–Oberammergau (Bayern)
Länge	23,7 km
Funktion	Personen- und Güterverkehr, heute nur noch Personenverkehr
Daten zum Bau	Baubeginn: Frühjahr 1897 Bauzeit (inkl. Planung, bis zur Fertigstellung): 3 Jahre Eröffnung: 5.4.1900 Durchgängig befahrbar ab: 5.4.1900
Spurweite	Vollbahn (1435 mm)
Wichtigste Bauwerke	-
Wichtigste Bahnhöfe	Murnau, Bad Kohlgrub, Oberammergau
Wichtigste Anschlusspunkte	Murnau: München–Garmisch-Partenkirchen
Besonderheiten	Eingleisig, Stromsystem bis 1954: 5,5 kV 16 Hz, einstiger Einsatzort der E 69, bekannt durch Passionsspiele (alle zehn Jahre, zuletzt 2010) größte Steigung: 30 Promille (zwischen Grafenaschau und Bad Kohlgrub) größte Höhe: 853 m (bei Saulgrub) überwundener Höhenunterschied: 184 m

Außerfernbahn

Schon um 1865 setzen sich interessierte Kreise im Allgäu für den Bau einer Bahnstrecke von Kempten über den Fernpass bis nach Innsbruck ein. Bereits zu jener Zeit wird diese Verbindung als »Fernbahn« bezeichnet. Im Jahr 1867 konstituiert sich zu diesem Zweck in Kempten eigens ein »Fernbahn-Komitee«. Doch Österreich blockiert die Planungen, die als Konkurrenz zur damals projektierten Arlbergstrecke gelten.
Es dauert bis 1890, bis die Verbindung erneut diskutiert wird. Ab März 1892 ist es durch das neue bayerische Lokalbahngesetz im Prinzip möglich, private Lokalbahnen durch staatliche Garantien unterstützen zu lassen. Prinzregent Luitpold genehmigt das neue Gesetz am 26.5.1892. Die Strecke soll daraufhin als Lokalbahn von Kempten Richtung Tirol gebaut werden. Im gleichen Jahr beginnen die Bauarbeiten, am 30.11.1895 rollt der erste Zug von Kempten bis Pfronten-Ried, der reguläre Betrieb zwischen den beiden Bahnhöfen beginnt einen Tag später.
Nun werden Stimmen laut, die Bahn bis Reutte/Tirol weiterzuführen. Doch dauert es zehn Jahre, bis der erste Zug am 16.12.1905 bei Pfronten-Steinach über die deutsch-österreichische Staatsgrenze fährt und in Schönbichl endet. Von dort aus fährt dann die »Localbahn Reutte-Schönbichl AG« (eine private Bahngesellschaft mit Sitz in Reutte, gegründet mit Beteiligung Kemptens) nach Reutte weiter. Da die Bahn gut angenommen wird, werden bald Forderungen nach einem Weiterbau der Strecke nach Garmisch laut, denn dort besteht bereits ein Anschluss nach München (über Murnau, Weilheim und Starnberg), zudem entsteht 1910–1912 die Mittenwaldbahn (eröffnet 1.5.1912, auch Karwendelbahn genannt), die Garmisch mit Innsbruck verbindet. Allerdings gibt es heftige Diskussionen über die Linienführung der Relation Reutte–Garmisch, schließlich setzt sich eine Strecke über Ehrwald ins Außerfern durch. 1910 schließen Österreich und Bayern das »Außerfern-Mittenwald-Abkommen«. Der »Lückenschluss« erfolgt am 29.5.1913, der Abschnitt Garmisch–Reutte wird von Anfang an elektrisch betrieben. In ihrem gesamten Verlauf ist die Außerfernbahn eine eingleisige Nebenbahn. Pläne, die Außerfernbahn mit der nahe gelegenen Strecke Biessenhofen–Füssen zu verbinden, scheitern. Der Reisezugverkehr im Außerfern hat von Anfang an fast ausschließlich touristische Bedeutung, der Güterverkehr (gegenwärtig Zementwerk, Holzverladung in Vils) hat erst in den letzten Jahren wieder deutlich zugenommen. Die auf den Straßenbau setzende Verkehrspolitik legt eine Stilllegung der Strecke mehrfach nahe, zuletzt 2001, als die reparaturbedürftige Oberleitung abgebaut wird. Inzwischen ist die Fahrleitung wieder saniert und aufgebaut worden, die Züge von Garmisch nach Reutte werden mit modernen Elektrotriebwagen (im Jahr 2010 im Stundentakt) gefahren.

Streckenname	Außerfernbahn
Alternative Bezeichnung	-
Relation	Kempten–Pfronten–Reutte/Tirol–Garmisch-Partenkirchen (Bayern, Österreich), verbindet das Außerfern, wie die Region Reutte/Tirol auch genannt wird, über die Mittenwaldbahn mit Innsbruck
Länge	93,9 km
Funktion	Personen- (vor allem Berufs- und Ausflugsverkehr) und Güterverkehr
Daten zum Bau	Baubeginn: 1892 Bauzeit (inkl. Planung, bis zur Fertigstellung): 21 Jahre Eröffnung: 30.11.1895 Durchgängig befahrbar ab: 29.5.1913
Spurweite	Vollbahn (1435 mm)
Wichtigste Bauwerke	Katzenbergtunnel (512,5 m), Leermoostunnel (105,6 m)
Wichtigste Bahnhöfe	Kempten, Reutte/Tirol, Garmisch-Partenkirchen
Wichtigste Anschlusspunkte	Kempten: Allgäubahn nach Lindau, Illertalbahn Ulm–Memmingen Garmisch-Partenkirchen: nach München, Mittenwaldbahn nach Innsbruck
Besonderheiten	Grenzüberschreitende Verbindung, passiert zweimal die deutsch-österreichische Landesgrenze größte Steigung: 37,5 Promille

Ein Doppel-Triebwagen der Baureihe 628.0 legt sich im Juni 2004 bei Haslach in die Kurve. Das Fahrzeug trägt die ehemaligen Regionalbahn-Farben. Foto: T. Estler

Achensee

Die 1889 eröffnete Achenseebahn, eine Schmalspur-Zahnradbahn mit einer Spurweite von 1.000 mm, führt von Jenbach zum Seespitz am Achensee. In Jenbach hat die Bahn Anschluss ans normalspurige ÖBB-Netz sowie an die Zillertalbahn – einer Schmalspurbahn mit einer Spurweite von 760 mm – von Jenbach nach Mayrhofen. In Jenbach befindet sich mit dem Lokschuppen und der Werkstatt der Betriebsmittelpunkt der Achenseebahn.

Schon 1886 bewarb sich der K.K. Konsul Theodor Friedrich Freiherr von Dreifuss aus Grüneck bei Dorf Kreuth in Oberbayern um die Konzession für eine Zahnradbahn bzw. um eine Eisenbahnverbindung von Jenbach im Inntal bis zur Südspitze des Achensees und im August 1888 erteilte Ihre Majestät, Kaiser Franz Josef I., die Konzession zum Bau und Betrieb der Bahn.

Von Jenbach steigt die Strecke zunächst mit einem Zahnstangenabschnitt hinauf nach Eben. Weil hier Steigungen von bis zu 16 % überwunden werden müssen, entschied man sich für das Zahnstangensystem Riggenbach. Ab Eben führt die Strecke in einem leichten Gefälle und nun ohne Zahnstange zum Seespitz am Ufer des Achensee, wo Anschluss zu den Schiffen der Achensee-Schifffahrt besteht.

Die Strecke ist nicht elektrifiziert und wird bis heute planmäßig nur mit Dampflokomotiven befahren. Bei der Eröffnung standen bereits vier Zahnrad-Dampflokomotiven mit der Achsfolge Bzt-n2 zur Verfügung. Sie bekamen die Nummern 1 bis 4 und die Namen Theodor, Hermann, Georg und Carl. Lieferant der vier Maschinen war die Maschinenfabrik Floridsdorf in Wien, die dafür Konstruktionspläne der Maschinenfabrik Esslingen übernahm.

Um die Betriebssicherheit auf der Steilstrecke zu gewährleisten, haben die Loks drei voneinander unabhängige Bremssysteme. Die bei Zahnraddampflokomotiven übliche Riggenbach-Gegendruckbremse dient als Beharrungsbremse bei Talfahrt. Die Rillenbandbremse dient zum Anhalten und Sichern stehender Züge. Zusätzlich wirkt eine Rillenklotzbremse auf das Zahnrad. Alle drei Systeme sind so ausgelegt, dass sie alleine einen Zug im Steilstreckenabschnitt halten können.

Mehrere zweiachsige Personenwagen bilden den Wagenpark der Achenseebahn. Ein Zug besteht in der Regel aus einem geschlossenen Personenwagen und einem offenen Aussichtswagen. Sie werden von Jenbach bis Eben von der Lok bergwärts geschoben. In Eben setzt sich die Lok an die Spitze des Zugs und zieht die Wagen dann bis nach Seespitz.

Zwar wurden nach der Jahrhundertwende mehrfach Überlegungen angestellt, die Bahn zu elektrifizieren, aber der Erste Weltkrieg ließ dieses Projekt scheitern. Später wurden die Pläne nicht mehr aufgegriffen.

Weil im Zweiten Weltkrieg keine Ersatzteillieferungen mehr möglich waren, wurde Lok 4 als Ersatzteilspender genutzt. Eine Begutachtung nach dem Krieg ergab, dass eine Aufarbeitung der Maschine nicht mehr sinnvoll war und sie wurde verschrottet. Die drei verbliebenen Maschinen sind auch heute noch im Einsatz. Sie sind somit die ältesten betriebsfähigen Zahnradbahnlokomotiven Österreichs. 1982 bekamen die drei verbliebenen Lokomotiven die Namen der Anliegergemeinden EBEN a. A., ACHENKIRCH und JENBACH. Ab 2001 wurde aus dem noch vorhandenen alten Rahmen von Lok 2, dem Antrieb von Lok 3 und einem in Polen bei Interlok gefertigten

Streckenname	Achenseebahn
Alternative Bezeichnung	-
Relation	Jenbach–Seespitz (Österreich)
Länge	6,8 km
Funktion	Personenverkehr
Daten zum Bau	Baubeginn: 1888 Bauzeit (inkl. Planung, bis zur Fertigstellung): 1 Jahr Eröffnung: 8.6.1889 Durchgängig befahrbar ab: 8.6.1889
Spurweite	Schmalspurbahn (1000 mm)
Wichtigste Bauwerke	-
Wichtigste Bahnhöfe	Jenbach, Seespitz
Wichtigste Anschlusspunkte	Jenbach: Unterinntalbahn Kufstein–Innsbruck
Besonderheiten	Nicht elektrifiziert, dampfbetrieben Minimaler Radius 100 m (Adhäsionsabschnitt), 120 m (Zahnstangenabschnitt) Größte Steigung: 25 Promille (Adhäsion), 160 Promille (Zahnstange)

neuen Kessel eine neue Lokomotive mit der Nummer 4 gebaut. Sie ging 2005 in Betrieb. Im Mai 2008 wurde Lok 1 Nummer bei einem Brand im Heizhaus in Jenbach schwer beschädigt. Sie soll aber wieder aufgebaut werden. Lok 2 stand bei dem Brand ebenfalls im Heizhaus. Sie konnte aber von der Mitarbeitern unbeschädigt aus dem Schuppen gebracht werden.

Heute stehen der Bahn drei Zahnradlokomotiven, eine Diesellokomotive zum Verschub, zwei geschlossene und vier offene Personenwagen, ein Salonwagen (Barwagon) und drei Güterwagen zur Verfügung.

Die Lok 2 der Aachenseebahn ist mit ihrem Zug auf der Rückfahrt vom größten Gebirgssee Tirols hinunter nach Jenbach. In Maurach am Achensee ist ein kurzer Halt.
Foto: U. Miethe

Zillertalbahn

Im September 2007 ist die 746 KW starke Gmeinder-Diesellok D15 bei Strass mit einem Wendezug auf der Fahrt nach Mayrhofen. *Foto: U. Miethe*

Die 31 km lange, schmalspurige Zillertalbahn verbindet Mayrhofen im Zillertal mit dem an der Hauptstrecke Innsbruck – Kufstein gelegenen Jenbach. Sie überwindet dabei einen Höhenunterschied von nur 97 m und kommt ohne größere Kunstbauten wie Brücken oder Tunnel aus.

Schon Mitte des 19. Jahrhunderts entstand die Idee, eine Eisenbahn durch das Zillertal zu bauen, denn die vorhandene Straße war dem ständig zunehmenden Verkehrsaufkommen nicht mehr gewachsen und konnte wegen des sumpfigen Untergrunds im Tal auch nicht ohne größeren Aufwand ausgebaut werden. Doch es dauerte noch bis nach 1890, ehe der Bau einer Bahn beschlossen wurde und 1900 begannen endlich die Arbeiten an der Strecke. Ende Juli 1902 konnte die Strecke zwischen Jenbach und Mayrhofen dem Verkehr übergeben werden.

Zuvor wurden mehrere Linienführungen, so von Brixlegg aus entlang des rechten Zillerufers oder eine Verbindung zur Krimmler Bahn über Gerlos diskutiert. Auch die Frage der Spurweite stand zu Debatte. Hier gab man aus militärischen Gründen der Bosnische Spurweite 760 mm vor der Normalspur mit 1.435 mm den Vorzug.

Anfang der 1920er-Jahre kaufte die Zillertalbahn-Actiengesellschaft zwar ein Elektrizitätswerk, aber die Zillertalbahn wurde nicht elektrifiziert. 1928 beschaffte die Bahn ihren ersten Triebwagen mit Verbrennungsmotor. Er konnte sich mit seinem benzol-elektrischen Antrieb aber nicht durchsetzen und es folgten mehrere Dieseltriebwagen.

Mitte der 1960er Jahre stand zum ersten Mal die Stilllegung der Zillertalbahn zur Debatte, denn durch den Ausbau der mehr oder weniger parallel verlaufenden Straße glaubte man, auf die Bahn verzichten zu können. Zu gleicher Zeit entstand aber ein Speicherkraftwerk in Mayrhofen und die Bahn wurde bis 1971 zum Transport des Baumaterials genutzt. Dafür wurden sogar zwei Diesellokomotiven und mehrere Rollböcke angeschafft, auf denen die beladenen Regelspurgüterwagen direkt zur Baustelle gebracht werden konnten.

1980 begann eine grundlegende Modernisierung der Zillertalbahn. So wurden die alten Fahrzeuge im Regelbetrieb durch Dieseltriebwagen ersetzt. Seit 2003 ist die neue, verstärkte Innbrücke bei Rotholz befahrbar und ab 2007 wurden einige Streckenabschnitte der Bahn zweigleisig ausgebaut. Heute hat die Zillertalbahn drei Standbeine: Zum einen gibt es einen planmäßigen Personenverkehr im 30-Minuten-Takt, zum anderen fahren in den Sommermonaten besonders für Touristen zahlreiche mit Dampfloks bespannte Sonder- und Regelzüge. Außerdem kann man im Zillertal selbst einmal Lokführer sein und für einen Obulus dem Lokführer zu Seite stehen bzw. die kleine Dampflok selbst steuern. Die dritte Einnahmequelle der Bahn ist der Holztransport aus den umliegenden Bergen. Der Güterverkehr wird mit Rollwagen und Normalspurgüterwagen abgewickelt.

Streckenname	Zillertalbahn
Alternative Bezeichnung	-
Relation	Mayrhofen im Zillertal–Jenbach (Österreich)
Länge	31,7 km
Funktion	Personen- und Güterverkehr
Daten zum Bau	Baubeginn: 1900 Bauzeit (inkl. Planung, bis zur Fertigstellung): 2 Jahre Eröffnung: 20.12.1900 Durchgängig befahrbar ab: 31.7.1902
Spurweite	Schmalspurbahn (760 mm)
Wichtigste Bauwerke	Brücken über Flüsse wie Inn und Ziller
Wichtigste Bahnhöfe	Mayrhofen im Zillertal, Jenbach
Wichtigste Anschlusspunkte	Jenbach: Unterinntalbahn Kufstein–Innsbruck, Achenseebahn nach Seespitz
Besonderheiten	Bosnische Spur (760 mm), Verlängerung der Strecke beabsichtigt, stellenweise zweigleisig Überwundener Höhenunterschied: 97 m

Schafbergbahn

Die Fahrt mit der Schafbergbahn ermöglicht einen herrlichen Panoramablick auf den Wolfgangsee. *Foto: T. Estler*

Der Schafberg, Hausberg der bereits zu Beginn des 19. Jh. bekannten und beliebten Sommerfrische St. Wolfgang am gleichnamigen See, ist Ziel zahlreicher Gäste. Sogenannte Sesselträger – es gab um 1880 rund 30 solcher Sesselträger in St. Wolfgang – tragen die Sommerfrischler auf den Schafberg. Dort steht seit 1836 eine Schutzhütte und macht den Besuch der Bergspitze noch attraktiver.

Erste Pläne für eine Zahnradbahn auf St. Wolfgangs Hausberg tauchen 1872 auf: Der Betreiber der Dampfschiffe auf dem Wolfgangsee, Berthold Currant, will eine Bahn auf den Schafberg bauen, da er sich davon eine erhöhte Nachfrage nach seinen Ausflugsfahrten erhofft. Die Konzession wird ihm am 10.8.1872 erteilt, doch die sogenannte Gründerkrach von 1873 – eine kurze aber heftige Wirtschaftskrise – zerschlagen Currants Pläne.

1889 bilden der Ingenieur Wilhelm Michel und das Bauunternehmen Stern und Hafferl eine Interessengemeinschaft und erhalten am 13.1.1890 eine neue Konzession für Bau und Betrieb einer Bahn auf den Schafberg. Im Sommer 1890 konstituiert sich die Salzkammergut-Localbahn-Aktiengesellschaft (SKGLB), die den Betrieb der Bahn ausführen wird.

Die Bauarbeiten unter der Ägide Stern und Hafferls beginnen im April 1892. Dabei kommen etwa 350 zumeist italienische Arbeiter zum Einsatz unter zum Teil sehr schwierigen Bedingungen (so müssen z. B. Material und Verpflegung mit Maultieren auf sehr schlechten Wegen an ihren Bestimmungsort gebracht werden).

Am 28.3.1893 kann die erste Lokomotive (Z1, Krauss/Linz, die nach der Anlieferung in Einzelteilen in St. Wolfgang zusammengebaut wird) eine kurze Probefahrt machen. Die erste durchgängige Streckenfahrt findet am 31.7.1893 statt, am folgenden Tag kann die Schafbergbahn eröffnet werden. Nach dem Ersten Weltkrieg muss der Betrieb kurzfristig eingestellt werden (1919/20). Die Österreichischen Bundesbahnen (BBÖ) übernehmen die Konzession, ehe die SKGLB 1927 wieder mit der Betriebsführung betraut wird. Nach finanziellen Schwierigkeiten infolge der Weltwirtschaftskrise kauft das Österreichische Verkehrsbüro die Bahn und kann sie wieder in ruhigeres Fahrwasser führen. Nach der Annexion Österreichs durch das Deutsche Reich im März 1938 kommt die Schafbergbahn in den Besitz der DR. Ab 1942 ruht der öffentliche Verkehr aus militärischen Gründen. Im Sommer 1945 erfolgt die Wiederaufnahme des Verkehrs durch die Österreichischen Bundesbahnen, 1947 umbenannt in ÖBB.

1964 kommen zwei Zahnrad-Triebwagen (von Simmering-Graz-Pauker (SGP), ÖBB-Reihe 5099, seit 2006 VTZ 21 und 22) auf die Schafbergbahn. 2006 übernimmt die Salzkammergutbahn GmbH (SKGB) als Tochtergesellschaft der Salzburg AG die Schafbergbahn wie Wolfgangseeschifffahrt. Heute gilt die Schafbergbahn als steilste Dampf-Zahnradbahn Österreichs. Die Touristenbahn erfreut sich großer Beliebtheit, durchschnittlich fahren an die 600.000 Urlaubsgäste pro Jahr mit der Bahn und werden mit einem Bergpanorama verwöhnt. Die ölgefeuerten Neubau-Dampfloks Z11-14 (SLM (Winterthur), Baujahre 1992 und 1995) benötigen 45 Minuten Fahrtzeit bis zur Schafbergspitze, die älteren Maschinen (Baujahre 1893/94, sie gehören zu den weltweit ältesten Maschinen ihre Art) 60 Minuten.

Streckenname	Schafbergbahn
Alternative Bezeichnung	-
Relation	St. Wolfgang auf den Schafberg (Österreich)
Länge	5,8 km
Funktion	Personenverkehr
Daten zum Bau	Baubeginn: April 1892 Bauzeit (inkl. Planung, bis zur Fertigstellung): 1,5 Jahre Eröffnung: 1.8.1893 Durchgängig befahrbar ab: 1.8.1893
Spurweite	Schmalspurbahn (1000 mm)
Wichtigste Bauwerke	Tunnel Schafbergspitze I (87 m) und II (26 m)
Wichtigste Bahnhöfe	St. Wolfgang, Haltestelle Schafbergalpe
Wichtigste Anschlusspunkte	-
Besonderheiten	steilste Dampf-Zahnradbahn Österreichs Zahnradbahn (System Abt), dampfbetrieben (es gibt auch zwei Dieseltriebwagen) größte Steigung: 255 Promille größte Höhe: Schafbergspitze (1732 m) überwundener Höhenunterschied: 1190 m

Tauernbahn

Mit 396 Metern ist die Falkensteinbrücke an der Südrampe die längste Brücke der Tauernbahn. *Foto: T. Estler*

Gegen Ende des 19. Jahrhunderts macht der starke Nord-Süd-Verkehr in Österreich den Bau einer weiteren Alpenbahn (neben Semmering und Brenner) notwendig. Im Rahmen der wirtschaftlichen Weiterentwicklung Österreich-Ungarns soll zudem Triest neben der (privaten) Südbahn durch eine weitere – nun aber staatliche – Bahn angebunden werden (in dieses Verkehrskonzept sind auch die Wocheiner-, Karawanken- und Pyhrnbahn miteinbezogen).

Um 1880 beginnt die Planung einer Bahn von Triest über Kärnten durch die Tauern nach Salzburg. Aus wirtschaftlichen Erwägungen wird die sogenannte Gasteiner Linie festgelegt, die von Scharzach-St. Veit durch das Gasteiner Tal bis Böckstein an die Tauern-Nordseite gelangt, im Tauerntunnel den Streckenscheitel erreicht und über Mallnitz-Obervellach (Tauern-Südseite) bis Spittal-Millstättersee gelangt (hier endet die eingleisige Gebirgsbahn).

Am 6.6.1901 ergeht der Bauauftrag, im Oktober 1901 starten die eigentlichen Bauarbeiten. Am 20.9.1905 eröffnet Kaiser Franz Joseph I. den ersten Abschnitt zwischen Schwarzach-St. Veit und Badgastein. Nach der Fertigstellung des Tauerntunnels (er ist von Anfang an zweigleisig angelegt, die übrige Strecke nur eingleisig) kann am 5.7.1909 das Reststück bis nach Spittal-Millstättersee freigegeben werden. Bald rollen auch hochwertige internationale Züge über die Tauernbahn, etwa der Tauern-Express Paris-Triest.

Mit dem Ende der Donaumonarchie 1918 behält die Tauernbahn ihre Bedeutung, seit 1920 fungiert die Bahn durch den Tauerntunnel auch als sogenannte Tauernschleuse und transportiert in »Autoüberstellerzügen« Autos, da über die Tauern keine Autostraße führt.

Währen der Weltwirtschaftskrise 1929 wird die Elektrifizierung als sogenannte Notstandsarbeit beschlossen. Am 15.12.1933 beginnt der elektrische Betrieb der Tauernbahn. 1971 beschaffen die ÖBB speziell für den Betrieb auf der Tauernbahn zehn Loks der BR 1043 (von der ASEA, Stockholm), baugleich mit den schwedischen Rc2.

In den 60er-Jahren des 20. Jh. stößt die Strecke an ihre Kapazitätsgrenze, obwohl in den zurückliegenden Jahrzehnten immer wieder Ausbauarbeiten erfolgt sind (z. B. Erweiterungen an Kreuzungspunkten). Daher erfolgt ab 1969 der abschnittsweise zweigleisige Ausbau. Bei dieser Gelegenheit wird die Linie zum Teil neu trassiert. Das umfasst auch den Ausbau bestimmter Viadukte und eine vereinzelte Streckenbegradigung, die aber stellenweise zu einer höheren Steigung (ehedem 25 Promille, nun bis zu 30 Promille) führt.

Der längste und anspruchsvollste Modernisierungsabschnitt geht am 14.11.1999 in Betrieb: die Neubaustrecke zwischen Mallnitz-Obervellach und Lindisch. Erst seit Ende 2009 ist die Südrampe durchgängig zweigleisig befahrbar. Bis heute gilt die Tauernbahn als eine der wichtigsten europäischen Nord-Süd-Verbindungen.

Streckenname	Tauernbahn
Alternative Bezeichnung	-
Relation	Schwarzach-St. Veit – Spital-Millstättersee (Österreich)
Länge	79 km
Funktion	Eine der wichtigsten Nord-Süd-Verbindung in Europa für Personen- und Güterverkehr, touristische Erschließung des Gasteiner Tals
Daten zum Bau	Baubeginn: Oktober 1901 Bauzeit (inkl. Planung, bis zur Fertigstellung): 29 Jahre Eröffnung: 20.9.1905 Durchgängig befahrbar ab: 5.7.1909
Spurweite	Vollbahn (1435 mm)
Wichtigste Bauwerke	Birgl-Tunnel (960 m), Angerschluchtbrücke (bei Badgastein), Tauerntunnel (8370 m), Kaponig-Tunnel (5096 m), Falkensteinbrücke (396 m)
Wichtigste Bahnhöfe	Schwarzach-St. Veit, Spital-Millstättersee
Wichtigste Anschlusspunkte	Schwarzach-St. Veit: Salzburg-Tiroler Bahn Salzburg–Wörgl Spittal-Millstättersee: Drautalbahn nach Villach und Maribor
Besonderheiten	Abschnittsweise eingleisig, im Wesentlichen aber zweigleisig größte Steigung: ursprünglich 25 Promille, später 30 Promille größte Höhe: 1226 m (im Tauerntunnel erreicht) überwundener Höhenunterschied: 635 m (Nordrampe), 683 m (Südrampe)

Brennerbahn

Durch die Kehre bei St. Jodok rollt ein ÖBB-Triebwagen der Reihe 4020 in Richtung Innsbruck (August 1988). *Foto: A. Papazian*

Die Brennerbahn verbindet seit 1867 die Tiroler Landeshauptstadt Innsbruck mit Bozen bzw. Verona. Baubeginn der Strecke war im Jahre 1864. Betreiber war zunächst die Südbahngesellschaft, österreichische Aktiengesellschaft, die zahlreiche Bahnstrecken in Österreich und Österreich-Ungarn baute. Der bekannte Ingenieur Karl von Etzel bekam den Auftrag zum Bau der Strecke. Über eine Eisenbahn über den Brenner wurde bereits 1836 nachgedacht. Professor Franz X. Riepl wollte damit eine engere Verbindung der Adriahäfen Venedig und Triest mit Österreich erreichen.

Weil die Brennerbahn auf langen Streckenabschnitten eine Steigung von 25 Promille hat, wurde schon recht bald erwogen, einen »Brenner-Basis-Tunnel« mit einer Länge von ca. 55 km zwischen Patsch in Österreich und Franzensfeste in Italien zu bauen. Dieses Projekt wurde aber inzwischen wieder zurück gestellt und dafür 1999 der 7.340 m lange Schellenbergtunnel zwischen Brenner und Pflersch fertig gestellt. Die Maximalsteigung der Strecke beträgt 31 Promille, ihre minimalen Kurvenradien betragen 264 Meter. Erstmals wurden Kehrtunnel gebaut, um die Höhendifferenz zwischen Innsbruck und Brenner zu überwinden.

Bis 1928 wurde der österreichische Abschnitt zwischen Innsbruck und Brennersee mit dem in Österreich üblichen Stromsystem 15 kV, 16 2/3 elektrifiziert. Ungefähr zur gleichen Zeit hatte die Oberleitung von Bozen her den Bahnhof Brenner erreicht, allerdings wurde hier eine Gleichspannung von 3 kV verwendet. Erst 1934 trafen sich beide Systeme am Grenz-Bahnhof Brenner. Trotzdem konnten elektrisch bespannte Reisezüge nicht durchfahren, denn die vorhandenen Loks konnten nicht beide Stromsysteme verarbeiten. Dies wurde erst durch die modernen Mehrsystemloks möglich, die heute von München bis nach Verona fahren.

Der ansteigende Verkehr auf der Brennerbahn zeigte bald die Schwächen der Strecke. Enge Kurvenradien, starke Steigungen und das Umspannen an der Grenze führten zu kurzen Zügen, die häufig mit mehreren Loks bespannt und nachgeschoben werden mussten sowie zu niedrigen Geschwindigkeiten. Einzige Möglichkeit diese Mankos zu beseitigen war die Modernisierung der Strecke. Dazu gehört die 1994 fertig gestellt Umfahrung von Innsbruck mit einem 12,75 km langen Tunnel, der es ermöglicht, dass Güterzüge ohne den Bahnhof zu berühren in Richtung Italien und Deutschland fahren können.

Die Brennerbahn führt von Innsbruck durch den Tunnel unter dem Bergisel nach Süden. Nun folgt sie der Sillschlucht ins Wipptal. Bei St. Jodok schwenkt die Bahn ins Valsertal, umrundet den Ort mit einer 180°-Kurve und verlässt das Tal wieder. Im Grenzbahnhof Brenner werden noch die Lokomotiven gewechselt. Die Trennstelle befindet sich in etwa in der Bahnsteigmitte. Deshalb rollen einfahrende Lokomotiven mit bereits gesenktem Stromabnehmer über die Trennstelle in den »fremden« Spannungsbereich. Dort werde sie von einer Rangierlok abgezogen und wieder unter den »eignen« Fahrdraht zurückgedrückt. Nach dem Bahnhof Brenner steigt die Strecke über Sterzing, Franzensfeste und Brixen nach Bozen ab. In Franzensfeste zweigt die Pustertalbahn nach Lienz ab und ab Bozen führt die Vinschgaubahn nach Meran. 2005 wurde sie unter der Federführung der Südtiroler SAD Nahverkehrs AG bis Mals verängert. Zwischen 1915 und 1960 zweigte in Klausen die schmalspurige Grödnertal-Bahn in das gleichnamige Seitental ab. Ab Bozen folgt die Trasse der Brennerbahn der Etsch und weist keine größeren Steigungen mehr auf.

Streckenname	Brennerbahn
Alternative Bezeichnung	-
Relation	Innsbruck–Verona (Österreich, Italien)
Länge	275,4 km
Funktion	Personen- und Güterverkehr
Daten zum Bau	Baubeginn: 23.2.1864 Bauzeit (inkl. Planung, bis zur Fertigstellung): 3 Jahre Eröffnung: 17.8.1867 Durchgängig befahrbar ab: 24.8.1867
Spurweite	Vollbahn (1435 mm)
Wichtigste Bauwerke	Bergiseltunnel (662 m), Mühltaltunnel (872 m), Pflersch-Tunnel (7343 m), Schlerntunnel (13287 m), Kardaun-Tunnel (3939 m), Ceraino Tunnel (4.314 m)
Wichtigste Bahnhöfe	Innsbruck, Fortezza/Franzensfeste, Verona
Wichtigste Anschluss-punkte	Innsbruck: Unterinntalbahn nach Kufstein, Arlbergbahn nach Bludenz, Mittenwaldbahn nach Garmisch-Partenkirchen Fortezza/Franzensfeste: Pustertalbahn nach Lienz Verona: nach Venedig, nach Mailand, nach Bologna
Besonderheiten	Zweigleisige, elektrifizierte Hauptstrecke Größte Steigung: 31 Promille Minimaler Radius: 264 m Größte Höhe: Brenner (1370 m) Überwundener Höhenunterschied: 1311 m

Die Rittner-Bahn

In Klobenstein wartet Triebwagen 105 »Alioth« auf Fahrgäste für seine Rückfahrt nach Oberbozen. *Foto: M. Dahlbeck*

Die meterspurige Rittnerbahn erschließt das Hochplateau des Ritten bei Bozen in Südtirol, denn im 19. Jahrhundert hatte der Tourismus auf den Berg so stark zugenommen, dass eine Bahn auf den Berg rentabel erschien. So wurde am 3. Juli 1906 die Konzession für eine schmalspurige, elektrifizierte Lokalbahn mit Zahnradantrieb von Bozen nach Oberbozen erteilt. Planung und Bau erfolgten vom Unternehmen Josef Riehl. Bereits knapp ein Jahr später waren die Bauarbeiten abgeschlossen und am 13. August 1907 wurde die Bahn eröffnet. Sie gliederte sich zunächst in drei Abschnitte. Vom Waltherplatz in Bozen ging es zunächst als Straßenbahn über den Bahnhofsvorplatz zum Rittnerbahnhof. Hier befand sich die Hauptwerkstatt, die Abstellhalle für die Triebwagen und eine Umladerampe für Güter.
Im Rittnerbahnhof setzte sich eine Zahnradlokomotive hinter den Triebwagen und schob ihn über die Zahnradstrecke bergwärts bis Maria Himmelfahrt. In Maria Himmelfahrt setzte die Zahnradlok ab und der Triebwagen fuhr weiter bis zur Endstation in Klobenstein. Die maximale Steigung der Zahnradstrecke betrug 25 % und in ihrer Mitte war eine Betriebsausweiche. Hier stand die Umformerstation, die die Oberleitung mit einer Gleichspannung von 750 Volt speiste.
Bei ihrer Eröffnung hatte die Rittnerbahn zwei zweiachsige Triebwagen, zwei Beiwagen, mehrere Güterwagen und ab 1908 zusätzlich zwei vierachsige Triebwagen. Sie waren von der Grazer Waggon- und Maschinenfabrik geliefert worden. Die vier Zahnradlokomotiven stammten von der Maschinenfabrik Winterthur. Die elektrische Ausrüstung aller Fahrzeuge kam von der AEG in Wien.

Ab der Eröffnung bis 1911 wurde die Rittnerbahn von der k. k. privilegierten Südbahn betrieben, danach bis 1924 von den Etschwerken. Von 1924 bis 1929 führte die AG der Rittnerbahn den Betrieb, dann kam die Bahn bis 1955 zur Società Trentina di Elettricità.
In den 1930er-Jahren wurde ein vierachsiger Triebwagen der eingestellten Strecke Dermulo–Fondo–Mendel übernommen, der auf der Adhäsionsstrecke auf dem Ritten eingesetzt werden konnte. Er wurde in Münchenstein bei Basel gebaut und seine elektrische Ausrüstung stammte von Alioth, was ihm den Spitznamen »Alioth« einbrachte.
Nach dem Zweiten Weltkrieg hatten die Fahrzeuge das Ende ihrer Nutzungszeit erreicht und es traten vermehrt Schäden an Lokomotiven und Triebwagen auf. Zudem waren die langen Fahrzeiten auf der Zahnradstrecke nicht mehr zeitgemäß, zumal die Pläne einer Straße auf den Ritten schon in den Schubladen der Baubehörden lagen. Überlegungen führten schließlich dazu, den Zahnradbetrieb einzustellen und durch eine Seilbahn zwischen Bozen und Oberbozen zu ersetzen.
Am 3. Dezember 1964 ereignete sich auf der Steilrampe oberhalb von St. Magdalena ein folgenschwerer Unfall. Ein Zug entgleiste, die Zahnradlok und der vorangestellte Triebwagen stürzten ab. Es gab mehrere Todesopfer und Schwerverletzte. Der vierachsige Triebwagen 1 und die Zahnradlok 1 wurden bei dem Unfall so schwer beschädigt, dass sie verschrottet werden mussten.
Der Unfall forcierte auch den Bau der Seilbahn, die am 16. Juli 1966 zwischen Oberbozen und Bozen eröffnet wurde. Die Talstation der Seilbahn

2007 feierte die Rittnerbahn ihr 100-jähriges Bestehen. Der von der END (Esslingen-Nellingen-Denkendorf) stammende Triebwagen 112 steht in Klobenstein zur Abfahrt bereit. Foto: M. Dahlbeck

Im zweiständigen Schuppen in Oberbozen können die Fahrzeuge untergestellt und gewartet werden. Foto: M. Dahlbeck

Zusätzlich zu den vierachsigen »Plantriebwagen« hat die Rittnerbahn auch noch den zweiachsigen Triebwagen Nummer 12, der meist in Oberbozen auf Sondereinsätze wartet. Foto: M. Dahlbeck

wurde auf dem Areal der Talstation der Zahnradbahn gebaut. Mit der Eröffnung der Seilbahn wurde die Straßenbahnstrecke ins Stadtzentrum eingestellt und durch Busse ersetzt.
Seit 1982 ist die SAD Nahverkehr AG für den Betrieb der Rittnerbahn zuständig. Mit der Übernahme wurde auch eine grundlegende Generalsanierung beschlossen. 1985 begannen die Arbeiten, in deren Rahmen neue Schienen verbaut und die Station Maria Himmelfahrt nach Originalplänen rekonstruiert wurden. Von der Straßenbahn Esslingen-Nellingen-Denkendorf (END) wurden nach deren Einstellung zwei vierachsige, bei der Maschinenfabrik Esslingen gebaute Großraum-Triebwagen samt Beiwagen übernommen, die die historischen Fahrzeuge im Betriebsalltag entlasten sollten. Heute sind auf der Bahn noch die beiden zweiachsigen Triebwagen, ein vierachsiger Triebwagen aus den Anfangsjahren, der Alioth und ein Esslinger Triebwagen unterwegs. Die END-Beiwagen wurden inzwischen leider verschrottet. Im Frühjahr 2009 kamen zwei BDe 4/8 von der Trogenerbahn zur Rittnerbahn. Sie ergänzen die END-Triebwagen und machen einen Halbstundentakt möglich.

Streckenname	Rittnerbahn
Alternative Bezeichnung	-
Relation	Oberbozen–Klobenstein (Italien)
Länge	11,7 km
Funktion	Personen- und Güterverkehr
Daten zum Bau	Baubeginn: 1906 Bauzeit (inkl. Planung, bis zur Fertigstellung): 1 Jahr Eröffnung: 13.8.1907 Durchgängig befahrbar ab: 13.8.1907
Spurweite	Schmalspurbahn (1000 mm)
Wichtigste Bauwerke	-
Wichtigste Bahnhöfe	Oberbozen, Klobenstein
Wichtigste Anschlusspunkte	Oberbozen: Rittner Seilbahn auf den Ritten
Besonderheiten	Zahnradbahnabschnitt 1966 aufgelassen Minimaler Radius: 30 m Größte Steigung: 45 Promille

Albulabahn

Eines der bekannten RhB-Krokodile bei der Auffahrt von Bergün in Richtung Preda. *Foto: T. Estler*

Der Schweizer Kanton Graubünden ist Ende des 19. Jahrhunderts immer noch schlecht erschlossen. Zudem haben die Bündner Pässe durch die neuen Eisenbahnlinien über Gotthard und Brenner an Bedeutung eingebüßt. Die am 21.7.1890 eröffnete Landquart-Davos-Bahn (1895 in Rhätische Bahn – RhB – umbenannt) beweist die Wirtschaftlichkeit einer Alpenbahn. Von Herbst 1894 bis Sommer 1896 wird die Strecke von Landquart nach Thusis erstellt.

Die vordringliche Aufgabe der 1897 per Volksentscheid zur »Graubündner Staatsbahn« erhobenen RhB ist die Anbindung des Engadins an das Streckennetz (diese Idee hat ein Hotelier bereits 1890). Die Nationalversammlung in Bern entscheidet sich am 30.6.1898 für eine Schmalspurbahn für Dampfbetrieb durch das Albulatal. Im September 1898 beginnen die Bauarbeiten.

Die Ingenieure können auf die gewonnenen Erfahrungen beim Bau der Gotthardbahn aufbauen, so kann die Strecke als reine Adhäsionsbahn angelegt werden (was im Vorfeld bestritten worden ist). Um die Steigung nicht größer als 35 Promille anlegen zu müssen, sind zahlreiche Kunstbauten notwendig, darunter mehrere Spiral- und Kehrtunnel, mehrere Galerien und Schutzbauten. Unter den über 70 Brücken sind damals Aufsehen erregende Konstruktionen wie das Landwasserviadukt (es mündet im Radius von 100 m direkt in den Landwasser Tunnel an der gegenüberliegenden Felswand).

Eine besondere Herausforderung stellt die von der Oberflächenbeschaffenheit erforderliche Steigung mit 76 Promille zwischen Bergün und Preda dar – das ist natürlich nicht zu bewältigen. Daher reduzieren die Ingenieure die vorgesehene Steigung auf 35 Promille. Das wiederum erzwingt die künstliche Verlängerung der Strecke um etwa 12 km und die Bewältigung der Steigung durch den Bau von Kehr- und Spiraltunnel sowie zahlreichen Brücken. Mit dem Albulatunnel, dem längsten Kunstbau der Strecke, wird die Wasserscheide zwischen Rhein und Donau überwunden.

Am 1.7.1903 findet die Eröffnung des Abschnitts Thusis–Celerina statt. Nach gut einem Jahr weitere Bauzeit geht am 10.7.1904 die Verlängerungsstrecke bis St. Moritz in Betrieb (St. Moritz ist als Durchgangsbahnhof angelegt, weil ursprünglich geplant ist, die Albulalinie über den Malojapass nach Chiavenna zu verlängern).

Bereits zum 15.10.1919 ist die Strecke voll elektrifiziert, bekannte Lokomotiven wie Ge 4/6 oder Ge 6/6 I versehen den täglichen Dienst. Die Strecke wird auch von berühmten Zügen benutzt, etwa dem Glacier–Express (seit 1930, der »langsamste Schnellzug der Welt«) oder dem Bernina–Express oder dem Heidi–Express. Die Albulabahn ist heute eine der wichtigsten Strecken im Netz der RhB, seit 1997 werden umfangreiche Sanierungsmaßnahmen durchgeführt. Heute rollen Schnellzüge nach St. Moritz im Stundentakt. Im Winter werden zusätzliche Autozüge von Thusis nach Samedan eingesetzt.

Streckenname	Albulabahn
Alternative Bezeichnung	Albulalinie
Relation	Thusis–St. Moritz (Graubünden, Schweiz)
Länge	61,7 km
Funktion	Personen- und Güterverkehr
Daten zum Bau	Baubeginn: September 1898 Bauzeit (inkl. Planung, bis zur Fertigstellung): 6 Jahre Eröffnung: 1.7.1903 Durchgängig befahrbar ab: 10.7.1904
Spurweite	Schmalspurbahn (1000 mm)
Wichtigste Bauwerke	Sehr viele Brücken (Landwasserviadukt, 136 m) sowie Tunnel und Galerien (Runplanas, 502 m), Versasca (694 m), Solis (986 m), Alvaschein (609 m), Greifenstein (698 m), Bergünerstein (409 m), God (487 m), Chanalletta-Galerie (117 m), Toua (677 m), Zuondra (535 m), Albulatunnel (5865 m)
Wichtigste Bahnhöfe	Thusis, Filisur, Samedan, St. Moritz
Wichtigste Anschlusspunkte	Thusis: nach Landquart Filisur: nach Davos Platz Samedan: nach Pontresina St. Moritz: Berninanbahn nach Tirano (Italien)
Besonderheiten	aufwendige Linienführung zwischen Filisur und Preda, eine der spektakulärsten Schmalspurbahnen der Welt; UNESCO-Weltkulturerbe seit 2008 Größte Steigung: 35 Promille (zwischen Bergün und Preda) Größte Höhe: Bahnhof Spinas (1815 m) Überwundener Höhenunterschied: 1118 m

Berninabahn

Ein Zug der Bernina-Bahn fährt am Lago Bianco entlang. Bald ist der Scheitelpunkt Ospizio Bernina erreicht. *Foto: © RhB / T. Keller*

Der Fremdenverkehr in den Schweizer Alpen erhält durch die Eröffnung der Bernina-Pass-Straße 1865 einen starken Impuls und nicht lange danach kommt die Idee auf, die immer größeren Touristenscharen per Bahn in die Bergwelt zu transportieren. Zudem beabsichtigt der Kanton Graubünden das entlegene Puschlavtal jenseits des Alpenkamms verkehrstechnisch besser zu erschließen und den Gütertransport wie die Verbindungen ins Veltlin zu optimieren.

Nach ersten Plänen 1899 beginnen die Bauarbeiten der geplanten Verbindung zwischen dem Kurort St. Moritz (wo die Albulabahn endet) und dem italienischen Tirano am 16.7.1906, und zwar zu beiden Seiten des Bernina-Passes: zwischen Pontresina und Morteratsch im Norden sowie am Puschlaversee im Süden. Parallel entsteht 1904–1920 auch ein System aus Wasserkraftwerken zur Stromproduktion für die Bahn. Der Bahnbau vollzieht sich in drei Etappen, am 5.7.1910 wird mit Inbetriebnahme des Abschnittes Alp Grüm–Poschiavo die noch bestehende Lücke geschlossen. Bis 1.1.1942 ist die Berninabahn eine selbstständige aktienbasierte Bahngesellschaft, dann wird sie von der Rhätischen Bahn (RhB) übernommen. Seit 1969 betreibt die RhB direkte Wagenläufe zwischen Chur und Tirano, sie bilden als »Erlebnisfahrten« den »Bernina Express«. Dieser verkehrt seit 1990 auch im Winterhalbjahr. Seit 1995 befährt auch der Heidiland-Bernina-Express (Prättigau–Veltlin) die Berninabahn.

Die elektrisch angetriebenen Fahrzeuge der Berninabahn bewältigen Steigungen von 70 Promille ohne Zahnstange. Als 1.000-V-Gleichstrom-Bahn ist sie eine Besonderheit im Wechselstrom (11 kV, 16,7 Hz)-Bahnnetz der RhB (die neuen Allegra-Triebzüge können übrigens beide Stromsysteme nutzen). Die engsten Kurvenradien betragen nur 45 m. Das ist auch der Grund, warum bis heute nur kurze Wagen die Berninastrecke befahren können (viele andere ursprüngliche Normen der Berninabahn wurden im Lauf der Zeit an das RhB-Normensystem angepasst).

Die Berninabahn gehört mit ihren zahlreichen Kunstbauten wie Tunnels (darunter auch mehrere Kehrtunnels) und Brücken – etwa der beeindruckende Kreisviadukt von Brusio – zu den eindrücklichsten Gebirgsbahnstrecken. Seit 2008 ist sie Teil des UNESCO-Kulturerbes »Albula-Bernina«.

Während das Personenzugangebot vor allem auf Touristen ausgerichtet ist (Aussichtswagen in einigen Relationen, stündlicher Verkehr, »Bernina Express« mit Panoramawagen) rollen auch Güterzüge über die Berninabahn: Holz und Brennstoffe, Lebensmittel und Baustoffe fahren über den Schweizer Grenzbahnhof Campocologno (es gibt dort einen speziellen und höchst ungewöhnlichen Schmalspur-Güterbahnhof) und sein italienisches Pendant Tirano. Die Güterzüge werden von Triebwagen (seit kurzen auch durch Allegra-Triebzüge) geführt, um auch in verkehrsschwachen Zeiten Reisende mitnehmen zu können.

Streckenname	Berninabahn
Alternative Bezeichnung	-
Relation	St. Moritz (Kanton Graubünden)–Tirano (Italien)
Länge	60,7 km
Funktion	Personen- (mit Aussichtswagen) und Güterverkehr, Tourismus
Daten zum Bau	Baubeginn: 1904 (Kraftwerke), 16.7.1906 (Bahn) Bauzeit (inkl. Planung bis zur Fertigstellung): 11 Jahre Eröffnung: 5.7.1910 Durchgängig befahrbar ab: 5.7.1910
Spurweite	Schmalspurbahn (1000 mm)
Wichtigste Bauwerke	Kreisviadukt von Brusio; zahlreiche Kehrtunnel, Galerien; Montebellokurve (bei Morteratsch)
Wichtigste Bahnhöfe	St. Moritz, Pontresina, Ospizio Bernina (Scheitelpunkt), Poschiavo, Tirano (Italien)
Wichtigste Anschlusspunkte	St. Moritz: Albulabahn nach Thusis, Pontresina: Engadinerbahn nach Scuol-Tarasp
Besonderheiten	Eingleisig, 1000-V-Gleichstrombahn; Querung der Passhöhe offen (nicht im Tunnel); alte Dampfschneeschleuder 9213 noch im Einsatz; größte Steigung: 70 Promille größte Höhe: Ospizio Bernina (2253 m)

Furka-Oberalp-Bahn/Matterhorn-Gotthard-Bahn

Die Furka-Oberalp-Bahn fusionierte Anfang 2003 mit der Brig-Visp-Zermatt-Bahn zur Matterhorn-Gotthard-Bahn. *Foto: T. Estler*

Am 27.5.1910 wird die Aktiengesellschaft der »Furkabahn Brig-Furka-Disentis« (BFD) mit dem Ziel gegründet, eine Bahn über den Furkapass zur Verbindung der Kantone Uri und Wallis zu bauen. 1911 beginnen die Bauarbeiten im Bezirk Goms/Wallis sowie an der Furka-Scheitelstrecke, 1912 erfolgt auch an der Oberalpstrecke Andermatt–Disentis der erste Spatenstich.

Am 30.6.1914 wird der Abschnitt Brig–Gletsch (Wallis) eröffnet, nach verzögerter amtlicher Abnahme kann erst im Sommer 1915 in dem Abschnitt der Betrieb aufgenommen werden. Aber technische Schwierigkeiten am Furka-Scheiteltunnel und der Ausbruch des Ersten Weltkrieges stürzen die BFD in finanzielle Turbulenzen, die 1923 zum Konkurs führen.

1924 entsteht eine Interessengruppe aus den betroffenen Kantonen, der damaligen Visp-Zermatt-Bahn (VZ), der Schöllenenbahn und der Rhätischen Bahn (RhB). Durch ihr Zusammenwirken kann die Furka-Oberalp-Bahn als FO neu gegründet und die Strecke bis Disentis (und zugleich die Furka-Bergstrecke von Realp bis Oberwald) im Oktober 1925 fertiggestellt werden.

1930 vollendet die VZ (1962 in BVZ umbenannt) ihre Verbindungsbahn Visp–Brig (der Abschnitt Zermatt–Visp ist nach Baubeginn am 27.11.1888 zum 18.7.1898 fertig gestellt worden) und stellt damit den Lückenschluss zur Furka-Oberalp-Strecke her. Zusammen mit der Schöllenenbahn (SchB, zum 12.7.1917 eröffnet, 1961 mit der FO fusioniert), entsteht das große Schmalspurnetz von VZ, FO, SchB und RhB. Die Bahnen führen ebenfalls 1930 den durchgehenden Glacier-Express Zermatt–St. Moritz ein.

Durch die Saisonabhängigkeit benötigt die FO bald staatliche Unterstützungsgelder. Der Staat hilft auch bei der 1942 vollendeten Elektrifizierung der Stammstrecke (11 kV 16,3 Hz Wechselstrom, SchB von Anfang an elektrisch (1,2 kV Gleichstrom) betrieben, nach Fusion 700 V Wechselstrom).

Da die Bergstrecke nur im Sommer befahren werden kann, bekommt die FO auch hier bald Finanzprobleme. 1970 gibt es erste Planungen für einen Basistunnel, der ab 1973 gebaut wird (die Bauarbeiten entwickeln sich durch hohe Kostenüberschreitungen zu einem Skandal). Allen Widrigkeiten zum Trotz kann der Furka-Basistunnel als längster Schmalspurbahn-Tunnel der Welt (in dieser Hinsicht 1999 durch den Vereina-Tunnel abgelöst) am 25.6.1982 eröffnet werden. Die alte Strecke über die Furka wird 1981 stillgelegt und heute von der Dampfbahn Furka Bergstrecke (DFB) betrieben. Sie ist seit 1999 in Realp wieder an das FO-Netz angeschlossen. Die Matterhorn-Gotthard-Bahn (MGB) entsteht zum 1.1.2003 durch die Fusion der FO mit der Brig-Visp-Zermatt-Bahn (BVZ). Die MGB bildet das Herzstück des alpinen Schmalspurnetzes zwischen Engadin und Matterhorn und stellt eine wichtige Ost-West-Achse in den Schweizer Alpen dar.

Streckenname	Matterhorn-Gotthard-Bahn (MGB, Fusion von FO und BVZ)
Alternative Bezeichnung	Einstmals Furka-Oberalp-Bahn (FO) und Brig-Visp-Zermatt-Bahn (BVZ)
Relation	Brig–Disentis und Andermatt–Göschenen (einst FO) und Brig–Zermatt (einst BVZ) (Kantone Graubünden, Uri, Wallis, Schweiz
Länge	100,6 km (ehemaliges FO-Netz) und 43,9 km (BVZ)
Funktion	Personen- und Güterverkehr
Daten zum Bau	Baubeginn: 27.11.1888 (BVZ)/1911 (FO) Bauzeit (inkl. Planung, bis zur Fertigstellung): 37 Jahre (mit langjährigen Unterbrechungen) Eröffnung: 18.7.1898 (BVZ)/30.6.1914 (FO) Durchgängig befahrbar ab: Oktober 1925 (BVZ)/ (FO)
Spurweite	Schmalspurbahn (1000 mm)
Wichtigste Bauwerke	Kehrtunnel bei Grengiols (592 m), Furka-Basistunnel (15442 m), Richlerenbrücke (69 m) Furka-Bergstrecke: Furka-Scheiteltunnel (1874 m), Gletsch-Kehrtunnel 578 m Ehemalige BVZ: Jungbachgalerie 290 m, Täschwanggalerie 637 m
Wichtigste Bahnhöfe	Brig, Disentis, Zermatt
Wichtigste Anschlusspunkte	Brig: nach Zermatt Realp: Furka-Bergstrecke Andermatt: Schöllenenbahn nach Göschenen Disentis: zur RhB-Bahn nach Reichenau-Tamins Zermatt: Anschluss zur Gornergratbahn, nach Brig
Besonderheiten	größte Steigung: 40 Promille (Adhäsionsabschnitt), 179 Promille (Zahnstangenabschnitt)

Simplonbahn

Ein Schnellzug aus Brig ist in Domodossola eingetroffen (April 1958). *Foto: Slg. A. Papazian*

1866 entscheidet sich die Schweiz zum Bau der Gotthardbahn, andere Alpenbahnprojekte wie die Querung des Simplons (Passlandschaft der östlichen Walliser Alpen) durch eine bereits geplante Simplonbahn zwischen Brig im Wallis und dem italienischen Domodossola müssen zurück treten – und das, obwohl die Eisenbahn 1859 von Lausanne ausgehend bereits das Rhonetal erschließt: Sion hat 1860 Bahnanschluss erhalten, Siders erreicht der Zug 1868.
Erst 1875 wird das Projekt durch Gründung der Simplonbahn-Gesellschaft wieder aktuell: Das Konsortium baut die Strecke im Rhonteal weiter nach Brig, das 1878 erreicht ist. Mit Gründung der Compagnie de Chemin de Fer du Jura et Simplon, der Jura-Simplon-Bahn (JS) im Jahr 1889 entstehen Pläne zum Bau des Simplontunnels, der die Bahnlinie von Brig nach Italien verlängern soll.
Am 25.11.1895 schließen Italien und die Schweiz einen Staatsvertrag über den Bau des Simplontunnels, die Arbeiten beginnen im August 1898 und enden am 17.5.1906. Am 1.6.1906 eröffnen die Schweizer Bundesbahnen (SBB) und die italienischen Staatsbahnen FS (Ferrovie dello Stato) die Bahnstrecke Brig–Domodossola, die Betriebsführung liegt zur Gänze bei den SBB. Im Simplontunnel (lange Zeit der längste Eisenbahntunnel der Welt) befindet sich eine Kreuzungsstation, die 1956 modernisiert wird.
Schon nach wenigen Wochen wird der Abschnitt Brig–Iselle mit 3–3,3 kV Drehstrom (mit einer Frequenz von 16,3 Hz) elektrifiziert (damals eine Pionierarbeit, dasselbe avantgardistische Drehstromsystem nutzt seit 1902 die Valtellinabahn Monza–Chiavenna/Tirano in Italien), da man in den Tunnelstrecken infolge des Dampflok-Rauchs die Vergiftung des Lokpersonals befürchtet.
1912 erfolgt der Beschluss die Strecke Preglia–Domodossola zweigleisig auszubauen, die Arbeiten werden am 20.11.1921 beendet. Der Ausbau Brig–Iselle erfolgt bis zum 7.1.1922 bzw. 16.10.1922. Der Abschnitt Varzo–Preglia erhält am 20.1.1922 das zweite Gleis, Iselle–Varzo am 1.6.1922.
Die sehr schwierig trassierte Strecke zwischen Iselle und Domodossola wird lange mit Dampf betrieben und erhält erst zum 2.3.1930 eine 15-kV-16,3-Hz-Wechselstrom-Fahrleitung, der bereits elektrifizierte Abschnitt Brig–Iselle wird auf dieselbe Wechselstromeinspeisung umgestellt.
Nach wie vor spielt die Simplonbahn im internationalen Verkehr eine bedeutende Rolle, bündelt die Verkehrsströme aus Westeuropa und führt sie nach Oberitalien. Mit dem am 14.6.2007 freigegebenen Lötschberg-Basistunnel sind die Zuführungsstrecke zur Simplonbahn erheblich leistungsfähiger geworden und werden die Bedeutung der Strecke weiter steigern. Die um Brig alpine Simplonbahn gilt am Genfersee als Strecke mit geradezu mediterranem Charakter.

Streckenname	Simplonbahn
Alternative Bezeichnung	-
Relation	Brig–Domodossola (Schweiz, Italien)
Länge	40,8 km
Funktion	Personen- und Güterverkehr
Daten zum Bau	Baubeginn: August 1898 Bauzeit (inkl. Planung, bis zur Fertigstellung): 8 Jahre (mit Unterbrechungen) Eröffnung: 1.6.1906 Durchgängig befahrbar ab: 1.6.1906
Spurweite	Vollbahn (1435 mm)
Wichtigste Bauwerke	Simplon-Tunnel I und II (je 19,8 km), Trasqueratunnel (1712 m), Varzotunnel (2966 m) Rio Rido-Pregliatunnel (2266 m)
Wichtigste Bahnhöfe	Brig, Domodossola
Wichtigste Anschlusspunkte	Brig: Visp–Göschenen, Visp–Zermatt, nach Bern, nach Lausanne Domodossola: nach Lugano, nach Italien
Besonderheiten	Zweigleisig, elektrifiziert; Varzotunnel ist einer der weltweit längsten Kehrtunnel größte Steigung: 25 Promille (in Diveria-Schlucht nördlich Domodossolas), (im Tunnel zwischen 2 und 7 Promille) größte Höhe: 705 m (im Simplontunnel bei km 9,6)